风电场建设与管理创新研究丛书

海上风电场电气部分施工及运行安全技术

陈小群 等 编

中国水利水电出版社
www.waterpub.com.cn
·北京·

内 容 提 要

本书根据海上风电场的电力设备类型和技术特性，海上风电场特殊的施工及运行安全技术、标准规范、异常及事故处理以及与海上风电场电力设备施工、运维紧密相关的专业知识和管理要求进行叙述，主要内容包括海上风电场概况、海上风电场的场区、海上升压站、陆上集控中心、安全工器具等。希望本书的出版能够促进海上风电场电力设备安装及运行安全技术管理的研究和应用，推动新能源产业安全稳定发展。

本书内容全面，具有先进性和实用性，既可作为海上风电场电力设备施工及运行维护人员培训教材，也可供院校师生和从事海上风电相关专业工作的安全技术人员参考。

图书在版编目（ＣＩＰ）数据

海上风电场电气部分施工及运行安全技术 / 陈小群
等编. -- 北京：中国水利水电出版社，2018.9(2021.8重印)
（风电场建设与管理创新研究丛书）
ISBN 978-7-5170-7026-9

Ⅰ．①海… Ⅱ．①陈… Ⅲ．①海上－风力发电－发电
厂－电气设备－运行－安全技术 Ⅳ．①TM621.7

中国版本图书馆CIP数据核字(2018)第232486号

书　　名	风电场建设与管理创新研究丛书 **海上风电场电气部分施工及运行安全技术** HAISHANG FENGDIANCHANG DIANQI BUFEN SHIGONG JI YUNXING ANQUAN JISHU
作　　者	陈小群　等 编
出版发行	中国水利水电出版社 （北京市海淀区玉渊潭南路 1 号 D 座　100038） 网址：www. waterpub. com. cn E - mail：sales@ waterpub. com. cn 电话：(010) 68367658（营销中心）
经　　售	北京科水图书销售中心（零售） 电话：(010) 88383994、63202643、68545874 全国各地新华书店和相关出版物销售网点
排　　版	中国水利水电出版社微机排版中心
印　　刷	北京瑞斯通印务发展有限公司
规　　格	184mm×260mm　16 开本　18 印张　427 千字
版　　次	2018 年 9 月第 1 版　2021 年 8 月第 2 次印刷
印　　数	1501—2500 册
定　　价	**98.00 元**

本书编委会

前　言

　　近年来，海上风电得到我国政府高度重视和支持，风电设备制造企业积极投入，实现了海上风电稳步快速推进，已成为我国风电产业发展的新动力。海上风能资源丰富且海域辽阔，与陆上风电场相比，海上风电场具有不占用土地资源，不受地形地貌影响，风电机组单机容量大、年利用小时数高等优势。但由于海上风电场位于海上，远离陆地或处在潮间带地区，因此其工程建设和运营维护的难度及费用显著高于陆上风电场的。除与陆上风电场相似地会受到风能资源、工程地质等因素的影响外，同时，还受到台风、波浪、潮流、风暴潮、泥沙、海床运移等影响，具有较大而且复杂的安全风险。因此，为适应海上风电不断发展的趋势，切实保障海上风电场施工及运行过程中人身和设备的安全，必须切实做好海上风电场电力设备施工和运行安全技术工作。

　　本书是对近年来在海上风电场施工和运行安全技术管理实践的经验总结，其内容包含海上风电场概况、海上风电场的场区、海上升压站、陆上集控中心、安全工器具等诸多方面。本书针对海上风电场包含的各类电力设备，以技术特性、施工及运行安全技术及相关的标准依据为主线，系统地介绍了海上风电场电力设备的类型特点、施工和运行的安全技术要求等，有利于读者对电力设备现场施工和运行安全的学习和理解。

　　本书由中国三峡新能源有限公司组织编写，得到了中国三峡新能源有限公司和各分公司领导的大力支持，三峡新能源江浙公司刘兵、许广威完成全书的统稿工作，谨在此一并表示衷心感谢。本书编写中查阅了大量的资料和文献，在此对其作者一并表示感谢。

由于编写时间仓促、水平有限，书中难免存在疏漏之处，恳请专家和读者提出宝贵意见，使之不断完善。

作者

2018 年 8 月

目 录

第1章 海上风电场概况

近年来，海上风电得到我国政府高度重视和支持，风电设备制造企业积极投入，使海上风电实现稳步快速推进，已成为我国风电产业发展的新动力。发展海上风电对于促进沿海地区能源结构调整优化和转变经济发展方式具有重要意义。本章主要介绍海上风电场的发展，以及其相应的安全风险分析、安全管理等三部分内容。

1.1 海上风电场的发展

我国海上风电起步于 2007 年，从渤海湾安装第一台试验样机开始，经过 11 年发展，截至 2017 年底，海上风电累计装机容量已达 279 万 kW。风电机组设备制造基本上实现了系列化、标准化和型谱化，发电机型有双馈式、直驱式和混合式，单机容量从 1.5MW 迅速发展到目前 6MW 级。施工和运维船舶方面，国内施工企业和造船企业都积极研发制造适应海上风电施工、安装、运输的装备船舶，具备了大直径桩基沉桩、风电机组整体与分体安装能力，高压海缆敷设船只及专业运维船只也在不断建造发展。风电机组的发电功率与风速的三次方成正比。海上的风速比陆上高 20% 左右，在同等发电容量下海上风电机组的年发电量比陆上高 70%。陆上风电机组的年发电利用小时数是 2000h，海上风电机组达到 3000 多 h。

至 2017 年底，我国海上风电场新增装机共 319 台，新增装机容量达到 116 万 kW，同比增长 96.61%。我国海上风电场处于起步阶段，与陆上风电相比，海上风电面临自身技术层面的问题，包括风电机组技术、施工技术、输电技术、运维技术等。

1.1.1 海上风电项目

根据国家能源局、国家海洋局《海上风电开发建设管理办法》（国能新能〔2016〕394号）文件对"海上风电项目"定义为：沿海多年平均大潮高潮线以下海域的风电项目，包括在相应开发海域内无居民海岛上的风电项目。国家海洋局《关于进一步规范海上风电用海管理的意见》（国海规范〔2016〕6 号）文件对"海上风电项目"的定义为：海上风电的规划、开发和建设，原则上应在离岸距离不少于 10km、滩涂宽度超过 10km 时海域水深不得少于 10m 的海域布局。单个海上风电场外缘边线包络海域面积原则上每 10 万 kW 控制在 16m² 左右，除因避让航道等情形以外，应当集中布置，不得随意分块。

1.1.2 海上风电场的定义

（1）根据国家能源行业标准《海上风电场钢结构防腐蚀技术标准》（NB/T 31006—2011），对"海上风电场"定义为：建造在海洋环境中的由一批风电机组或风电机组群组成的电站。

（2）根据国家能源行业标准《海上风电场风能资源测量及海洋水文观测规范》（NB/T 31029—2012）定义为：在沿海多年平均大潮高潮线以下海域开发建设的风电场，包括在相应开发海域内无居民的海岛上开发建设的风电场。海上风电场包括潮间带和潮下带滩涂风电场、近海风电场和深海风电场。

1）潮间带和潮下带滩涂风电场。该风电场指在沿海多年平均大潮高潮线以下至理论最低潮位以下 5m 水深内的海域开发建设的风电场。

2）近海风电场。该风电场指在理论最低潮位以下 5～50m 水深的海域开发建设的风电场。

3）深海风电场。该风电场指在大于理论最低潮位以下 50m 水深的海域开发建设的风电场。

1.1.3 海上风电场的构成

海上风电场按工程项目构成划分，是由海上风电机组、海上升压变电站、陆上升压变电站（或集控中心）、风电场电气设备、风电场建筑设施和风电场组织机构六大部分构成。按设备设施的构成划分，是由海上风电机组、海上风电场电气系统等组成。

海上风电机组由风轮、叶片、机舱、发电机、塔架、基础（桩承式基础、重力式基础、浮式基础）等组成。

海上风电场电气系统由一次设备和二次设备组成。一次设备由风力发电系统、集电系统、升压变电站及场用电系统等四个部分组成，其中风力发电系统主要包括风力机、发电机、换流器（变流器）、升压变压器（箱式变压器）等；二次设备通过电流互感器、电压互感器同一次设备取得电的联系，是对一次设备的工作进行监测、控制、调节和保护的电气设备，包括测量仪表、控制、继电保护及自动装置等。

1.1.4 海上风电场的优势

海上风电场与陆上风电场相比，海上风电场的优势如下：

（1）海上风能资源丰富，不占用土地资源，不受地形地貌影响。据资料表明，我国拥有发展海上风电的天然优势，海岸线长达 1.8 万 km，可利用海域面积 300 多万 m²，可开发风能资源约 7.5 亿 kW，是陆上风能资源的 3 倍。根据中国气象局风能资源详查初步成果，我国 5～25m 水深线以内近海区域、海平面以上 50m 高度范围内，风电可装机容量约 2 亿 kW·h。

（2）风速高，风电机组单机容量大，年利用小时数高。陆上地形高低起伏，对地面的风速有很大的减缓作用。而海上平均风速高，风向改变频率也较陆上低。据资料表明，我国沿海地区 50m 高处全年风速不小于 8m/s 的时间占 40%，不小于 10m/s 的时间占 20%。

1.2 海上风电场的安全风险分析

海上风电场位于海上，远离陆地或处在潮间带地区，工程建设和运营维护难度显著高于陆上风电场。除受到和陆上风电场相似的远离城镇、周边环境、风能资源、工程地质等因素的影响外，同时，还受到来自海洋自然灾害的台风、潮位、波浪、潮流、风暴潮、海水、泥沙、海床运移等因素的影响，具有较高而且复杂的安全风险。

海上风电场在工程建设和运营维护的各个不同管理阶段，都存在各种风险。除国家政策风险、法律风险、人力资源风险、经济风险等外，电力生产过程中的安全风险也很大，其中包括自然灾害风险、技术风险和施工船舶安全风险。

1.2.1　自然灾害风险

海上风电场大多会受到台风、雷电、盐雾、海浪、潮汐、海冰、急流等自然灾害的影响。因海上风电机组所处海洋环境，海面下部承托平台为钢筋混凝土结构基础，会受到海浪、潮汐、海流和盐雾、海洋大气、浪花飞溅的腐蚀破坏。

台风对海上风电场的破坏主要是极端风速、突变风向和非常湍流等，这些自然灾害因素单独或共同作用往往使风电机组不同程度受损，如叶片因扭转刚度不够出现通透性裂纹或被撕裂；风向仪、尾翼被吹毁，偏航系统和变桨系统受损等，自然灾害严重时会使风电机组倒塌。

海上风电机组面临着大风、波浪、海流等多重载荷的考验，对风电机组的支撑结构和叶片要求很高。

1.2.2　技术风险

海上风电机组采用海洋平台的基础型式，工程类型可分成固定式和可移动式。目前，已建成或正在筹建的海上风电场大多采用类似固定式海洋平台的基础型式。

海上风电场施工及运行的安全技术风险较多，包括了从设计、建设和运营的三个阶段。其中：工程设计的技术风险，来自于海上风电项目对风资源环境的依赖，方案设计、风电场选址、设备选型对工期、投产起决定性作用；建设过程中的技术风险，主要要来自海上风电场项目施工技术风险，包括人员及设备安全、工程质量、投入发电工期等方面的风险，特别是施工过程中的运输、起吊、安装、焊接，电缆连接与敷设，驳船拖航等难度较大，交叉作业较多，一旦发生意外，严重时会导致停工，以致延长工期，增加成本；运行阶段的技术风险，主要来自于海上风电场运营期的技术风险，包括人员安全、设备安全、技术更新及风电机组维护时间等方面。

1.2.3　施工船舶安全风险

参与海上风电场施工船舶较多，受到海浪自然环境影响，施工船舶相互之间的安全风险较大。海上施工船舶主要用于水下基础施工和海上风电机组安装，因此，施工船舶应严格执行海上的通航及作业规则，在海上作业中加强对防台风、防碰撞、防走锚、防高处坠落、防溺水、防火等安全风险管控，避免重大海上安全事故发生。目前，海上风电施工采用自升式海上施工平台，分有自航式或拖曳式两种，可以从岸上将预组装好的风电机组整体吊放到平台上。自升式海上施工平台的四角垂直向下伸出四个支腿直达海底，避免海上风浪影响，降低安全风险。

海上风电场施工船舶还要注意"天气窗口期",建设业主、监理单位和施工船舶企业,应根据当地的海况和气象资料,确定适于基础施工和风电机组吊装的"天气窗口期"的时间段。选择这两者能够满足的时间段,确定为海上施工期,协调其他影响进度计划的因素,如风电机组的供货期、运输进度、岸上组装进度等。

1.2.4　管理能力安全风险

海上风电发展速度快,还未形成一套与其自身风险特征相适应的管理模式。海上风电涉及技术研发、零部件制造、整机组装、检验认证、施工队伍素质、承包商管理、施工过程管理和竣工验收、启动前检查、投产运营、电场退役及各种配套服务等,缺少系统风险管理分析、判断和排除手段,法规与标准不健全,安全资金投入缺乏,部分安全生产标准比较落后,不能满足海上风电发展的需要,安全管理环节有些薄弱。

1.3　海上风电场的安全管理

1.3.1　加强作业人员教育培训的管理

海上风电场涉及多个学科,对参建人员的素质要求高,因此,做好海上作业人员安全教育培训及安全技术交底工作十分重要,坚持先培训后上岗,先交底后作业的原则。首先,对安全管理人员、出海作业人员开展"海上四小证(船舶消防、海上急救、救生艇筏操纵、海上求生)"取证教育培训。认真核对特殊工种和特种设备作业人员证件有效期。对每一名进场施工人员进行"三级安全教育"。其次,做好班前安全教育、工序交接安全交底和交叉作业安全交底。安全交底主要内容如下:

(1)海上作业环境相对恶劣,需要具备良好的身体素质,患有高血压、心脏病等疾病的员工禁止出海作业。

(2)员工出海作业前需提前确认出海当天的天气情况,遇有大风、雷雨、风暴、大雾等恶劣天气禁止出海作业。

(3)员工登船前必须正确穿戴劳动防护用品,至少包括安全帽、救生衣、工作服(必须将袖口、下摆、裤脚扎紧)、绝缘防滑鞋等用品。禁止穿半袖、短裤、拖鞋出海作业。如存在登高作业必须系好安全带。

(4)上下船要通过楼梯跳板并确认跳板已可靠固定,两侧有保护栏杆,不要翻越栏杆,上下船时需扶好扶手,待船停稳后采取缓步、慢行方式通过。船舶靠、离码头时应有防碰措施,甲板作业人员两脚应分开站立,不要将身体探出船舷外。

(5)员工登船前需确认所乘船舶为具备载人资质的交通运输船舶,乘船过程中不要乱触摸船上各种仪器、设备,以免触电或者引起其他风险。

(6)员工乘船过程中需听从船舶管理单位人员安排和指挥,协同船员工作,乘坐于指定位置,抓好栏杆或扶手,未经船舶管理单位人员允许,禁止随意走动,尤其不允许在没有保护栏杆的平台周边活动,船舶在航行中,不要站立,以免发生危险。并根据船上标识确认救生衣、救生圈、消防器材放置的具体位置。

（7）水上因浪涌的影响，船舶会摇动，不要惊慌或跳跃，抓好栏杆或扶手，以免掉入水中。船舶航行时，不要与值班驾驶交谈。

（8）出海作业人员出海前 8h 以及在船期间严禁饮酒，并严禁携带酒类饮品登船。

（9）出海作业人员严禁下海游泳、钓鱼、捞物等。禁止海上抛物、乱扔垃圾等行为，废弃物需放入垃圾箱，严禁向水中丢弃垃圾和废弃物。

（10）员工海上作业期间需远离施工作业危险区域，随时注意自身安全，非作业期间严禁单独出舱，并不得进入危险区域。

（11）遇到紧急情况或者发生险情，不要慌乱，听从船长或者值班驾驶指挥，以保证安全。

（12）请妥善保管好手机、手表、相机、摄像器材等贵重物品，以免掉入水中。

1.3.2　加强船舶安全管理

海上风电场远离陆地，防范海上船舶发生海难事故和加强安全风险管理贯穿项目始终。加强对船舶安全管理要求，一是施工船舶、船员的安全要求；二是交通船舶使用安全管理要求；三是施工船舶使用安全管理要求。

（1）加强施工船舶、船员的安全管理，具体要求如下：

1）水上施工必须严格按照《中华人民共和国水上水下施工作业通航安全管理规定》并向当地海事部门申请办理《水上水下施工许可证》。

2）施工船舶应持有有效船舶国籍证书或船舶登记证书。

3）施工船舶进出港前必须办理签证手续。不经常进出港口的作业船舶应到海事主管机关办理定期签证。

4）施工船舶的适航区域要符合航区要求。所有的施工船舶，包括打桩、起重船、驳船、交通船、运输船等，都应持有船检部门签发的有效适航证书。

5）施工船舶应按《中华人民共和国船舶最低安全配员规则》配备足以保证船舶安全的合格船员。船长、轮机长、驾驶员、轮机员、话务员必须持有合格的适任证书。

6）施工船舶在航行、锚泊或作业时，除应按规定的信号外，根据不同的施工状况，显示不同的信号。

7）在各施工作业点，夜间应按规定显示警戒灯标或采用灯光照明，避免航行船舶碰撞水中桩墩。在显示灯光照明时应注意避免光直射水面，影响船舶人员的瞭望。

8）施工船舶应加强值班制度，保持 24h 高频电话（VHF）收听和对周围情况的观察了解。船上应有夜间照明设备，设有发电设备的船只，应备有防风灯和电池灯具。

9）参建施工船舶单位应及时收集天气预报资料，若遇大风浪、雾等恶劣天气时，需制定相应的应急措施，强风来袭时，若有条件避风时，应选择避风锚地抛锚避风，若无条件避风，可根据当时情况采取滞航、漂航等措施。

10）风电机组基础和海上升压站上下部结构在开始安装前，施工单位应向建设单位提交安全措施、组织措施、技术措施，经审查批准后方可开始施工。现场应成立安全监察机构，并设安全监督员。

11）海上风电工程应全面实行分部分项工程安全技术交底制度。风电机组安装前应完成风电机组基础验收，并清理风电机组基础，防止物品坠落。海上升压站上部组块安装前应完成导管架和桩基础验收，并清理导管架顶部。

12）做好海上升压站结构和风电机组基础构件落驳、运输的安全管理。注意对风电机组基础钢管桩、集成式附属构件、海上升压站导管架、桩和上部组块等的吊点应根据吊装工况进行结构复核并考虑一定的安全系数；对相应吊具、吊装带在操作前应进行检查，必须满足动态吊装时的承载能力。运输驳船应有足够的装载能力、结构强度、完整性和稳定性，在装船作业期间，对于荷载变化和潮位变化应有足够的调节能力，以保证装船、运输作业安全、可靠。风电机组基础和海上升压站结构构件落驳完毕后，由拖轮拖运至施工现场。装运风电机组基础和海上升压站结构构件的驳船长度和稳定性应满足施工要求。

13）钢管桩吊装、沉桩过程安全防护。沉桩期间要注意过往船只航行，避免由于航行海浪对沉桩正位率影响或造成沉桩质量事故。钢管桩沉桩完成后，应按照工程海域通航要求在桩顶设置红旗、警戒灯等通航警示标示，警戒灯必须常亮，同时在钢管桩顶部喷涂反光漆。配备警戒船 24h 警戒在已施工完成的钢管附桩周边海域巡航。施工期间应随时检查停泊于施工区域所有船舶的锚缆系统，防止走锚而引起恶性事故发生。现场施工船舶，特别是定位驳、起重船、运输方驳等，在停止作业期间必须绞离风电机组施工机位位置，防止因风浪影响而造成船舶搁浅和造成风机基础损坏。

（2）加强交通船舶使用安全管理，具体要求如下：

1）交通船舶必须持有符合三类航区要求的有效证件（适航证）和安全证书，船长、轮机长、驾驶员、话务员应持有有效的适任证。

2）交通船上必须配有足够的救生衣、救生圈和救生筏等救生设备，并配有足够的消防、油污器材和油污水分离器等。

3）船上应配有高频电话（VHF），并备有水上作业水域图。

4）船上应设有安全紧急通道，并将安全通道示意图上墙。

5）应按照项目部调度室指定的航行线路、停靠站点和时间航行，定点靠泊。

6）船上应按核定的载人数量运送员工上下班，不得超载；超过载核人数，船长有权拒绝开船。

7）交通船上严禁装运和携带易燃易爆、有毒有害等危险物品，如因工作急需，携带者应事先与船长联系并进行妥善处理，严禁人货混装。

8）船舶接放缆绳的船员必须穿好救生衣，站在适当位置，待船到位靠稳后拴牢缆绳，搭好跳板，并作好人员上下船的保护，防止意外发生。

9）乘坐交通船的员工必须自觉遵守乘船规定，听从船员统一指挥，待船靠稳拴牢后依次上下，不得抢上、抢下或船未靠稳后就跳船，不得站立和骑坐在船头、船尾或船帮处；严禁擅自跨越上下船或酒后登船（特别注意）。

10）非驾驶人员禁止进入驾驶台，严禁随意乱动船上一切救生、消防等设施；严禁非驾驶人员擅自操作。

11）交通船上严禁随地吐痰，吸烟者必须到指定区域吸烟。烟蒂、纸屑应放入垃圾箱内，自觉搞好环境保护工作。

12）船舶上的垃圾要集中回收和处理，禁止随意抛掷水里，船上的油污水必须经分离装置后集中处理，并应有书面记录。

13）船长、轮机长应经常检查、保养和维修船舶的机械设备和安全设施，确保运行安全。夜间航行应有足够的照明和信号显示。

14）遇有六级以上大风或雷雨、风暴等恶劣天气时，交通船应停止运行，并到指定处锚泊。

（3）加强施工船舶使用安全管理，具体要求如下：

1）所有施工船舶（包括打桩船、拖轮、浮吊、材料运输船舶等）必须持有符合三类海区要求的有效证书（适航证）和相关证书；船长、轮机长、驾驶员、话务员应持有有效的适任证书。

2）施工船舶作业前，项目经理部与海事部门共同研究施工船舶与航行船舶的干扰问题，制订相互避让措施，并由海事部门发布航行通告。施工船舶上必须配有足够的救生衣、救生圈和救生筏等救生设备，并配有足够的消防、油污水分离等设施。

3）施工船舶在航行或作业时，驾驶员要加强瞭望，谨慎操作，遇有来船时主动用高频电话、声号、灯号与对方取得联系，协商避让方法，采取正确的避让措施，确保航行安全。船舶上应配有甚高频电话（VHF）和联络电话，并配有施工作业区的近期航行通告等。

4）施工船舶严格执行《海上雾中航行规则》［交督（57）于字第225号］和海事部门有关雾航规定。在雾季来临之前，施工船舶须根据本船特点、周围地形及水深条件制定雾航安全实施细则，并组织有关人员学习掌握。施工船舶保证助航仪器、灯光、声号等设备处于良好状态。遇雾袭时必须减缓航速，增派水手到船头加强瞭望并按规定施放雾号，同时全船保持戒备状态，及时采取避让行动。

5）装载设备及材料运输的船舶，必须按核定吨位装载，不得超载和偏载；装载的设备、料具应摆放平稳均匀，并捆绑牢靠。

6）船舶上应设有安全应急通道，船舱两侧通道畅通，并严禁堆放任何物品，同时应做好冬季防冻、防滑工作。施工船舶应按照项目部调度室指定的航行线路、停靠站点和实践航行，定点靠泊。

7）施工船舶上严禁装运和携带易燃易爆、有毒有害等危险品，如因工作急需需要携带者应事先与船长联系并进行妥善处理，严禁人货混装。

8）船舶上的垃圾要集中回收和处理，禁止随意抛掷海里，船上的油污水必须分离装置集中处理，并应有书面记录。

9）船长、轮机长应经常检查、保养和维修船舶的机械设备和安全设施，确保运行安全、夜间航行应有足够的照明和信号显示。

10）遇有六级以上大风和大雾、雷雨、风暴等恶劣天气时，禁止施工船舶进行水上作业和运行，并到海事部门指定的锚地锚泊避风。当风力达到八级以上时，所有船舶必须到指定港湾避风。

1.3.3　加强海上风电项目安全管理工作

加强海上风电项目安全管理是项目公司重要工作环节，海上风电的各参建单位要认真落实企业安全生产主体责任，单位主要负责人要负起安全生产第一责任人，要亲力亲为部署船舶施工的安全管理工作，严防发生群死群伤事故。

（1）加强安全隐患排查整治和作业现场监管。在开展安全隐患排查整治工作上，要紧密结合海上施工辖区实际特点，加强施工作业点的安全检查，全面、深入、细致地查找安全隐患和薄弱环节，督促落实安全责任，强化督促整改；加强对易发、多发事故的水域和作业、交通的船舶，无动力船舶，长期锚泊船舶的检查；要加强船舶配员、值班和重要通道、安全设备检查，加强船员安全知识和实操性检查；不断完善海上风电项目部、监理单位、各施工单位的安全保证工作机制，完善工作预案，提高防抗自然灾害能力和水平。

（2）加强安全风险的预测预警，切实做好应急救援处置工作。海上风电项目部、监理公司、各施工单位要不断完善、健全安全风险的预测预警机制，要严肃查处船舶带病航行、超载、配员不足、超航区航行等违法行为，把好现场检查关，督促船员遵守有关安全操作规程、服从海事部门发出海上作业的管制要求，严防船舶冒险开航。要做好水上交通秩序的疏导和维护，引导船舶有序驶往安全水域。

（3）加强防台风、防大雾自然灾害的事先防范工作。在防台风、防大雾、防大潮、防寒流等极端天气中，海上风电项目部、监理公司、各施工单位要确保应急人员、装备、物资到位；同时，要落实领导带班制度，加强值班、巡查，靠前指挥，充分利用信息化手段，密切监控船舶动态，及时掌握水上安全状况，一旦收到险情报告，及时组织、协调做好险情处置。

（4）落实安全生产责任制工作。海上风电项目部、监理单位、施工单位要根据各自职责建立安全生产责任制，把安全责任落实到每一个岗位，每一名员工。施工单位要与为其服务的船舶签订安全责任书，将施工作业船舶和为施工作业服务的所有船舶纳入安全管理体系内进行管理。

（5）严厉查处违章作业。落实日常巡查，注重过程监管，严查违章作业，发现安全隐患要及时要求整改，对发现的重大问题要及时纠正，对不具备安全生产条件的施工建设项目，要责令停工；严厉打击查处施工船舶超载、超限作业等非法施工和冒险作业行为；严肃查处违规使用不符合安全作业条件的船舶参与水上施工作业；施工单位加强对有关施工人员培训和管理，船舶经营管理单位要加强对船员的培训和管理，提高安全生产意识，防止冒险航行、违规作业。

（6）不断完善安全生产长效机制。海上风电项目部、监理公司、各施工单位要不断总结工作经验，保持良好工作作风，从源头上控制事故隐患，深入、积极地开展安全管理的安全培训、安全投入、第三方安全科技成果应用、专家组咨询服务等工作，制定相应安全管理规定，形成全员重视、支持和参与安全生产的良好氛围。

第2章　海上风电场的场区施工及运行安全技术

2.1　风　电　机　组

风电机组是将风能转换为机械功，机械功带动转子旋转，最终输出交流电的电力设备。海上风电场如图2.1所示。

2.1.1　类型和技术特性

1. 风力发电机类型

目前国内以采用"水平轴式上风向轴流式风轮，采用直驱型或双馈式异步发电机"为主要型式。双馈式与直驱式是变速恒频风力发电机的两种主要机型，两者各有优势并相互竞争，同时它们在技术上也相互促进。

（1）双馈式异步风力发电机采用风轮可变速变桨运行，传动系统采用齿轮箱增速和双馈式异步发电机并网。

图2.1　海上风电场

（2）直驱式同步风力发电机，采用风轮与发电机直接耦合的传动方式，无齿轮箱，发电机多采用多极同步电机，通过全功率变频装置并网。

2. 技术特性

（1）双馈式异步风力发电机优点。双馈式异步风力发电机是一种绕线式感应发电机，双馈式异步发电机的定子绕组直接与电网相连，转子绕组通过变频器与电网连接，转子绕组电源的频率、电压、幅值和相位按运行要求由变频器自动调节，风电机组可以在不同的转速下实现恒频发电，满足用电负载和并网的要求。

1）能控制无功功率，并通过独立控制转子励磁电流解耦有功功率和无功功率控制。

2）无需从电网励磁，可从转子电路中励磁。

3）产生无功功率，并可以通过电网侧变流器传送给定子。

（2）直驱式同步风力发电机优点。直驱式同步风力发电机是一种由风力直接驱动发电机，亦称无齿轮风力发电机，这种发电机采用多极电机与叶轮直接连接进行驱动的方式，免去齿轮箱这一传统部件。

1）发电效率高：直驱式同步风力发电机没有齿轮箱，减少了传动损耗，提高了发电效率，尤其是在低风速环境下，效果更加显著。

2）可靠性高：齿轮箱是风电机组运行出现故障频率较高的部件，直驱技术省去了齿轮箱及其附件，简化了传动结构，提高了风电机组的可靠性。同时，风电机组在低转速下运行，旋转部件较少，可靠性更高。

3）运行及维护成本低：采用无齿轮直驱技术可减少风电机组零部件数量，避免齿轮箱油的定期更换，降低了运行维护成本。

4）电网接入性能优异：直驱或同步风力发电机的低电压穿越使电网并网点电压跌落时，风电机组能够在一定电压跌落的范围内不间断并网运行，从而维持电网的稳定运行。

2.1.2　标准依据

风电机组施工及运行必须遵照的相关标准及规范见表 2.1。

表 2.1　风电机组施工及运行的标准依据

序号	标 准 名 称	标准编号或计划号
1	电业安全工作规程 第 1 部分 热力和机械	GB 26164.1—2010
2	电业安全工作规程 发电厂和变电站电气部分	GB 26860—2016
3	风力发电机组验收规范	GB/T 20319—2017
4	风力发电机组 运行及维护要求	GB/T 25385—2010
5	风力发电机组 双馈异步发电机 第 2 部分：试验方法	GB/T 23479.2—2009
6	风力发电机组 双馈异步发电机 第 1 部分：技术条件	GB/T 23479.1—2009
7	电工术语 风力发电机组	GB/T 2900.53—2001
8	风力发电场安全规程	DL/T 796—2012

2.1.3　施工安全技术

1．入场安全告知

（1）项目安全管理主要是通过建立相关制度，并对项目全员进行培训来提升安全意识，然后在不断的实际工作中完善制度。

（2）组织项目安全生产会议，分析安全生产工作，开展安全活动。

（3）组织制订、落实伤亡事故应急救援预案；及时、如实上报事故情况，参加本项目工伤事故、未遂事故的调查、分析；按照"四不放过"原则开展事故预防措施的落实工作。

（4）人员资质和相关设备检验合格进行审查。

（5）海上救援、码头突发事故应急预案演练。

（6）除公司强制要求配备的冬季劳动防护用品以外，现场工作人员还应该根据自身需要及所处的海洋环境配备个人保暖用品，预防人员冻伤。

（7）现场作业人员，须了解所处现场相关海洋知识，如涨潮，退潮时间，机位所处水深，船舶吃水深度，正确协助和配合船长，根据实际情况开展海上作业，避免人员被困、船只搁浅等状况发生。

（8）进入现场人员，须保管好个人安全装备，并对个人安全装备定时，定期进行检查，并形成记录，若发现个人安全装备损坏，应及时更换，报备。

2. 风电机组吊装

（1）风电机组安装作业人员，须具备相应工作证件：登高证，电工证，"海上四小证"；吊车指挥人员应具备：指挥证书等相关证件。

（2）吊装前吊装人员必须检查安装船上起重设备的各零部件，正确选择使用吊具。吊车在使用前必须先预热，试车，测试液压系统、灯光及警报系统是否正常；如有问题应及时修理，勿带隐患工作。起吊前应认真起重设备，并形成记录文件，以备核查。

（3）现场开始安装作业前须了解环境安全因素，如天气、浪涌、风速等相关影响安装作业的必要因素，做好相应的应急预案。

（4）施工现场所有人员须正确穿戴个人安全装备，如救生衣、安全帽、安全鞋等，施工现场必须有专业安全员在场，全程监督、管控，确保安全生产。

（5）吊装现场必须设专人指挥，甲板面吊装作业时，吊装人员须穿戴救生衣，防止吊装人员落水。指挥人员必须有安装工作经验，严格执行规范的指挥手势和信号，遵守"十不吊"原则。通信设备准确约定频道，避免串频误指挥。起重机械操作人员在吊装过程中负有重要责任。吊装前，吊装指挥人员和起重机械操作人员要共同制定吊装方案。吊装指挥人员应向起重机械操作人员交代清楚工作任务。

（6）参加风电机组吊装的全体人员，必须严格遵守电力工程施工安全规程要求，熟悉并严格执行本工种的安全操作规程，按照风电机组吊装施工工艺的要求，精心操作。

（7）遇有大雾、雷雨天、照明不足，指挥人员看不清各工作地点，或起重机械操作人员看不见指挥人员时，不得进行起重工作。

（8）针对坐滩船作业时，吊装负责人要及时掌握潮汐动态，对潮汐动态准确预判，禁止浮船情况下吊装设备，避免船体晃动较大造成吊车倾倒事故。

（9）吊装施工时间要尽量安排在风速不大的季节进行。塔筒安装前，应对气象条件和安装时间作出粗略估计，以确保整个安装过程中吊装塔筒下段时风速不大于 10m/s，吊装塔筒上段、机舱时风速不大于 10m/s，吊装塔筒轮毂和叶片时风速不大于 8m/s。

（10）在起吊过程中，不得调整吊具，不得在吊臂工作范围内停留。塔上协助安装指挥及工作人员不得将头和手伸出塔筒之外。

（11）所有吊具调整应在地面进行。在吊绳被拉紧时，不得用手接触起吊部位，以免碰伤。

（12）不同设备吊装作业时，要确保安全起吊，机舱、桨叶、风轮风速不超过风电机组设备安装技术相关标准的规定。

（13）起吊塔筒吊具必须齐全。起吊点要保持塔筒直立后下端处于水平位置。应有导向绳导向。

（14）起吊机舱时，起吊点应确保无误。在吊装中必须保证有一名工程技术人员在塔筒平台协助指挥吊车司机起吊。起吊机舱必须配备对讲机，系好导向绳。

（15）起吊桨叶必须保证有足够高的起吊设备。应有两根导向绳，导向绳长度和强度应满足相关标准要求。应用专用吊具，加护板。工作现场必须配备对讲机。由于海上作业空间局限性需保证吊装船甲板上有足够人员拉紧导向绳，严禁将缆风绳缠绕在系缆桩或者固定结构部位，容易造成缆风绳绷断，吊物失控，发生撞击剐蹭。

（16）要注意风轮的三只叶片必须在同一天内完成组装。风轮吊装时要求三只叶片叶尖揽风绳索连接牢靠。

（17）如果现场塔筒、机舱、轮毂、发电机、叶片任何一个大部件不齐全或不齐套，要求只吊装到第二段塔筒（针对 3 段或 4 段塔筒），并且要求对塔筒顶部和塔筒内电控柜做好防雨防护措施；如果项目现场风电机组大部件齐全成套，三段塔筒和机舱组合体必须在同一天内完成安装。

（18）海上风电机组安装，盐雾、水气较重，设备、吊具等禁止在无防护状态下存放。

（19）高处作业人员要系好安全带，地面作业人员要戴安全帽。高处作业人员所使用工具需具备防坠落措施，不得空中传递工器具。

（20）设备吊装时必须再次确认吊具安装正确，使用规范。

（21）海上盐雾腐蚀较严重，吊索具需防护到位，吊带禁止暴晒、沾水等，吊装完成后要检查吊索具是否完好，如发现吊索具出现问题需立即派厂家或专业机构进行鉴定，鉴定无安全隐患后方可使用，否则做报废处理。

（22）海上风电机组安装时，人员进入甲板面，需穿戴个人全套安全设备，包括安全帽、救生衣、安全鞋等。

3. 风电机组场内外运输

（1）海上风电机组安装现场对海域地形、机位标高、海域天气等影响船舶行驶安全的因素进行准确摸排，对于潮间带风电机组吊装船需要针对地形及潮汐规律选择合适的季节进入，避免吊装船搁浅或吊装完成后无法驶出等情况。

（2）在运输的过程中，要对沿途路况进行勘察，了解路、桥、涵洞等的承重与宽度，必要时请交通部门进行协助通过，海上运输船运输过程需要对设备进行可靠固定，禁止将陆上使用的运输工装未做任何改善就使用在海上运输船上，并对伸出运输船的设备（叶片等）标记明显的防碰撞标识。

（3）人员从陆地到达海上作业时，需在安全可靠的码头登船，人员转移过程中需要穿戴救生衣，风速大于安全行驶风速时禁止出海作业，人员从运输船到达吊装船过程要禁止站在两船之间及附近区域，待船停稳后方可从运输船登吊装船，禁止在船上蹦跳，人员出船舱时需两人同行，禁止单独出舱。

（4）对道路运输驾驶人员要求做到"八不"，即不超载超限、不超速行车、不强行超车、不开带病车、不开情绪车、不开急躁车、不开冒险车、不酒后开车。保证精力充沛，谨慎驾驶，严格遵守道路交通规则和交通运输法规。

（5）大部件海运时，甲板面需焊接相应锚点，确保运输船舶在海里可以承受浪涌冲击，保证社保安全；大部件防雨措施，需安装相应包装要求，保证设备内部不被雨水、海水侵袭。

（6）运输船舶，针对大部件，如叶片伸出，船体部位需做好相应防护，避免行船时发生剐蹭，运输船舶与相关安装船应保持足够安全距离，避免浪涌拍打，损伤设备。

（7）设备运输至安装船舶，进行转移时，应保证运输船舶的稳定性，及时使用船锚稳定船舶。

2.1.4 运行安全技术

1. 风电机组运行

（1）风电机组运行期间，安全装置、控制装置均正常投入，无失效、短接及退出现象。

（2）手动启动风电机组前，风轮上应无覆冰、积雪现象；风电机组内发生冰冻情况时，禁止使用自动升降机等辅助爬升设备；停运叶片结冰的风电机组，应采用远程停机方式。

（3）风电机组正常启、停操作应采取风电机组底部就地操作或远程操作。机舱内启、停操作仅限于调试、维护和故障处理。

（4）有人员在机舱内、塔架平台或塔架爬梯上时，禁止将风电机组启动并网运行。

（5）海上风电机组停止运行 7 天以上时，在投运前应检查绝缘，合格后才能启动运行否则应对风电机组内部及柜体进行除湿，烘烤达到相应标准后方可启动。

（6）风电机组运行期间严禁人员攀爬，使用提升机、电梯。

（7）风电机组长期退出运行时，应在风电机组周边、内部做好安全警示措施和防潮措施，并定期进行巡检。必要时对可能发生凝露、锈蚀的设备进行保养维护。

（8）风电机组的巡视应遵照《风力发电场安全规程》相关规定进行定期巡视、登机巡视、特殊巡视。当风电机组非正常运行、大修后或新设备投入运行时，需要增加该部分设备的巡视检查内容和次数。

2. 风电机组检修

（1）风电机组检修作业时，必须保持通信畅通，随时保持各作业点、监控中心之间的联络。

（2）风电机组检修作业时，人员从船舶登靠风电机组时，人员穿戴好 PPE 等安全装备，待船舶停靠系泊稳定后，船长下达转移命令后开始转运过程，上下高度较大时，使用爬梯进行人员转移，人员面朝爬梯，上下不得负重，远离系缆桩位置。

（3）风电机组检修作业使用的临时照明、手持照明，应使用电压不大于 24V 的安全行灯变压器。

（4）风电机组检修作业使用的手持式电动工具应使用Ⅱ类或Ⅲ类电动工具。

（5）检修和维护时使用的吊篮，应符合《高处作业吊篮》（GB 19155—2003）相关标准技术要求。工作温度低于零下 20℃ 时禁止使用吊篮，当工作处阵风风速大于 8m/s 时，不得在吊篮上工作。

（6）出机舱工作必须系安全带，系两根安全绳；在机舱顶部作业时，应站在防滑表面。安全绳应挂在安全绳定位点或牢固构件上。

（7）风速超过 12m/s 时，不得打开机舱盖（含天窗）；风速超过 14m/s 时，应关闭机舱盖。风速超过 12m/s，不得在轮毂内工作，风速超过 18m/s 时，不得在机舱内工作。

（8）测量网侧电压和相序时必须佩戴绝缘手套，并站在干燥的绝缘台或绝缘垫上；风电机组启动并网前，应确保电气柜柜门关闭，外壳可靠接地。检查和更换电容器前，应将电容器充分放电。

（9）检修液压系统时，应先将液压系统泄压，拆卸液压站部件时，应带防护手套和护目眼镜；拆除制动装置应先切断液压、机械与电气连接，安装制动装置应最后连接液压、机械与电气装置。

（10）清理润滑油脂必须戴防护手套；打开齿轮箱盖及液压站油箱时，应防止吸入热蒸汽；进行清理滑环、更换碳刷、维修打磨叶片等粉尘环境的作业时，应佩戴防毒防尘面具。

（11）进入轮毂或在风轮工作，应首先将风轮可靠锁定，不得在高于风电机组规定的最高允许风速时锁定风轮；进入变桨距机组轮毂内工作，还必须将变桨机构可靠锁定。

（12）拆除能够造成叶轮失去制动的部件前，应首先锁定风轮；拆除制动装置应先切断液压、机械与电气连接。

（13）严禁在风轮转动的情况下插入锁定销，禁止锁定销未完全退出插孔前松开制动器。

（14）使用弹簧阻尼偏航系统卡钳固定螺栓扭矩和功率消耗应每半年检查一次。采用滑动轴承的偏航系统固定螺栓力矩值应每半年检查一次。

（15）风电机组内的螺栓，均应按规定的方式和力矩值进行紧固，并进行抽检。

（16）风电机组高速轴和刹车系统防护罩未就位时，禁止启动风电机组。

（17）进入轮毂或在风轮工作，宜按照受限空间作业的安全管理要求做好相应安全措施，并与作业监管人保持沟通。

（18）风电机组检修工作完毕后，应清点检修前所携带的工具和物料，及时清理现场的油污、零件包装、抹布等废弃物。在锁闭塔筒门之前，应清点工作人员，防止人员被锁在塔筒内。

（19）人员从风电机组转运至交通船时，应确保船舶停靠起伏满足人员转移，并听从船长、水手指挥，依次、有序地转移至交通船。

（20）乘船期间，听从船上作业人员指挥，严禁出舱，若要离开需告知负责人，并有人陪同。

3. 事故及异常处理

坚持"以人为本，安全第一"的原则。应急救援工作要始终把保障现场作业人员的生命、安全和身体健康放在首位，切实加强应急救援人员的安全防护，最大限度地减少高空坠落事故造成的人员伤亡和危害。

（1）机舱发生火灾，尚未危及人身安全时，应立即停机并切断电源，迅速采取灭火措施，防止火势蔓延。发生火灾时，禁止通过升降装置撤离，应首先考虑从塔筒内爬梯撤离。当爬梯无法使用时方可利用逃生装置从机舱外部进行撤离。

（2）风电机组发生飞车或失控时，工作人员应立即从风电机组上风方向撤离现场，并尽快远离风电机组。

（3）突遇雷雨等恶劣天气时，工作人员应及时撤离风电机组；来不及撤离时，可双脚并拢站在塔筒平台上，不得碰触任何金属物体。

（4）发现塔筒螺栓断裂或塔架本体出现裂纹时，应立即将风电机组停运。

（5）遇到突发性台风，工作人员在得到通知台风即将登陆后，应及时撤离风电机组，并进入特别紧急防风状态，停止现场所有风场作业。具体包括：

1）工作人员应尽可能待在防风安全的地方，应急救援组随时准备启动抢险应急方案。

2）当台风中心经过后风力会减小或静止一段时间时，切记强风将可能再次突然吹袭，应继续留在安全处避风。

（6）发现变桨轴承断裂，应立即停止风电机组运行，并将风电机组偏航至与主风向夹角 90°位置，尽快出具相应的检修、更换方案，并快速执行，避免增加损失。

2.2 升压变压器

升压变压器（以下简称升压变），海上风电场中主要用于将风电机组输出电压升压传送到升压站。海上风电机组常用的升压变是将升压变压器器身、开关设备、限流熔断器、分接开关以及相应辅助设备组合于一体的组合式变压器，并安装在风电机组塔筒内。升压变如图 2.2 所示。

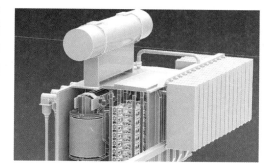

图 2.2 升压变

2.2.1 类型和技术特性

1. 升压变类型

升压变在容量上一般属于中型变压器。通常，中型变压器的容量范围为 800 ～ 6300kVA，海上风电场主要采用此种容量的变压器。

2. 技术特性

中型变压器与小型变压器相比，主要特点是多为组合式，电压等级高，一般输出电压等级多为 35kV，吨位相比较重，适应环境和气候能力强，温升低热寿命长，运行可靠性高，对电网的安全运行颇为重要。

2.2.2 标准依据

升压变施工及运行必须遵照的相关标准及规范见表 2.2。

表 2.2 升压变施工及运行的标准依据

序号	标 准 名 称	标准编号或计划号
1	高压输变电设备的绝缘配合	GB 311.1—2012
2	油浸式电力变压器技术参数和要求	GB/T 6451—2015
3	电力变压器检修导则	DL/T 573—2010
4	电力变压器运行规程	DL/T 572—2010

2.2.3 施工安全技术

1. 升压变海上吊装

（1）升压变本体运到现场就位后，检查有无渗油现象，冲击记录结果是否符合规范和厂家对其的要求，并做好记录。

（2）安装工作宜从上至下进行，避免立体交叉作业，防止伤人和损坏设备。

（3）凡两人以上安装或操作同一设备时，应建立呼唤应答制。

（4）放置或就位设备时，不应将脚放在设备的下方，防止压伤。

（5）使用扳手时，不准套上管子加长手柄使用。

（6）升压变吊心检查及清扫油箱内部工作，不得在同一垂直方向进行。

（7）在升压变顶部及内部工作时，工作人员应采取措施，避免工具及杂物遗留或落入升压变内部。

（8）升压变附件如有缺陷需要焊接时，应将附件内的油放尽，并移到安全地点再焊接。

（9）升压变干燥场内不得放置易燃品，并应设置消防设施，升压变带油干燥时，油面温度不得过高，一般不超过 85℃。

（10）进行干燥时，变压器绕组的最高温度不得超过 95℃，或按制造厂家规定。

2．升压变海上运输

（1）在升压运输前要做好运输船只、施工机械和工器具的安全检查准备工作，保证运输船只、施工机械等状况良好，了解施工海域海况，必要时应采取措施。在确保主变运输整个过程安全顺利进行的前提下，方可进行主变运输。

（2）升压变在运输过程中，要保持变压器放置平稳，严禁运输船急停。

（3）升压变在运输途中临时停置时，应选择停置在安全区域，并做好防护措施，设专人值班监护，夜间装安全信号警示灯。

（4）运输过程要与海事局保持联系，相互配合，便于顺利运输。

（5）如遇恶劣海况，要暂停运输，采取预防措施，保障运输船只安全。

2.2.4　运行安全技术

1．升压变运行

（1）保证电气连接的紧固可靠。

（2）在油冷却系统中，检查散热器有无渗漏、生锈、污垢淤积以及任何限制油自由流动的机械损伤。

（3）油浸式升压变上层油温运行极限值为厂家设备手册的规定，在运行中应监视其上层油温不得超过此规定值，同时应监视变压器各部温升不超过制造厂技术规范所规定的数值。

（4）干式升压变绕组外表最高温度极限值为厂家设备手册的规定，当负荷达到额定值厂家设备手册的规定时，或室温达厂家设备手册的规定时，应启动通风装置。

2．升压变检修

（1）施工前，设备检修计划、施工安全技术措施要传达到每一名检修人员。明确施工负责人、安全监护人、检修项目、检修时间等内容，落实到人，确保检修质量，并履行检修人员参加传达检修计划、安全技术措施后的签字手续。

（2）参加施工的所有人员必须听从检修负责人的统一指挥，严禁擅离岗位，进入施工现场，施工人员必须穿戴齐全合格的劳动保护用品，值班中禁止喝酒。

（3）首先检修小组派专人通知主控室，将相关设备停电上锁；检修现场，检修前进行验电，确认无误后，检修负责人下达开始命令，方可施工。

（4）现场使用的绝缘手套、绝缘靴、验电笔、接地线检查确认合格后方可使用。

（5）现场使用的起重工具（手拉葫芦、吊装带等）、起重点，必须经检修负责人认真检查，确认合格方可使用，不合格的禁止使用。

（6）检修前，清理施工现场周围积煤、可燃杂物，施工完毕，施工负责人要确认现场无火灾隐患后，方可撤离。

（7）检修人员在使用高脚架或梯子登高作业时，要派专人稳扶监护。登高 2m 以上必须佩戴安全带，安全带要做到高挂低用，挂点必须牢固且能受力。

（8）搬抬物件，施工人员要抓牢拿稳，同起同落，防止滑脱伤人，禁止抛扔造成误伤。

（9）全部施工完毕后，检修人员核查人数、清点工具，确认无安全隐患后，再联系调度室对停电上锁设备进行送电，派停电人去解锁送电，联系集控室试车，运转正常后，清理现场，撤离。

3．事故及异常处理

（1）升压变运行中如遇漏油，油位过高或过低，温度异常，冷却系统不正常等情况，应设法尽快消除。

（2）当升压变内部响动很大，有爆裂声；温度不正常并不断上升；严重漏油使油面下降，低于油位计的指示下限；油色变化过快，油内出现碳质；存在放电现象等情况时，应立即停电修理。

（3）重瓦斯保护动作，检查气体继电器内气体、压力释放阀动作是否有异常，本体有无喷油，如发生异常立即汇报将变压器停电，做好安全措施。检查油回路，测量绝缘未查明原因，不得强行送电。

2.3 高压开关环网柜

高压开关环网柜是一组高压开关设备装在钢板金属柜体内或做成拼装间隔式环网供电单元的电气设备，其核心部分采用负荷开关和熔断器，具有结构简单、体积小、价格低，可提高供电安全性。高压开关环网柜如图 2.3 所示。

2.3.1 类型和技术特性

1．高压开关环网柜类型

高压开关环网柜一般分为空气绝缘和 SF_6 绝缘两种。

（1）空气绝缘。柜体中配空气绝缘的负荷开关主要有产气式、压气式、真空式，安装的负荷开关为产气式的，无油无毒；配备的手动、电动

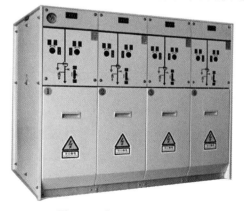

图 2.3 高压开关环网柜

操作机构为扭力弹簧储能机构，结构简单，操作力小。

（2）SF$_6$绝缘。柜体中配 SF$_6$绝缘的负荷开关为 SF$_6$式，所有高压带电部分都密封在气室中，不受外界运行环境的影响，由于 SF$_6$气体封闭在壳体内，它形成的隔断断口不可见，具有结构紧凑、占地面积小、免维护等优点。海上风电场高压开关环网柜一般均为此种类型环网柜。

2．技术特性

空气绝缘式环网柜，一般称为半绝缘环网柜；SF$_6$绝缘式环网柜，一般称为全绝缘环网柜。其区别在于：SF$_6$气体作为绝缘介质，绝缘性能比空气绝缘强；SF$_6$绝缘式环网柜尺寸远小于同等电压等级的空气绝缘式环网柜，占地面积小；SF$_6$绝缘式环网柜主回路元器件内置于充气隔室，压力恒定，不受海拔影响，特别适用于高海拔地区。空气绝缘式环网柜的绝缘性能直接受海拔影响，标准产品用于海拔 1000m 以下，更高海拔需特殊设计。

2.3.2　标准依据

高压开关环网柜施工及运行必须遵照的相关标准及规范见表 2.3。

表 2.3　高压开关环网柜施工及运行的标准依据

序号	标 准 名 称	标准编号或计划号
1	额定电压 1kV 及以上、52kV 及以下的交流金属封闭开关设备和控制设备（17C283CDV）	IEC 62271－200－2011
2	高压输变电设备的绝缘配合	GB 311.1—2012
3	高压开关设备常温下的机械试验	GB 3309—1989
4	高压交流负荷开关 熔断器组合电器	GB 16926—2009
5	高压交流断路器	GB 1984—2014
6	电业安全工作规程 第 1 部分 热力和机械	GB 26164.1—2010
7	电力安全工作规程 发电厂和变电站电气部分	GB 26860—2011
8	3～63kV 交流高压负荷开关	GB 3804—2004
9	3.6～40.5kV 交流金属封闭开关设备和控制设备	GB 3906—2006
10	绝缘配合 第 2 部分：高压输变电设备的绝缘配合使用导则	GB/T 311.2—2013
11	交流高压接触器	GB/T 14808—2016
12	高压开关设备和控制设备标准的共用技术要求	GB/T 11022—2011
13	电线电缆识别标志方法	GB/T 6995—2008

2.3.3　施工安全技术

1．高压开关环网柜的海上安装

（1）高压开关环网运到现场就位后，检查有无损坏现象，配件是否齐全，检查气压指示器的指针是否在绿色区域内，对机械部分进行功能测试。

（2）现场作业人员应着装整齐，正确使用和佩戴劳动防护用品，严禁穿拖鞋、凉鞋、高跟鞋。严禁酒后进入施工现场。

（3）临近带电体的作业，应保持与带电体足够的安全距离。

（4）作业区应装设围栏绳，设置警告标志，夜间作业应设红灯警示。

（5）作业现场应保持整洁，垃圾或废料应及时清除，做到"工完、料尽、场地清"。

（6）焊接、切割工作场所应有良好的照明，在人员密集的场所进行焊接工作时，宜设挡光屏。在焊接、切割地点5m范围内应清除易燃易爆物品。

（7）焊接或切割工作结束后，应切断电源或气源，整理好工器具，仔细检查工作场所周围及防护设施，确认无起火危险后，方可离开。

（8）吊装所用绳索、钢丝绳、卡扣要进行抽查，并经拉力试验合格，有伤痕或不合格的禁止使用，更不能以小代大。

（9）吊绳绑扎的位置要绑牢，吊钩悬挂点应与设备的重心在同一垂直线上，吊钩钢丝绳应保持垂直，严禁偏拉斜吊。落钩时，应防止设备局部着地引起吊绳偏斜。

（10）重物离地10cm时，要加荷试验，检查各部绳索，确认后，方能继续起吊。

（11）起重工作区域内无关人员不得停留或通过。在吊臂及吊物下方，严禁任何人员通过或逗留。

（12）起吊工作要有专人负责指挥，信号明确醒目，除紧急情况外，其他人不得随意指挥，并设安全监护人，操作、指挥和安全监护人员都应具有相应的资质。

（13）施工场地，机具布置要整齐、整洁，做到文明施工。

（14）安全用具和仪器仪表必须符合国家的相关标准。

（15）现场要使用专用电源，电源控制箱必须带漏电保护装置，导线的绝缘必须良好，截面积应与工作参数相适应。安全开关要完好，熔断器的规格应合适。低压交流电源应装有触电保安器。电源开关的操作把手需绝缘良好，应使用明显断开的双级隔离开关。

2. 高压开关环网柜的海上运输

（1）在高压开关环网柜运输前要做好运输船只、施工机械和工器具的安全检查准备工作，保证运输船只、施工机械等状况良好，了解施工海域海况，必要时应采取措施。在确保高压开关环网柜运输整个过程安全顺利进行的前提下，方可进行高压开关环网柜的运输。

（2）高压开关环网柜在运输过程中，保持高压开关环网柜的平稳，在运输过程中严禁急停。

（3）高压开关环网柜在运输途中临时停置时，应选择在安全区域停置，并做好防护措施，设专人值班监护，夜间装安全信号警示灯。

（4）要与海事局取得联系，相互配合，便于顺利运输。

（5）如遇恶劣海况，要暂停运输，采取预防措施，保障运输船只安全。

2.3.4 运行安全技术

1. 高压开关环网柜运行

（1）开关柜在送电前必须确认柜门已闭锁牢固。

（2）开关柜前、后部装有"线路带电"显示指示灯，当线路运行时，此装置不能退出；运行人员应经常检查信号指示灯与实际相符，但此装置可作为线路装设安措时的主要验电手段。

（3）开关柜运行时，SF_6气压应不低于 1.2×10^5Pa，各相的电气和机械指示应一致。

（4）定期检查开关柜电气指示正常，压板正确投入。

（5）检查电缆室无积水、无杂物、无异音、无异味，电缆外皮无破损。

（6）检查区域内整洁无杂物、安全设施及标志齐全、消防设备完好、门锁良好。

2. 高压开关环网柜检修

（1）施工前，设备检修计划、施工安全技术措施要传达到每一名检修人员。明确施工负责人、安全监护人、检修项目、检修时间等内容，落实到人，确保检修质量，并履行检修人员参加传达检修计划、安全技术措施后的签字手续。

（2）参加施工的所有人员必须听从检修负责人的统一指挥，严禁擅离岗位，进入施工现场，施工人员必须穿戴齐全合格的劳动保护用品，值班中禁止喝酒。

（3）首先检修小组派专人通知主控室，将相关设备停电上锁；检修现场，检修前进行验电，确认无误后，检修负责人下达开始命令，方可施工。

（4）现场使用的绝缘手套、绝缘靴、验电笔、接地线检查确认合格后方可使用。

（5）现场使用的起重工具（手拉葫芦、吊装带等）、起重点，必须经检修负责人认真检查，确认合格方可使用，不合格的禁止使用。

（6）检修前，清理施工现场周围积煤、可燃杂物，施工完毕，施工负责人要确认现场无火灾隐患后，方可撤离。

（7）检修人员在使用高脚架或梯子登高作业时，要派专人稳扶监护。登高 2m 以上必须佩戴安全带，安全带要做到高挂低用，挂点必须牢固且能受力。

（8）搬抬物件，施工人员要抓牢拿稳，同起同落，防止滑脱伤人，禁止抛扔造成误伤。

（9）检修完毕后，检修人员核查人数、清点工具，确认无安全隐患后，再联系调度室对停电上锁设备进行送电，派停电人去解锁送电，联系集控室试车，运转正常后，清理现场，撤离。

3. 事故及异常处理

（1）SF_6开关柜发生意外爆炸或严重漏气等事故，值守人员接近设备要谨慎，尽量选择从"上风"处接近设备，必要时要戴防毒面具，穿防护服。

（2）进入 SF_6 开关柜室前，须先启动通风设备 15min。

（3）SF_6气体压力下降，音响报警，监控系统出现类似"断路器操作回路故障""SF_6压力降低"的报警内容，现场检查 SF_6 气体压力降低，应立即停电修理，检查压力表指示，检查是否漏气，确定信号报出是否正确。若检查设备本身没有漏气，而属于长时间运行中的气压下降，应由专业人员对其补气。

2.4　风电机组平台监测系统

海上风电场的安全监测，监测对象主要包括风电机组基础等海上建筑物的结构安全监测、风电机组等机电设备的运行状态监测及海缆的运行状态监测。风电机组平台安全监测主要包括单桩基础风电机组、多桩承台基础进行重点监测。除了布置人工观测的不均匀沉降监测点外，还布置了自动观测的不均匀沉降监测仪，并设置倾斜、振动及应力应变等监测项目。

2.4.1 类型和技术特性

1. 单桩承台基础风电机组

单桩基础主要设置的监测项目包括基础顶不均匀沉降监测、塔筒振动监测、钢管桩倾斜监测、钢管桩顶部应力监测、桩侧土压力监测、腐蚀监测。

（1）不均匀沉降监测。在风电机组机位基础顶部布置1条静力水准管线，各布置4个静力水准测点，在风电机组基础顶部各设置4个不锈钢水准测点，利用水准仪监测不均匀沉降。

（2）振动监测。在风电机组塔筒内部、基础顶部沿主风向一侧共4个高程各布置1套二向加速度计。

（3）倾斜监测。在风电机组桩基础内侧沿主风向两侧各布置1个测斜管，待基础安装到位后选择1根完好的测斜管布置6个固定式测斜仪。

（4）钢板应力监测。选择钢管桩桩身和这2个高程布置钢板应变计，每个高程按间隔90°环向布置4支钢板应变计，布置在钢管桩内壁。

（5）土压力监测。钢管桩外壁在泥面以下自下而上布置6支土压应力计，土压计布置在钢管桩外壁。

（6）防腐监测。在不同的3个高程各布置1个腐蚀监测点。

（7）单桩风电机组结构安全监测点统计见表2.4。

表 2.4 单桩风电机组结构安全监测点统计

监测项目	监测仪器设备	单位	数量	备注
不均匀沉降（人工）	不锈钢标点	个	4	
不均匀沉降（自动）	静力水准仪	套	4	
倾斜	双轴固定式测斜仪	套/支	1/6	
振动	二向加速度计	套	4	
应力应变	钢板应变计	个	8	
	土压计	支	6	
钢管桩腐蚀	电压测试导线	点	3	

（8）单桩基础风电机组结构安全监测点典型布置如图2.4所示。

2. 多桩承台基础风电机组

多桩承台基础风电机组主要监测项目有：不均匀沉降监测、振动监测、混凝土应力监测、钢板应力监测、钢筋应力监测、腐蚀监测。

（1）不均匀沉降监测。在布置完整监测项目的风电机组混凝土承台顶部布置1条静力水准管线，布置4个静力水准测点。

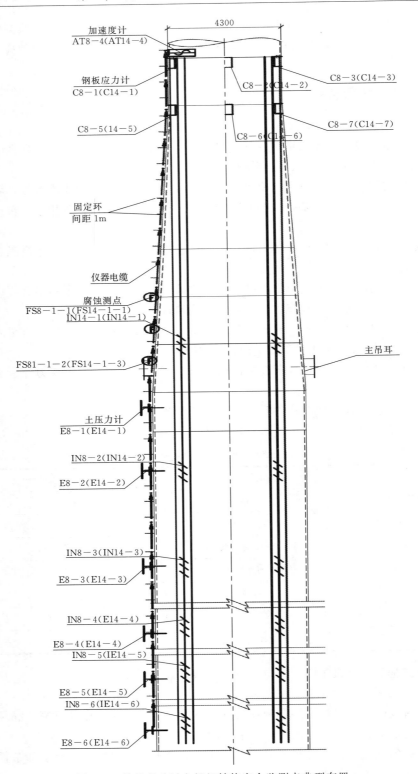

图 2.4 单桩基础风电机组结构安全监测点典型布置

（2）振动监测。在基础环及风电机组塔筒内壁沿高程共安装 4 支二分量加速度计（在水平面上一个分量沿主风向，另外 1 个分量与主风向垂直），测点布置在主风向一侧。

（3）混凝土应力监测。在每台风电机组承台混凝土布置 8 个竖向单向应变计，布置 1 个无应力计。

（4）钢板应力监测。在每台风电机组连接钢梁布置 4 支钢板应变计，钢管桩顶部入承台混凝土部分布置 4 支钢板应变计。

（5）钢筋应力监测。在每台风电机组承台混凝土内布置 14 支钢筋计，分别是 4 支钢筋计（直径约 $\phi25$）布置在承台封底混凝土内，4 支钢筋计（直径约 $\phi28$）布置在承台顶层钢筋上，承台混凝土内基础环旁侧布置 2 支竖向钢筋计（直径约 $\phi28$），钢管桩旁侧沿钢管桩斜向钢筋上布置 4 支钢筋计（直径约 $\phi20$）。

（6）腐蚀监测。在每台风电机组基础选 2 根桩在 3 个不同高程各布置 1 个腐蚀监测点。

多桩承台基础风电机组结构安全监测点统计见表 2.5。

表 2.5　多桩承台基础风电机组结构安全监测点统计

监测项目	监测仪器设备	单位	数量	备　注
不均匀沉降（人工）	不锈钢标点	个	4	
不均匀沉降（自动）	静力水准仪	套	4	
振动	二向加速度计	套	4	
应力应变	钢板应变计	个	8	
	钢筋计	支	20	
	应变片	支	8	
钢管桩腐蚀	电压测试导线	点	6	布置在 4 号风电机组

多桩基础风电机组结构安全监测点典型布置如图 2.5 所示。

2.4.2　监测仪器观测方法

单桩承台基础风电机组和多桩承台基础风电机组分别布置测量采集单元，数据通过光缆自动采集传输至陆上的服务器，可实现定时自动采集数据、测值定时自动上传。

1. 几何水准点监测

几何水准点是监测结构的不均匀沉降，观测方法按照《国家一、二等水准测量规范》（GB/T 12897—2006）中二等水准测量的精度要求进行，观测位移量中误差不大于 1mm。

观测时，以每台风电机组其中 1 个几何水准点为基点，观测其他 3 个水准点的相对高程。首次观测时连续、独立观测 2 次，合格后取其平均值作为各测点的基准值，此后所测相对高程的变化量，即为该测点相对于基准点的不均匀沉降量。

2. 静力水准仪监测

静力水准仪在安装初期采用配套读数仪进行观测，并根据仪器使用说明书的拟合公式

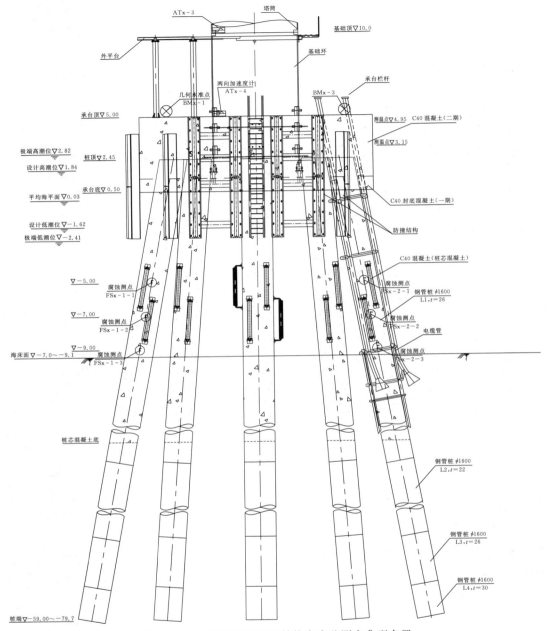

图 2.5　多桩基础风电机组结构安全监测点典型布置

换算成监测物理量，在自动化系统调试时，将各传感器的计算公式和参数输入自动化系统采集软件，使监测成果在软件界面上直接显示。

静力水准系统是利用相连的容器中，液体总是寻求具有相同势能的水平原理，测量和监测参考点彼此之间的垂直高度的差异和变化量。

3. 倾斜仪监测

倾斜仪在安装初期采用配套读数仪进行观测，并根据仪器使用说明书的拟合公式换算成监测物理量，在自动化系统调试时，将各传感器的计算公式和参数输入自动化系统采集软件，使监测成果在软件界面上直接显示。

本工程倾斜仪是采用进口电解质式仪器。电解质式仪器，内装有电解液与导电触点，当传感器发生倾斜变化时，电解液的液面始终处于水平、触点随传感器发生变化，使液面相对触点的部分发生了改变，也同时引起输出电量（电压）的改变。

4. 固定测斜仪监测

固定测斜仪在安装初期采用配套读数仪进行观测，并根据仪器使用说明书的拟合公式换算成监测物理量，在自动化系统调试时，将各传感器的计算公式和参数输入自动化系统采集软件，使监测成果在软件界面上直接显示。

固定测斜仪一般是采用进口电解质式仪器。

5. 加速度计监测

加速度计在采用中国地震局工程力学研究所的自动化系统进行监测，是记录被监测结构在台风、海浪、地震作用下的强震动响应数据，可实时分析、统计和保存被监测结构物的强震动响应烈度、主频率、加速度振幅、烈度报警情况等参数。

6. 土压力计监测

土压力计在安装初期采用配套读数仪进行观测，并根据仪器使用说明书的拟合公式换算成监测物理量。在自动化系统调试时，将各传感器的计算公式和参数输入自动化系统采集软件，使监测成果在软件界面上直接显示。

7. 混凝土应变计及无应力计监测

混凝土应变在安装初期采用配套读数仪进行观测，并根据仪器使用说明书的拟合公式换算成监测物理量。在自动化系统调试时，将各传感器的计算公式和参数输入自动化系统采集软件，使监测成果在软件界面上直接显示。

混凝土应变计一般采用的是振弦式传感器。振弦式仪器中关键部件为一张紧的钢弦，它与传感器受力件连接固定，根据钢弦的自振频率与钢弦所受到的外加张力的关系，将仪器所受的物理量变化转为频率测量。

8. 钢筋计及无应力计监测

钢筋计在安装初期采用配套读数仪进行观测，并根据仪器使用说明书的拟合公式换算成监测物理量。在自动化系统调试时，将各传感器的计算公式和参数输入自动化系统采集软件，使监测成果在软件界面上直接显示。

2.4.3 监测自动化系统

除人工观测的几何水准点与防腐监测导线，风电机组平台监测系统其他传感器均接入相应的自动化采集设备，实现自动化监测，并在采集计算机中将各传感器的计算公式与参数输入其中，可将监测原始测值自动换算成监测物理量。

通过布置的测量采集单元，数据通过光缆自动采集传输至陆上的服务器，可实现定时自动采集数据、测值定时自动上传。

数据采集软件与自动化数据采集单元配套，可设计数据在线采集、电测成果计算、测点数据的报表、图形输出、采集馈控、远程召测、信息报送等部分。各部分有独立的用户界面，既可以和安全监测信息管理及综合分析系统协同工作，又可单独运行。

2.4.4　对风电机组平台结构安全监测设计与施工的建议

（1）监测项目设置应紧密结合工程实际，突出重点、兼顾全面，相关项目统筹安排，配合布置。

（2）监测仪器设备应成熟、可靠、耐久，技术性能指标满足标准及工程实际要求，数据采样频率应能真实反映被测物理量。

（3）尽量采用远程自动化监测系统，在恶劣气候条件下仍能进行重要项目的监测。

（4）监测系统涉及电源、通信及采集设备的安放位置等细节，而风机内空间往往比较紧张，应在设计初期进行合理安排。

（5）因沉桩方式和沉桩设备的更新，钢管桩所受捶击力越来越大，桩上的监测设备因捶击损坏现象严重，应改变仪器安装方式或选择抗冲击力强的仪器。

（6）监测点的安装部位根据设计计算成果等确定，并注意避免受其他施工及设备的影响或干扰，以方便维护或更换。

（7）监测仪器设备的安装、埋设，应在减少对主体工程施工影响的前提下及早进行，宜尽量在岸上完成仪器安装工作，以降低海上施工难度和强度。

（8）监测仪器安装后，应定期对监测设施进行检查、维护和测量，在条件允许的情况下，应及早实现自动化监测。

2.5　220kV/35kV　海　缆

海缆主要由阻水导体、导体屏蔽层、绝缘层、绝缘屏蔽层、阻水缓冲层、铅套、非金属护层、成缆填充、绕包层、内衬层及光缆、铠装及外被层等主要结构层；具有防海水入、防腐蚀、防盐碱等特性，在环境恶劣的条件下能安全、可靠地工作。海缆如图 2.6 所示。

2.5.1　类型和技术特性

1. 海缆设备类型

海缆在电压等级上一般有 35kV、110kV、220kV 等，海上风电场一般多采用 220kV 光电复合海缆作为电力的送出线，35kV 海缆作为箱变集电线路。

图 2.6　海缆

2. 技术特性

海缆与普通电缆相比，主要特点是：海缆和普通电缆都是用于电力传输的，普通的电缆一般钢带铠装后挤包外护套即可，海底电缆在外护套的外面多了一层覆盖及混合着沥青的钢丝铠装层来增加敷设时的机械强度和防腐蚀能力。电气方面技术参数除满足 220kV 海缆的国家标准外，还需要提供敷设的环境因素如埋深、海水温度、海床的土壤热阻系数等；还要考虑提供电缆敷设时海底的通道状况及海面环境状况。另外大长度的海底电力电缆还要考虑电缆中间接头技术是否可靠（发生意外损坏或本体故障时）。

2.5.2 标准依据

海缆施工及运行必须遵照的相关标准及规范见表2.6。

表 2.6 海缆施工及运行的标准依据

序号	标 准 名 称	标准编号或计划号
1	绝缘电缆的导体	IEC 60228—2004
2	海底光缆规范	GB/T 18480—2001
3	额定电压 220kV（$U_m=252kV$）交联聚乙烯绝缘电力电缆及其附件 第3部分：电缆附件	GB/T 18890.3—2015
4	额定电压 220kV（$U_m=252kV$）交联聚乙烯绝缘电力电缆及其附件 第2部分：电缆	GB/T 18890.2—2015
5	额定电压 220kV（$U_m=252kV$）交联聚乙烯绝缘电力电缆及其附件 第1部分：试验方法和要求	GB/T 18890.1—2015
6	电线电缆识别标志方法 第1部分：一般规定	GB/T 6995.1—2008
7	电线电缆识别标志方法 第2部分：标准颜色	GB/T 6995.2—2008
8	电线电缆识别标志方法 第3部分：电线电缆识别标志	GB/T 6995.3—2008
9	电线电缆识别标志方法 第4部分：电气装备电线电缆绝缘线芯识别标志	GB/T 6995.4—2008
10	电线电缆识别标志方法 第5部分：电力电缆绝缘线芯识别标志	GB/T 6995.5—2008

2.5.3 施工安全技术

1. 海缆海上敷设

（1）海上施工作业船舶必须取得相应合格的船舶证书，以确保该施工船舶在海上的适应性。

（2）施工期间，白天施工船舶必须按照规定悬挂施工作业旗帜，晚上船舶要显示相应的灯号，提醒来往船舶加强注意。

（3）施工船的锚泊系统必须经过精密的计算，考虑到施工船和埋设机的水流力；锚机的承载能力，锚的类型、重量，锚缆钢丝的直径等均要满足施工的需要，确保施工船在施工期间不会因为受到风、流的影响而发生走锚现象。

（4）若有潜水员进行水下潜水作业，施工船要悬挂水下作业的旗帜，提醒往来船舶减速慢行。

（5）甚高频上的海上安全频道24h常开，并要有专人守候接听，保持与外界船舶的联系。施工作业阶段，除接听海上安全频道外，施工船组之间的通信采用VH1频道，保持施工船组间、施工船与外界船舶之间的通信畅通。

（6）中间水域段海缆敷埋施工时，由海事局对施工路由进行局部封航，要求前方 500m，后方 300m 无船只通过。

2．海缆海上运输

（1）在海缆运输前要做好运输船只、施工机械和工器具的安全检查准备工作，保证运输船只、施工机械机械等状况良好，了解施工海域海况，必要时应采取措施。在确保主变运输整个过程安全顺利进行的前提下，方可进行主变运输。

（2）海缆运输须采用防潮、防雨、防锈、防震、防腐的坚固包装。该包装应适应多次搬运、远洋和内陆运输，以保证海缆安全无损地抵达安装地点。

（3）海缆在运输途中临时停置时，应选择在安全区域停置，并做好防护措施，设专人值班监护，夜间装安全信号警示灯。

（4）要与海事局取得联系，相互配合，便于顺利运输。

（5）如遇恶劣海况，要暂停运输，采取预防措施，保障运输船只安全。

2.5.4　运行安全技术

1．海缆运行

（1）海缆导体长期容许工作温度为 90℃，短路时（最长持续时间不超过 5s）电缆导体的最高温度不超过 250℃。

（2）海缆在最大工作电流作用下的导体温度不得超过制造厂家确定的容许值。

（3）在系统事故处理过程中出现海缆过载时，应迅速恢复至正常。

（4）海缆能承受在敷设、回收、检修过程中的拉、扭等各种作用力，弯曲半径应不小于 25 倍海缆外径。

（5）运行人员要全面掌握海缆状况，熟悉维修技术，定期分析海缆运行状态，提出、讨论并实施可有效预防事故、提高安全运行水平措施。

（6）海缆要有明确的运行分界点，明确划分海缆与陆缆。

（7）在对海缆进行温度检测时要选择海缆陆上段排列最密处、散热情况最差处、有外界热源影响处、海缆陆上段电气连接处及海缆接地处；海缆海中段采用在线测温方式。

（8）保证海缆接地处的密封性能，防止水分渗入。

（9）禁止任何单位和个人在海缆保护区内从事钻探、打桩、抛锚、拖锚、张网捕捞、养殖等危害海缆安全的海上作业。

（10）海缆登陆点及潮间带要设置醒目的禁锚警示标示，并有稳定可靠的夜间照明。

（11）运行人员发现海缆线路存在缺陷时，要及时通知部门领导并认真记录、分析缺陷的性质，及时安排消缺。

（12）海缆线路要配齐醒目的"禁止""警示""警告"等各类标识牌。

（13）检修时测试海缆各相的绝缘电阻，并做好数据记录。

（14）用 TDR 对绝缘测试对比（前提是要有安装后的线路测试记录）。

2．海缆检修

（1）施工前，设备检修计划、施工安全技术措施要传达到每一名检修人员。明确施工负责人、安全监护人、检修项目、检修时间等内容，落实到人，确保检修质量，并履行检修人员参加传达检修计划、安全技术措施后的签字手续。

（2）参加施工的所有人员必须听从检修负责人的统一指挥，严禁擅离岗位，进入施工现场，施工人员必须穿戴齐全合格的劳动保护用品，值班中禁止喝酒。

（3）首先将相关设备停电上锁；检修现场，检修前进行验电，确认无误后，检修负责人下达开始命令，方可施工。

（4）现场使用的绝缘手套、绝缘靴、验电笔、接地线检查确认合格后方可使用。

（5）现场使用的起重工具（手拉葫芦、吊装带等）、起重点，必须经检修负责人认真检查，确认合格方可使用，不合格的禁止使用。

（6）检修人员在使用高脚架或梯子登高作业时，要派专人稳扶监护。登高2m以上必须佩戴安全带，安全带要做到高挂低用，挂点必须牢固且能受力。

（7）搬抬物件，施工人员要抓牢拿稳，同起同落，防止滑脱伤人，禁止抛扔造成误伤。

（8）检修完毕后，检修人员核查人数、清点工具，确认无安全隐患后，清理现场，撤离。

3. 事故及异常处理

（1）定位海底电缆故障点后，船舶在拟定故障点就位。

（2）潜水员水下探查故障海缆，确定海缆的具体位置。在海底用高压水枪或者其他吹泥设备，沿拟定故障点两侧海缆走向将海缆冲出。

（3）计算需用的备用海缆长度。

（4）潜水员在水下切割电缆，在去除破损段的海缆两头安装防水组件并做好标记。

（5）用就位在标记的海缆断点附近的浮吊，将故障海缆吊出水面并固定在作业平台上，在去除损坏点和进水部分后，对海缆进行导体直流电阻测试、绝缘测量、铅护套直流电阻均匀性测试和耐压试验，排除其他故障情况。

（6）采用海缆专用接头将备用海缆与运行海缆连接修复，并一起放回海底。

第3章 海上升压站施工及运行安全技术

3.1 主 变 压 器

主变压器，简称主变（GSU），海上风电场中主要用于输变电的主变压器，是海上升压站的核心部分。主变主要由器身（铁芯、线圈、引线及绝缘等）、油箱和箱盖、保护装置（储油柜、油表、净油器、流动继电器、吸湿器、信号式温度计等）、冷却系统（冷却器、潜油泵、通风机等）、出线套管、变压器油等部分组成。某变压器外形如图3.1所示。

3.1.1 类型和技术特性

1. 主变类型

主变在容量上分有大型、特大型变压器。

（1）大型变压器，容量范围为 8000 ～ 63000kVA，海上风电场的主变一般选用此种变压器。

（2）特大型变压器，容量范围为 90000kVA 以上。

2. 技术特性

大型、特大型变压器与中小型变压器相

图 3.1　变压器外形图

比，主要特点是电压高、吨位重、组装复杂、附件易损坏、涉及工作多、安装周期长，其可靠性对电网的安全稳定运行至关重要。

3.1.2 标准依据

主变设备施工及运行必须遵照的相关标准及规范见表3.1。

表 3.1　主变设备施工及运行的标准依据

序号	标 准 名 称	标准编号或计划号
1	电业安全工作规程 第1部分 热力和机械	GB 26164.1—2010
2	电业安全工作规程 发电厂和变电站电气部分	GB 26860—2016
3	电力建设安全工作规程 变电所部分	DL 5009.3—2013
4	电力大件运输规范	DL/T 1071—2014
5	电力变压器运行规程	DL/T 572—2010
6	电力变压器检修导则	DL/T 573—2010
7	变压器保护装置通用技术条件	DL/T 770—2012

3.1.3 施工安全技术

1. 主变海上安装

（1）主变本体运到现场就位后，检查有无渗油现象，冲击记录结果是否符合标准和厂家对其的要求，并做好记录。

（2）主变进行干燥处理时，禁止在附近焊接、切割作业。

（3）进入油箱内部时，要使用安全防爆式低压照明灯。

（4）主变高处作业要系上安全带。

（5）所使用的竹梯靠在主变本体工作，必须有可靠的防滑和防斜措施。

（6）上主变器身时要注意防止杂物及工具掉入主变本体内部，工具要系白布部带，工作人员施工时布带要系紧手腕上。

（7）吊装所用绳索、钢丝绳、卡扣要进行抽查，并经拉力试验合格，有伤痕或不合格的禁止使用，更不能以小代大。

（8）吊绳绑扎的位置要适当，防止因位置不当，引起倾斜或翻倒。挂好钢丝绳后应绑扎好拦腰绳及控制绳，方能起吊。

（9）重物离地 10cm 时，要加荷试验，检查各部绳索，确认后，方能继续起吊。

（10）起吊过程中要保持与物体的距离，以免起吊中碰撞损坏瓷件。

（11）起吊工作要有专人负责指挥，信号明确醒目，除紧急情况外，其他人不得随意指挥，并设安全监护人。

（12）施工场地，机具布置要整齐、整洁，做到文明施工。

（13）紧螺丝时，要对角轮流转圈上紧，有胶圈的地方要紧到胶圈的厚度减少到 3/5 为止。

（14）真空泵要装设性能好的电磁阀，抽真空注油时要检查大油桶的呼吸器应打开畅通，防止真空度过高使油桶破裂而造成漏油事故。

（15）主变本体外壳、滤油设备和大油桶、金属油管要安全可靠接地。

（16）主变本体抽真空和注油期间，值班人员要每小时如实记录一次真空度；注油量、时间、温度，如遇到突然停电，要立即关闭真空泵至主变本体的抽气阀门，以防破坏真空，影响抽真空度。

2. 主变海上运输

（1）在主变运输前要做好运输船只、施工机械和工器具的安全检查准备工作，保证运输船只、施工机械机械等状况良好，了解施工海域海况，必要时应采取措施。在确保主变运输整个过程安全顺利进行的前提下，方可进行主变运输。

（2）主变在海上运输过程中，要保持主变的平稳，在运输过程中严禁急停。

（3）主变在运输途中临时停置时，应选择在安全水域停置，并做好防护措施，设专人值班监护，夜间装安全信号警示灯。

（4）要与海事局取得联系，相互配合，便于顺利运输。

（5）如遇恶劣海况，要暂停运输，采取预防措施，保障运输船只安全。

3.1.4　运行安全技术

1. 主变运行

（1）保持主变瓷套管及绝缘子的清洁。

（2）在油冷却系统中，检查散热器有无渗漏、生锈、污垢淤积以及任何限制油自由流动的机械损伤。

（3）保证电气连接的紧固可靠。

（4）定期检查分接开关，并检验触头的紧固、灼伤、疤痕、转动灵活性及接触的定位。

（5）每三年应对主变绕组、套管以及避雷器进行介损的检测。

（6）每年检验避雷器接地的可靠性。接地必须可靠，而引线应尽可能短。旱季应检测接地电阻，其值不应超过 5Ω。

2. 主变检修

（1）施工前，设备检修计划、施工安全技术措施要传达到每一名检修人员。明确施工负责人、安全监护人、检修项目、检修时间等内容，落实到人，确保检修质量，并履行检修人员参加传达检修计划、安全技术措施后的签字手续。

（2）参加施工的所有人员必须听从检修负责人的统一指挥，严禁擅离岗位，进入施工现场，施工人员必须穿戴齐全合格的劳动保护用品，值班中禁止喝酒。

（3）首先检修小组派专人通知主控室，将相关设备停电上锁；检修现场，检修前进行验电，确认无误后，检修负责人下达开始命令，方可施工。

（4）现场使用的绝缘手套、绝缘靴、验电笔、接地线检查确认合格后方可使用。

（5）现场使用的起重工具（手拉葫芦、吊装带等）、起重点，必须经检修负责人认真检查，确认合格方可使用，不合格的禁止使用。

（6）检修前，清理施工现场周围堆积物、可燃杂物，施工完毕，施工负责人要确认现场无火灾隐患后，方可撤离。

（7）检修人员在使用高脚架或梯子登高作业时，要派专人稳扶监护。登高 2m 以上必须佩戴安全带，安全带要做到高挂低用，挂点必须牢固且能受力。

（8）搬抬物件，施工人员要抓牢拿稳，同起同落，防止滑脱伤人，禁止抛扔造成误伤。

（9）检修完毕后，检修人员核查人数、清点工具，确认无安全隐患后，再联系调度室对停电上锁设备进行送电。

3. 事故及异常处理

（1）主变运行中如遇漏油，油位过高或过低，温度异常，冷却系统不正常等情况，应设法尽快消除。

（2）当主变的负荷超过允许的正常过负荷值时，应按规定降低主变的负荷。

（3）当主变内部响动很大，有爆裂声；温度不正常并不断上升；严重漏油使油面下降，低于油位计的指示下限；油色变化过快，油内出现碳质；套管有严重的破损和放电现象等情况时，应立即停电修理。

（4）当发现主变的油温较高时，而其油温所应有的油位显著降低时，应立即加油。

（5）主变油位因温度上升而逐渐升高时，若最高温度时的油位可能高出油位指示计，则应放油，使油位降至适当的高度，以免溢油。

3.2　GIS　设　备

　　GIS 设备是气体绝缘全封闭组合电器的英文简称，它将断路器、隔离开关、接地开关、电压互感器、电流互感器、避雷器、母线、电缆终端、进出线套管等高压元件密封经优化设计有机地组合成一个整体，这些设备或部件全部封闭在金属接地的外壳中，在其内部充有一定压力的 SF_6 绝缘气体，故也称 SF_6 全封闭组合电器。GIS 设备整体结构如图3.2 所示。

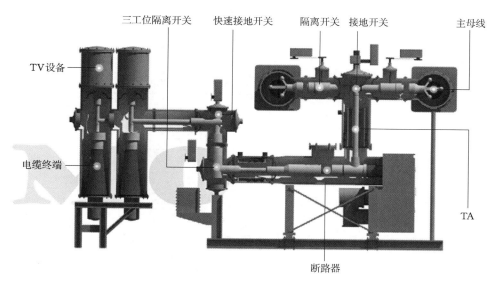

图 3.2　GIS 设备整体结构
（主母线按每个间隔分成独立气室，用绝缘盆隔开，主母线可按间隔独立检修）

3.2.1　类型和技术特性

　　1. 高压开关设备类型
　　（1）空气绝缘的常规配电装置（AIS）。其母线裸露，直接与空气接触，断路器可用瓷柱式或罐式。
　　（2）混合式配电装置（H－GIS）。母线为开敞式，其他均为 SF_6 气体绝缘开关装置。
　　（3）SF_6 气体绝缘全封闭配电装置。大量应用于发电厂、电网变电站、工矿企业、石油化工企业、轨道交通等场合，风电场、光伏电站一般采用这种型式。
　　2. 技术特性
　　（1）GIS 设备主要优点如下：
　　1）小型化、模块化设计，主母线采用三相共箱型结构，占地面积小、设备体积小，重量轻，元件全部密封在金属壳体内，不受环境干扰。

2）运行可靠性较高，采用 SF_6 或其他气体绝缘，缺陷/故障发生概率低，维护工作量小，其主要部件的维修间隔大于 20 年。

3）GIS 采用整块运输，安装方便、周期短、费用较低。

4）采用三工位隔离/接地开关，实现机械自然连锁，彻底杜绝隔离和接地开关间极易发生的误操作事故，确保运行安全。

（2）GIS 设备主要缺点如下：

1）由于 SF_6 气体泄漏、外部水分渗入、导电杂质的存在、绝缘子老化等因素，都可能导致 GIS 设备内部发生闪络故障。

2）GIS 设备的全密封结构使故障的定位及检修比较困难，检修工作繁杂，事故后平均停电检修时间比常规设备长，其停电范围大，常涉及非故障元件。

3.2.2　标准依据

GIS 设备施工及运行必须遵照的相关标准及规范见表 3.2。

表 3.2　GIS 设备施工及运行的标准依据

序号	标　准　名　称	标准编号或计划号
1	油漆和清漆　油漆保护系统对钢结构的防腐蚀保护　第 4 部分：表面和表面预处理类型	ISO 12944−4
2	外壳防护等级（IP 代码）	GB 4208—2008
3	涂覆涂料前钢材表面锈蚀等级和除锈等级	GB 8923—2011
4	交流无间隙金属氧化物避雷器	GB 11032—2010
5	高压输变电设备的绝缘配合	GB 311.1—2012
6	高压交流断路器	GB 1984—2014
7	电业安全工作规程　第 1 部分 热力和机械	GB 26164.1—2010
8	电气装置安装工程电气设备交接试验标准	GB 50150—2016
9	电业安全工作规程 发电厂和变电站电气部分	GB 26860—2016
10	局部放电测量	GB/T 7354—2016
11	海上风力发电工程施工规范	GB/T 50571—2010
12	导体和电器选择设计技术规定	DL 5222—2016
13	六氟化硫设备运行、试验及检修人员安全防护细则	DL/T 639—2016
14	六氟化硫气体回收装置技术条件	DL/T 662—2009
15	六氟化硫电气设备气体监督细则	DL/T 595—2016
16	交流高压断路器订货技术条件	DL/T 402—2016
17	高压交流隔离开关和接地开关	DL/T 486—2010
18	电气装置安装工程高压电器施工及验收规范	GBJ 147—1990

3.2.3　施工安全技术

1. GIS 设备安装

（1）GIS 设备安装工作的总体流程如图 3.3 所示。

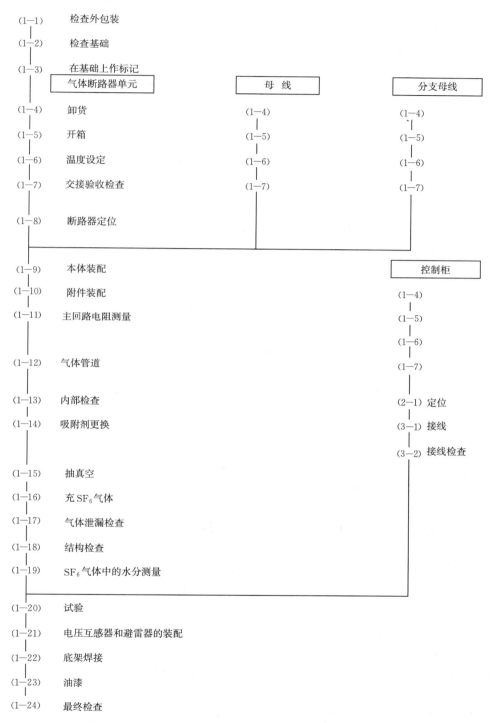

图 3.3 GIS 设备安装工作总体流程

（2）GIS 设备安装工艺严格按照国标、厂标进行，两者不一致时按较高标准执行，各项工作必须服从制造厂技术人员的指导。

（3）进入施工现场时，工作人员应穿戴干净的工作服及鞋帽，工器具必须登记，严防将异物遗留在设备内部。

（4）GIS 设备灭弧室内充有表压为 0.01～0.05MPa 的干燥氮气。所有截止阀在充 SF_6 气体前都保持在闭合状态，绝对不可以打开。安装未结束，不得打开控制箱门。

（5）去除运输时使用的组件保护盖罩时，检查壳体内的气压，打开供气截止阀把干燥空气从母线壳体中抽出，清洁母线，去除母线单元和断路器单元的保护盖罩，确认去除了在运输时用过的吸附剂。

（6）GIS 设备耐压试验前，应确定其他试验项目已经全部完成并合格。耐压试验应在额度气体压力下进行。加压前要对 GIS 设备所有 TA 的二次侧进行短接接地，对所有 TV 一次末端可靠接地，二次侧绕组 N 端接地，严禁将 TV 绕组短路。做实验时，做好人员和设备的防护工作，操作人员的活动范围与带电部分的距离应符合完全规定。试验区应用红带围绕，并悬挂"止步、高压危险"等警示牌。

（7）制造厂已装配好的元件在现场组装时，不要解体检查，如有缺陷，必须在现场解体时，经制造厂同意，并在厂方人员指导下进行。

（8）设备装配工作要在无风沙、无雨雪，空气相对湿度小于 80% 的条件下进行，并采取防尘、防潮措施。

（9）采取临时封闭，专人用吸尘器清理等措施，严格保证现场的清洁无尘。按制造厂的编号和规定的程序进行装配，不得混装。

（10）打开对接面盖板时，其绝缘件严禁用手直接接触，必须戴白色尼龙手套进行清扫。

（11）绝缘件及罐体内部用无毛纸蘸无水乙醇擦洗，擦洗完后用吸尘器清理。检查密封面应无划伤痕迹，否则进行妥善处理。

（12）密封圈变形不得使用。

（13）连接插件的触头中心要对准插口，避免卡阻，插入深度要符合产品的技术规定。

（14）对接完毕后，连接螺栓对称用力矩扳手拧紧。

（15）气体绝缘开关设备的安装和排管结束后，要检查以下各项：地脚螺栓及每个部件的螺母螺栓是否完全拧紧，在操作机构靠近运动部件处是否残留异物如工具等，断路器或母线内是否遗留工具，供气逆止阀是否关闭。

（16）按产品的技术规定更换吸附剂。

（17）安装时注意不要磕碰外壳油漆，如有磕碰造成油漆损伤，需采取措施进行补漆。

2. GIS 设备吊装

（1）GIS 设备就位前，作业人员应将作业现场所有孔洞用铁板或强度满足要求的木板盖严，避免人员摔伤。

（2）按照附在货物上的起吊指示使用专用的运输固定件、夹具和起吊钩。起吊固定件和缆绳的应参照运输单上指明的运输单元重量进行合理地选择。

（3）重心偏移的运输单元应当适用 4 根缆绳起吊，谨防翻倒。缆绳应当同时与轮链一起使用，可使物件保持水平、垂直或任意指定角度。

（4）设备起点应安排指定位置进行固定，临近的设备应离开连接用的起点单元 500～800mm 的距离，并固定。其他的设备与临近设备之间的距离可调节得小一些。

（5）GIS 设备吊离地面 100mm 时，应停止起吊，检查吊车、钢丝绳扣是否平稳牢靠，确认无误后方可继续起吊。起吊后任何人不得在 GIS 设备吊移范围内停留或走动。

（6）通道口在楼上时，作业人员应在楼上平台铺设钢板，使 GIS 设备对楼板的压力得到均匀分散。

（7）作业人员在楼上迎接 GIS 设备时，应时刻注意周围环境，特别是外沿作业人员，更要注意防止高处坠落，必要时应系安全带。

（8）用天吊就位 GIS 设备时，作业人员除应遵守上述吊车作业要求外，操作人员应在所吊 GIS 设备的后方或侧面操作。

（9）GIS 设备就位应放置在滚杠上，利用链条葫芦或人工绞磨等牵引设备作为牵引动力源，严禁用撬杠直接撬动设备。GIS 设备后方严禁站人，防止滚杠弹出伤人。

（10）牵引前作业人员应检查所有绳扣、滑轮及牵引设备，确认无误后，方可牵引。工作结束或操作人员离开牵引机时必须断开电源。

（11）操作绞磨人员应精神集中，要根据指挥人员的信号或手势进行开动或停止，停止时速度要快。牵引时应平稳匀速，并有制动措施。

3.2.4　运行安全技术

1. GIS 设备运行

（1）GIS 室必需装强力通风装置，排风口应设置在室内底部。运行人员经常出入的 GIS 室，每班至少通风 1 次（15min）；对工作人员不经常出入的室内场所，应定期检查通风设施。

（2）工作人员进入 GIS 设备室内电缆沟或凹处工作时，应测含氧量或 SF_6 气体浓度，确认安全后方可进入。不准一人进入从事检修工作。

（3）气体采样操作及处理一般渗漏时，要在通风条件下进行，当 GIS 设备发生故障造成大量 SF_6 气体外逸时，应立即撤离现场，并开启室内通风设备。

（4）GIS 设备解体检查时，应将 SF_6 气体回收加以净化处理，严禁排放到大气中。

（5）宜在晴朗干燥天气进行充气，并严格按照有关规程和检修工艺要求进行操作。充气的管子应采用不易吸附水分的管材，管子内部应干燥，无油无灰尘。

（6）在环境湿度超标而必须充气时，应确保充气回路干燥、清洁。可用电热吹风对接口处进行干燥处理，并立即连接充气管路进行充气。充气静止 24h 后应对该气室进行湿度测量。

（7）巡视设备必须两人及以上，检查发现异常，应立即汇报。

（8）正常运行时，严禁触碰各切换开关、按钮。

2. GIS 设备分解检查

（1）GIS 设备分解检查前，必须执行工作票制度，必须确定被解体部分完全处于停电状态，并进行可靠的工作接地后，方可进行解体检查。

（2）GIS 设备气室分解检查前，应对相邻气室进行减压处理，减压值一般为额定压力的 50％或按制造厂规定。

（3）GIS 设备分解前，如怀疑气室有电弧放电时，应先取气样做生物毒性试验，气相色谱分析和可水解氟化物的测定。

（4）GIS 设备分解前，气体回收并抽真空后，根据具体情况可用高纯氮气进行冲洗。且每次排放氮气后均应抽真空，每次充氮气压力应接近 SF$_6$ 额定压力。排放氮气及抽真空应用专用导管，人必须站在上风方位。

（5）工作人员必须穿防护服、戴手套，以及戴备有氧气呼吸器的防毒面具，做好防护措施。封盖打开后，人员暂时撤离现场 30min，让残留的 SF$_6$ 及其气态分解物经室内通风系统排至室外，然后才准进入作业现场。

（6）分解设备之前，应确认邻近气室不存在向待修气室漏气的现象。分解设备时，必须先用真空吸尘器吸除零部件上的固态分解物，然后才能用无水乙醇或丙酮清洗金属零部件及绝缘零部件。

（7）工作人员工作结束后应立即清洗手、脸及人体外露部分。

（8）应做有毒废物处理的物品有：真空吸尘器的过滤器及洗涤袋、防毒面具的过滤器、全部抹布及纸；断路器或故障气室的吸附剂、气体回收装置中使用过的吸附剂等；严重污染的防护服也视为有毒废物。处理方法：所有上述物品不能在现场加热或焚烧，必须用 20％浓度的氢氧化钠溶液浸泡 12h 以上，然后装入塑料袋内深埋。

（9）防毒面具、塑料手套、橡皮靴及其他防护用品必须进行清洁处理，并应定期进行检查试验，使其处于备用状态。

3. 事故及异常处理

（1）室内 GIS 设备发生故障有气体外逸时，全体人员应迅速撤离现场，并立即投运全部通风设备。

（2）在事故发生后 15min 之内，只准抢救人员进入室内。事故发生后 4h 内，任何人进入室内必须穿防护服、戴手套，以及戴备有氧气呼吸器的防毒面具。事故后清扫 GIS 设备安装室或故障气室内固态分解物时，工作人员也应采取同样的防护措施。

（3）若故障时有人被外逸气体侵袭，应立即送医院诊治。

（4）若有异常响声，应根据声音的变化判别是屏蔽罩松动、内部有异物，当出现明显放电声响应采取停电措施。

（5）设备防爆膜破裂，说明内部出现严重的绝缘问题，电弧使设备部件损坏，引起内部压力超过标准，必须进行停电处理。

（6）气室压力降低报警时，应检查故障气室压力指示装置是否指示压力低，若检查发现气室压力指示正常，检查气体压力降低故障信号灯能否复归；若气室压力指示压力低，或气压下降速度很快，则申请停电处理；若气室压力降至分闸闭锁压力，则按开关失灵程序处理。

3.3 低压开关柜

低压开关柜是有一个或多个低压开关设备和与之相关的、测量、信号、保护、调节等设备，由制造厂家负责完成所有内部的电气和机械的连接，用结构部件完整地组装在一起的一种组合体。400V低压开关柜如图3.4所示。

图 3.4　400V 低压开关柜

3.3.1 类型和技术特性

1. 低压开关柜类型

（1）按符合标准程度分：全型式试验的低压柜；部分型式试验的低压柜。

（2）按结构分：固定式；抽屉式。

（3）按功能分：配电用；控制用；补偿用。

2. 技术特性

（1）设备主要优点如下：

1）出线方案灵活：有前接线也有后接线。

2）配置灵活。

3）装容密度大。

4）可以在垂直母线带电时跟换功能单元。

5）自带适合现场搬运的底座，搬运方便。

（2）GIS 设备主要缺点如下：

1）PLC 的配置繁琐。

2）抽屉容易卡涩。

3.3.2 标准依据

低压开关柜施工及运行必须遵照的标准及规范见表3.3。

表 3.3　低压开关柜施工及运行的标准依据

标　准　名　称	标准编号或计划号
外壳防护等级（IP 代码）	GB 4208—2008

3.3.3　施工安全技术

（1）工具准备。选择电气连接时螺栓使用的合适扳手。

（2）场地准备。场地需干净整洁，多使用分段支撑，有条件时在地面涂上防腐油漆，避免倾斜；开关后应留出相应距离保证通风；保证足够的空间可以打开后门及操作员进行维护；留有空间给电缆施工；顶部及底部连接符合规定。

（3）柜体面板。现场装配面板，各段的边缘应该贴到隔室上；所有接触区域必须完全清洁；拆面板防止磕碰。

（4）安装柜体。每一个柜体均有其顶部的数字或字母标识；按设计要求摆放好柜体；如有必要拆除包装箱和防护板及通风格栅等；第一台柜体要检查垂直位置和支撑，然后在固定在基础上；过程中需采取一切必要措施避免导线在安装过程中卡住或磨损；二次线路靠近锐利边缘时，使用护套保护。

（5）电气连接。保证母排连接的水平度；每个螺母紧固程度做好标记。

（6）柜的进出线。可满足封闭母线上进线式下进线母排或电缆上出式下出线，可保证柜顶母线桥与变压器的对接。

（7）母线系统。母线采用刚性，硬拉高导电的电解铜，符合 IEC431，其加工工艺完全满足招标文件条款的要求。

（8）中性和接地母线。所有母排出厂前均开有模数孔，便于电缆连接。有贯穿于整个柜体排列长度的保护（PE）线，金属柜体的各部分与 PE 线有良好的导电性能，PE 线放在柜底部，也可接至柜的上部，接地保护型式为 TN－S 系统。

（9）电缆。柜内电缆采用硬拉的交联乙烯绝缘聚氯乙烯护套高导电多股铜芯线，能耐高温并符合 IEC 60502 和 GB 12706 有关标准，电缆采用接线端子和专用导轨固定，使其整齐美观并且牢固，可承受指定的故障条件。

（10）色标。在低压开关柜内的动力线可采用连续油漆的色标。

3.3.4　运行安全技术

1. 低压开关运行

（1）现场巡检查看断路器运行状态。

（2）现场巡检查看个抽屉开关的运行状态。

（3）现场巡检查看系统电气参数。

（4）后台监测开关柜个开关状态。

（5）后台监测 400V 系统电气参数。

（6）后台监测 400V 系统逻辑状态。

2．一般维护

（1）检查低压开关柜内部的湿度。

（2）检查低压开关柜外部的湿度。

（3）检查低压开关柜内的异物。

（4）清洁低压开关柜。

（5）为抽屉柜及断路器可滑动部位涂抹润滑油（电气触点击机械触点）。

（6）检查低压开关柜的外表面。

（7）检查主母线、配电母线、母线支撑、电力电缆连接。

（8）检查二次插件的位置和状况。

3．事故及异常处理

（1）室内发生火灾时人员全部撤离，远方拉开断路器，无法拉开时，断开上级开关，确保无电情况下采取救火措施。

（2）进线断路器跳闸时，采取转换至保安电源应急预案处理。

（3）抽屉开关故障时，拉出抽屉，做好安全隔离措施。

3.4　接 地 变 压 器

接地变压器（以下简称接地变）是人为地制造一个中性点，用来连接接地电阻。当系统发生接地故障时，对正序、负序电流呈高阻抗，对零序电流呈低阻抗，使接地保护可靠动作；同时提供给海上升压站内的生产用电，如保护屏、高压开关柜内的储能电机、接地变有载调控机构、SF_6传动机构储能机构等。接地变如图 3.5 所示。

图 3.5　接地变

3.4.1　类型和技术特性

1．接地变设备类型

（1）干式变压器。干式变压器一般利用树脂绝缘，靠自然风冷内部线圈。

（2）油浸式变压器。油浸式变压器靠绝缘油进行绝缘，绝缘油在内部的循环将线圈产生的热带到变压器散热器（片）上进行散热。

2．技术特性

（1）干式变压器主要优点如下：

1）承受热冲击能力强，过负载能力大。

2）阻燃性强，材料难燃、防火性能极高。

3）低损耗、局部放电量小。

4）噪声低、不产生有害气体，不污染环境，对湿度、灰尘不敏感，体积小，不易开裂，维护简单。

（2）油浸式变压器的主要优点如下：

1）造价较低、容量较大、额定电压高。

2）散热性能好，液体油循环散热流动性较强。

3）过载能力较强。

3.4.2　标准依据

接地变施工及运行必须遵照的相关标准及规范见表 3.4。

表 3.4　接地变施工及运行的标准依据

序号	标准名称	标准编号或计划号
1	干式电力变压器	GB 6450—1986
2	电力设备接地设计技术规程	SDJ 8—1979
3	电力设备过电压保护设计技术规程	SDJ 7—1979

3.4.3　施工安全技术

1. 接地变安装

（1）施工场地周围要设有足够的灭火器，在周围挂"禁止吸烟"和"明火作业"等标识牌。

（2）就位时，手不应放在其行走轮上方、前方，以防卡手。变压器在就位和基础找中时，手严禁伸入设备底座下。

（3）在开箱时，施工人员应相互配合好，注意防止撬棒伤人。开箱后应立即将装箱钉头敲平，严禁钉头竖直。

（4）作业人员分工明确，实施安全、技术交底。

（5）所使用的梯子必须有可靠的防滑和防倾斜措施。

（6）吊装所用绳索、钢丝绳、卡扣要进行抽查，并经拉力试验合格，有伤痕或不合格的严禁使用，更不能以小代大。

（7）紧螺栓时，要对角轮流转圈上紧，有胶圈的地方要紧到胶圈的厚度减少到 3/5 为止。

（8）部件安装时，要充分考虑部件的重量、作业半径和安装高度，用有充分余量的吊车进行吊装。吊装作业必须由起重工指挥，所有作业人员持证上岗。

（9）使用的工具必须清点好，做记录，专人管理。

（10）始终保持现场整齐、清洁，做到设备、材料、工具摆放整齐，现场卫生"一日一清理"，做到"工完、料尽、场地清"。

（11）施工前要对作业人员进行安全、技术措施交底并做好签证记录。

（12）加强机具维护，减少施工机具噪声对人身和环境的影响。

（13）施工用完的油漆罐、松节水罐、润滑油罐，废弃的包装箱纸，粘有油脂的废手套、棉布；残油和工机具的渗漏油等应用专用容器收集好，用专门的垃圾箱装好，交有资质的公司处理，以免污染环境，并做好防火措施。安装位置应符合设计要求。

（14）组装站用变压器（以下简称站用变）支架，支架底座与基础预埋槽钢焊接牢固，并涂防锈漆，检查支架水平度误差应小于 2～3mm。

（15）在支架上安装站用变，站用变之间应保持相同距离，铭牌、编号朝向通道一侧，安装好的整组站用变压器应保持水平和垂直度。

（16）按设计图、厂家说明书及图纸要求，在站用变端子间安装连接线，接线应牢固可靠、对称一致、整齐美观、相色标示正确。

（17）按照施工设计图及相关标准的要求，安装站用变各设备的接地引下线并与接地网连接，要求连接牢固。

（18）将接地引下线涂刷黄绿色漆，要求漆层均匀完整。

（19）站用变压器安装调整、接线施工完成后，可进行设备交接试验，试验方法、步骤及技术要求详见《电业安全工作规程（高压试验室部分）》（DL 560—1995）中的试验项目。

2. 接地变海上运输

（1）在接地变运输前要做好运输船只、施工机械和工器具的安全检查准备工作，保证运输船只、施工机械机械等状况良好，了解施工海域海况，必要时应采取措施。在确保接地变运输整个过程安全顺利进行的前提下，方可进行接地变运输。

（2）接地变在运输过程中，保持接地变的平稳，严禁急停。

（3）接地变在运输途中临时停置时，应选择在安全区域停置，并做好防护措施，设专人值班监护，夜间装安全信号警示灯。

（4）要与海事局取得联系，相互配合，便于顺利运输。

（5）如遇恶劣海况，要暂停运输，采取预防措施，保障运输船只安全。

（6）运输前要对当天海上天气状况要了解清楚，严禁大风、大雾、大浪运输设备。

（7）在运输的过程中船舶要按照规定的航道行船，要时刻观察海上天气情况，做好突发事件的处理预案。

（8）对船舶驾驶人员要求做到"六不"，即不超载超限、不开带病船、不开情绪船、不开急躁船、不开冒险船、不酒后开船。保证精力充沛，谨慎驾驶，严格遵守海上交通规则和海上运输法规。

3.4.4 运行安全技术

1. 接地变运行

（1）接地变运行中的监视、维护与运行中应着重注意如下方面：

1）经常观察负荷情况和温度情况。

2）如发现有过多的灰尘聚集，应在可断电的情况下用干燥、清洁的压缩空气清除灰尘。

3）接地变停运后，经绝缘检测，无异常情况可直接带负荷投入运行。

4）注意接地变的温控器设定和调节。

5）无激磁调压的变压器，在完全脱离电网（高、低压侧均断开）的情况下，用户可根据当时电网电压的高低按分接位置进行三相同时调节。

6）有载调压变压器，当电网电压波动时，可在负载的情况下，通过自动控制器或电动、手动操作来改变线圈匝数，从而稳定输出电压。

7）根据环境温度和初始负载状态，接地变允许短时过载运行。

8）在附件调试正常后，先将变压器投入运行，再将附件如温度控制器、开关等投入运行。

（2）接地变运行安全注意如下事项：

1）温度控制器（风电机组）的电源应通过开关屏获得，而不要直接接在变压器上。

2）接地变投入运行前，必须对变压器室的接地系统进行认真的检查。

3）接地变外壳的门要关好，以确保用电安全。

4）接地变室要有防小动物进入的措施，以免发生意外事故。

5）工作人员进入接地变室一定要穿绝缘鞋。注意与带电部分的安全距离，不要触摸变压器。

6）如发现接地变噪声突然增大，应立即注意接地变的负荷情况和电网电压情况，加强观察接地变的温度变化，并及时与有关人员联系，获取咨询。

7）接地变应每年全面检查一次，同时做一些预防性试验。

2. 接地变检修

（1）设备检修前须参照有关的安全操作规程，对施工现场的安全措施进行全面检查。

（2）带电设备应切断电源并挂好接地线。

（3）在 1.5m 以上的高空作业者应有可靠的脚手架，工作人员应系安全带。

（4）工作时应用安全绳传递工器具及其他物件。

（5）工作现场应备有足够的消防器材。

（6）工作人员必须穿工作服，戴好安全帽。

（7）使用电动工具必须戴绝缘手套。

（8）进行设备清扫工作时，应小心工作，攀登瓷瓶时用力适度，以免损坏瓷瓶。

（9）在解开设备引线时，应有专人扶好人字梯，作业人员应系好安全带后进行工作，防止作业人员高空坠落。

（10）各部件在拆除前应认真查对或作好编号，并做好记录。

（11）部件拆装时连接紧力要对称均匀，力度适当。

（12）零部件存放时，小型的应分类做好标记，用布袋子或用木箱装好妥善保管，大型部件应按指定地点用垫放好，不得相互叠放。

（13）所有零件要保护其加工面，拆装时应避免直接敲击，存放时不得砸碰，防止精密部件的工作面锈蚀并做好保护。

（14）设备分解完毕后应及时检查零部件完整情况，若有毛刺、伤痕、缺损等要进行处理修复；若不能修复的要更换或加工新的备品。

（15）所有零部件回装前均应按要求进行清洗，回装时应保证清洁、干净，组合面无毛刺，零件无缺损；管路畅通无阻，该刷油漆的地方按规定刷漆。易燃品应放在特定的安全地点。

（16）检修现场应保持整洁，文明施工，部件摆放有序，并注意防火防尘。在检修现场安设置隔离带，并挂相关的标示牌。

3．事故及异常处理

（1）中性点位移电压在相电压额定值的 15%～30% 之间，允许运行时间不超过 1h。

（2）中性点位移电压在相电压额定值的 30%～100% 之间，允许在事故时限内运行。

（3）发生单相接地必须及时排除，接地时限一般不超过 2h。

（4）发现消弧线圈、接地电阻箱、接地变压器、阻尼电阻发生下列情况之一时应立即停运：

1）正常运行情况下，声响明显增大，内部有爆裂声。

2）严重漏油或喷油，使油面下降到低于油位计的指示限度。

3）套管有严重的破损和放电现象。

4）冒烟着火。

5）附近的设备着火、爆炸或发生其他情况，对成套装置构成严重威胁时。

6）当发生危及成套装置安全的故障，而有关的保护装置拒动时。

（5）有下列情况之一时，禁止拉合消弧线圈或接地电阻箱与中性点之间的单相隔离开关：

1）系统有单相接地现象出现，已听到嗡嗡声。

2）中性点位移电压大于 15% 相电压。

3.5　35kV 充气柜

　　35kV 充气柜是新一代开关设备，主开关既可以用永磁机构真空断路器也可以用弹簧机构的真空断路器，整柜采用空气绝缘与 SF$_6$ 气体隔室相结合，既紧凑又可扩充，适用于配电自动化。35kV 充气柜如图 3.6 所示。

3.5.1　类型和技术特性

1．35kV 充气柜类型

（1）进口产品的主流选型：柜式 C‑GIS；筒式 SIEMENS 和 AREVA 的产品。

（2）国产产品的主流选型：柜式 C‑GIS。

2．技术特性

按一次主回路中的母线、隔离开关和断路器三个主要模块之间的相对位置，划分为三种类型结构。

（1）上中下布置。这是使用插接式固体绝缘母线和充气母线室＋母线连接器结构的选择，其典型产品是三菱的 HS‑X12。

（2）下中上布置。选择"充气母线室＋母线连接器"的结构，其典型产品是天灵的

图 3.6　35kV 充气柜

N2S、ABB 的 ZX1.2，这种布置实现双母线不太方便。

（3）后中前布置。选择"气体绝缘母线和充气母线室＋母线连接器"的结构，其典型产品是 ALSTOM 的 WS。

充气式开关柜采用户内 SF_6 气体绝缘、金属封闭式结构。充气式开关柜在结构上应能保证正常运行、安装监视和方便运行。所有气室之间密封的正常寿命为 30 年，正常使用情况下 30 年内不需要日常维护。各功能单元均为独立模块，组装极为方便。柜体各密封隔室设有独立的泄压通道，最大限度地保障人身安全和设备运行。

3.5.2　标准依据

35kV 充气柜施工及运行必须遵照的相关标准及规范见表 3.5。

表 3.5　35kV 充气柜施工及运行的标准依据

序号	标　准　名　称	标准编号或计划号
1	盐雾试验国家标准	GB/T 10125—2012
2	涂覆涂料前钢材表面锈蚀等级和除锈等级	GB 8923—2013
3	交流无间隙金属氧化物避雷器	GB 11032—2010
4	交流高压隔离开关和接地开关	GB 1985—2014
5	交流高压断路器	GB 1984—2014
6	交流高压电器在长期工作时的发热	GB 763—1990
7	交流高压电器动热稳定试验方法	GB 2706—1989
8	高压输变电设备的绝缘配合	GB 311.1—2012
9	高压开关设备六氟化硫气体密封试验导则	GB 11023—1989
10	高压开关设备常温下的机械试验	GB 3309—1989
11	高压绝缘子瓷件 技术条件	GB 772—2005
12	电流互感器	GB 1208—2006
13	电磁式电压互感器	GB 1207—2006
14	3.6～40.5kV 交流金属封闭开关设备与控制设备	GB 3906—2006
15	六氟化硫电气设备中气体管理和检测导则	GB/T 8905—2012
16	局部放电测量	GB/T 7354—2003
17	继电保护和安全自动装置技术规程	GB/T 14285—2006
18	高压开关设备和控制设备的抗震要求	GB/T 13540—2009
19	高压开关设备和控制设备标准的共用技术要求	GB/T 11022—2011
20	220～500kV 变电所计算机监控系统设计技术规程	DL 5149—2001
21	导体和电器选择设计技术规定	DL 5222—2005
22	高压开关设备和控制设备标准的共用技术要求	DL/T 593—2016
23	户内交流高压开关柜订货技术条件	DL/T 404—1997
24	户内交流高压开关柜和部件凝露及污秽试验技术条件	DL/T 539—1993
25	火力发电厂、变电所二次接线设计技术规程	DL/T 5136—2012

3.5.3 施工安全技术

1. 35kV 充气柜安装

（1）施工场地周围要设有足够的灭火器，在周围挂"禁止吸烟"和"明火作业"等标识牌。

（2）就位时，手不应放在其行走轮上方、前方，以防卡手。

（3）在开箱时，施工人员应相互配合好，注意防止撬棒伤人。开箱后应立即将装箱钉头敲平，严禁钉头竖直。

（4）作业人员分工明确，实施安全、技术交底。

（5）所使用的梯子必须有可靠的防滑和防倾斜措施。

（6）吊装所用绳索、钢丝绳、卡扣要进行抽查，并经拉力试验合格，有伤痕或不合格的严禁使用，更不能以小代大。

（7）紧螺栓时，要对角轮流转圈上紧，有胶圈的地方要紧到胶圈的厚度减少到 3/5 为止。

（8）部件安装时，要充分考虑部件的重量、作业半径和安装高度，用有充分余量的吊车进行吊装。吊装作业必须由起重工指挥，所有作业人员持证上岗。

（9）使用的工具必须清点好，做记录，专人管理。

（10）始终保持现场整齐、清洁，做到设备、材料、工具摆放整齐，现场卫生"一日一清理"，做到"工完、料尽、场地清"。

（11）施工前要对作业人员进行安全、技术措施交底并做好签证记录。

（12）起吊过程中要保持与物体的距离，以免起吊中碰撞损坏瓷件。

（13）起吊工作要有专人负责指挥，信号明确醒目，除紧急情况外，其他人不得随意指挥，并设安全监护人。

（14）按设计图、厂家说明书及图纸要求，在站用变端子间安装连接线，接线应牢固可靠，对称一致，整齐美观，相色标示正确。

（15）按照施工设计图及相关标准的要求，安装 35kV 充气柜各设备的接地引下线并与接地网连接，要求连接牢固。

（16）将接地引下线涂刷黄绿色漆，要求漆层均匀完整。

（17）35kV 充气柜安装调整、接线施工完成后，可进行设备交接试验，试验方法、步骤及技术要求详见《电业安全工作规程（高压试验室部分）》（DL 560—1995）中的试验项目。

2. 35kV 充气柜海上运输

（1）在 35kV 充气柜运输前要做好运输船只、施工机械和工器具的安全检查准备工作，保证运输船只、施工机械机械等状况良好，了解施工海域海况，必要时应采取措施。在确保 35kV 充气柜运输整个过程安全顺利进行的前提下，方可进行 35kV 充气柜运输。

（2）35kV 充气柜在运输过程中，保持 35kV 充气柜的平稳，严禁急停。

（3）35kV 充气柜在运输途中临时停置时，应选择在安全区域停置，并做好防护措施，设专人值班监护，夜间装安全信号警示灯。

（4）要与海事局取得联系，相互配合，便于顺利运输。

（5）如遇恶劣海况，要暂停运输，采取预防措施，保障运输船只安全。

3.5.4　运行安全技术

1. 35kV 充气柜运行

（1）开关柜在送电前必须确认柜门已闭锁牢固。

（2）开关柜前、后部装有"线路带电"显示指示灯，当线路运行时，此装置不能退出；运行人员应经常检查信号指示灯与实际相符，但此装置可作为线路装设安措时的主要验电手段。

（3）开关柜运行时，其 SF_6 气压应不低于 0.12MPa，各相的电气和机械指示应一致。

（4）开关柜电气指示正常，压板正确投入。

（5）正常运行时，开关柜前、后柜门均应关闭良好。

（6）柜内不能有异常声响。

2. 35kV 充气柜检修

（1）设备检修前须参照有关的安全操作规程，对施工现场的安全措施进行全面的检查。

（2）带电设备应切断电源并挂好接地线。

（3）在 1.5m 以上的高空作业者应有可靠的脚手架，工作人员应系安全带。

（4）工作时应用安全绳传递工器具及其他物件。

（5）工作现场应备有足够的消防器材。

（6）工作人员必须穿工作服，戴好安全帽。

（7）使用电动工具必须戴绝缘手套。

（8）进行设备清扫工作时，应小心工作，攀登瓷瓶时用力适度，以免损坏瓷瓶。

（9）在解开设备引线时，应有专人扶好人字梯，作业人员应系好安全带方能进行工作，防止作业人员高空坠落。

（10）各部件在拆除前应认真查对或作好编号，并做好记录。

（11）部件拆装时连接紧固力要对称均匀，力度适当。

（12）零部件存放时，小型的应分类做好标记，用布袋子或用木箱装好妥善保管，大型部件应按指定地点用垫放好，不得相互叠放。

（13）所有零件要保护其加工面，拆装时应避免直接敲击，存放时不得砸碰，防止精密部件的工作面锈蚀并做好保护。

（14）设备分解完毕后应及时检查零部件完整情况，若有毛刺、伤痕、缺损等要进行处理修复；若不能修复的要更换或加工新的备品。

（15）所有零部件回装前均应按要求进行清洗，回装时应保证清洁、干净，组合面无毛刺，零件无缺损；管路畅通无阻，该刷油漆的地方按规定刷漆。易燃品应放在特定的安全地点。

（16）检修现场应保持整洁，文明施工，部件摆放有序，并注意防火防尘。在检修现场安设置隔离带，并挂相关的标示牌。

（17）做好 SF_6 气体回收工作。

3. 35kV 充气柜事故及异常处理

（1）配电设备外壳、套管破裂、漏气，立即停电处理。

（2）设备着火，立即停电处理。

（3）断路器气室大量跑气、跳合闸闭锁已动作、且气压无法恢复，立即停电处理。

（4）断路器弹簧储能机构故障，停电处理。

（5）SF_6 气体压力下降到闭锁压力，立即停电处理。

（6）真空断路器出现真空破坏的咝咝声，立即停电处理。

（7）断路器操作回路故障，立即停电处理。

（8）SF_6 气体压力下降，停电处理。

（9）断路器拒绝合闸操作，立即停电处理。

（10）断路器拒绝分闸操作，立即停电处理。

（11）断路器操作失灵，立即停电处理。

（12）断路器异音处理，立即停电处理。

（13）三工位隔离开关故障处理，停电处理。

3.6 通 风 空 调 设 备

通风空调设备主要包含空调和通风两部分。空调是利用空调实现环境的温湿度控制，达到调节的作用，以满足室内环境的要求，为通风提供冷源；通风是为了实现室内环境控制而设计的气流组织形式，通过空调通风和机械通风两种形式的组合来共同完成，是空气调节得以实现的有效途径。空调和通风两者合二为一形成通风空调系统。海上升压站用通风空调如图 3.7 所示。

3.6.1 类型和技术特性

1. 通风空调设备类型

（1）集中直接蒸发式新风除湿机。利用氟利昂直接蒸发制冷的方式达到除湿的目的，处理后的空气经风道送到各方服务区域。

（2）分散直接蒸发式单元空调机。利用氟利昂直接蒸发制冷的方式达到降温除湿、冬季制热的目的，处理后的空气直接通过小段风管或送风栅直接送入房间。

2. 技术特性

（1）设备主要优点如下：

1）占地面积小、设备体积小，元件全部密封在机组内，不受环境干扰。

2）运行可靠性较高，采用知名品牌的控制阀件，缺陷/故障

图 3.7 海上升压
站用通风空调

发生概率低，维护工作量小，其主要部件的维修间隔大于 20 年。

3）采用整块运输，安装方便、周期短、费用较低。

4）采用 PLC 模拟控制，可以实现远程功能操作。

5）机组采用 1 备的模式，进一步提高了系统的稳定可靠性。

（2）设备主要缺点如下：

1）单元空调可以独立控制，分散布置在各个房间内，数量多，各个房间内的机组需要独自操作维护。

2）为了保护风电机组，高压报警时不采用自动复位，待核实好故障原因后，需手动复位完成。

3.6.2　标准依据

通风空调设备施工及运行必须遵照的相关标准及规范见表 3.6。

表 3.6　通风空调设备施工及运行的标准依据

序号	标　准　名　称	标准编号或计划号
1	建筑通风和排烟系统用防火阀门	GB 15930—2007
2	风机和罗茨鼓风机噪声测量方法	GB 2888—2008
3	通风机基本型式、尺寸参数及性能曲线	GB/T 3235—2008
4	全新风除湿机	GB/T 20109—2006
5	工业通风机用标准化风道进行性能试验	GB/T 1236—2017
6	船用轴流通风机	GB/T 11864—2008
7	船用离心通风机	GB/T 11865—2008
8	通风空调风口	JG/T 14—2010
9	通风机振动检测及其限值	JB/T 8689—2014
10	海洋平台用风冷直接蒸发式空调装置	CB/T 4306—2013
11	船用焊接通风法兰	CB/T 64—2007
12	船用防火风阀	CB/T 3557—1995
13	环境保护产品技术要求　通风消声器	HJ 2523—2012

3.6.3　施工安全技术

1. 通风空调设备安装

（1）安装工艺严格按照国标、厂标进行，两者不一致时按较高标准执行，各项工作必须服从制造厂技术人员的指导。

（2）进入施工现场时，工作人员应穿戴干净的工作服及鞋帽，工器具必须登记，严防将异物遗留在设备内部。

（3）性能运行试验时，做好人员和设备的防护工作。

（4）制造厂已装配好的元件在现场组装时，不要解体检查，如有缺陷必须在现场解体时，要经制造厂同意，并在厂方人员指导下进行。

（5）设备装配工作要在无风沙、无雨雪，空气相对湿度小于 80% 的条件下进行曲，并采取防尘、防潮措施。

（6）连接螺栓对称用力矩扳手拧紧。

2. 通风空调设备吊装

（1）就位前，作业人员应将作业现场所有孔洞用铁板或强度满足要求的木板盖严，避免人员摔伤。

（2）吊离地面 100mm 时，应停止起吊，检查吊车、钢丝绳扣是否平稳牢靠，确认无误后方可继续起吊。起吊后任何人不得在吊移范围内停留或走动。

（3）通道口在楼上时，作业人员应在楼上平台铺设钢板，使设备对楼板的压力得到均匀分散。

（4）作业人员在楼上迎接时，应时刻注意周围环境，特别是在外沿作业人员更要注意防止高处坠落，必要时应系安全带。

（5）用天吊就位时，作业人员除应遵守上述吊车作业要求外，操作人员应在所吊设备的后方或侧面操作。

（6）主体设备就位应放置在滚杠上，利用链条葫芦或人工绞磨等牵引设备作为牵引动力源，严禁用撬杠直接撬动设备。后方严禁站人，防止滚杠弹出伤人。

（7）牵引前作业人员应检查所有绳扣、滑轮及牵引设备，确认无误后，方可牵引。工作结束或操作人员离开牵引机时必须断开电源。

（8）操作绞磨人员应精神集中，要根据指挥人员的信号或手势进行开动或停止，停止时速度要快。牵引时应平稳匀速，并有制动措施。

3.6.4 运行安全技术

1. 通风空调设备运行

（1）室必需装强力通风装置及泄压装置，排风口应设置在室内顶部。应定期检查通风设施。

（2）监测后台及现场的运行数据。

（3）巡检各设备室的出风口、风阀状态及监测数据。

2. 通风空调设备检查

（1）检查设备主备状态。

（2）检查设备通风系统是否正常。

（3）检查设备主机内是否有冷媒液体流出。

（4）检查设备主机显示器上状态。

（5）检查室外冷却系统运行状态。

3.7 高压细水雾系统

高压细水雾系统利用纯水作为灭火介质，采用特殊的喷头在特定的压力工作下（通常为 10MPa）能在火灾发生时向保护对象或空间喷放细水雾并扑灭、抑制或控制火灾的自动灭火系统，具有高效、经济、适用范围广等特点；海上升压站主要采用高压细水雾系统灭火方式，该系统由若干细水雾喷头、储水箱、供水管网、增压泵组及相关控制装置等组成。高压细水雾系统如图 3.8 所示。

图 3.8　高压细水雾系统

3.7.1　类型和技术特性

1．高压细水雾系统灭火类型

（1）A 类。书库、档案资料库、文物库等场所的可燃固体火灾。

（2）B 类。液压站、油浸电力变压器室、润滑油仓库、透平油仓库、柴油发电机房、燃油锅炉房、燃油直燃机房、油开关柜室等场所的可燃液体火灾。

（3）C 类。汽轮机房、燃气直燃机房等场所的可燃气体喷射火灾。

（4）D 类。配电室、计算机房、数据处理机房、通信机房、中央控制室、大型电缆室、电缆隧（廊）道、电缆竖井、交通隧道等场所的电气设备火灾。

（5）E 类。烹饪器具内的烹饪物（如动植物油脂）火灾。

2．技术特性

（1）细水雾进入火场后迅速吸收热量降低被保护对象及环境温度。产生的大量蒸汽能够阻挡物质燃烧对新鲜空气的吸入，切断氧气补充，窒息火焰。而且阻隔辐射热的能力十分显著。

（2）系统灭火用水量极小，在相同的灭火时间内仅相当于水喷淋系统用水量的 5%。

（3）细水雾具有良好的电绝缘性，对扑灭电气火灾十分安全。

3.7.2　标准依据

高压细水雾系统施工及运行必须遵照的相关标准及规范见表 3.7。

表 3.7　高压细水雾系统施工及运行的标准依据

序号	标　准　名　称	标准编号或计划号
1	自动喷水灭火系统施工及验收规范	GB 50261—2017
2	机械设备安装工程及验收通用规范	GB 50231—2017
3	火灾自动报警系统施工及验收规范	GB 50166—2007
4	工业金属管道施工及验收	GB 50235—2010
5	电力建设安全工作规程	DL 5009.3—2013

3.7.3　施工安全技术

1．储水容器安装

（1）储水容器的安装定位尺寸应符合设计要求。其操作面距墙的距离不宜小于 0.8m。

（2）储水容器的支框架应固定牢靠，且应进行防腐处理或采用不锈钢容器。

（3）储水容器的材质、容积及其附件设置均应符合设计要求。

2. 泵组安装

（1）高压细水雾系统泵组的型号、规格、性能应符合设计要求。

（2）高压细水雾系统泵组的定位、标高应符合设计要求。

（3）高压细水雾系统泵组吸水管上应装过滤器、阀门，水平段不得有气囊和漏气，变径处应采用偏心大小头连接。

（4）高压细水雾系统泵组出水管上应安装阀门、止回阀及压力表，型号、规格应符合设计要求。

（5）高压细水雾系统泵组的减振按设计要求设置。

3. 选择阀安装

（1）选择阀的规格、型号应符合设计要求。选择阀应安装在操作面一侧，安装高度不应超过 1.7m，不应低于 1.2m。

（2）选择阀上应设置标明防护区名称或编号的永久性标志牌。

4. 管道安装

（1）高压细水雾系统管道材质应符合设计要求。

（2）管道的连接可采用螺纹、法兰、焊接、卡套及活接头等方式连接。

（3）管道穿过墙壁、楼板处应安装套管。穿墙套管长度应和墙面相平，穿过楼板套管长度应高出地面 50mm。管道与套管间的空隙应采用柔性防火封堵材料进行封堵。

（4）管道末端处应采用支架固定，支架与喷头之间的管道长度不应大于 250mm。

5. 管道试压与吹扫

（1）高压细水雾系统管道安装完毕后，应进行水压强度试验。

（2）管道水压强度试验压力应为系统最大工作压力的 1.5 倍，稳压时间应为 10min，检查管道及其连接处应无滴漏、无变形为合格。

（3）管道水压强度试验合格后，应进行吹扫。吹扫管道可采用压缩空气或氮气。吹扫时，管道末端的气体流速不应小于 20m/s，采用白布检查，直至无铁锈、灰尘、水渍及其他杂物出现。

6. 喷头安装

（1）喷头安装必须在管道试压、吹扫完毕后进行。

（2）喷头安装时应逐个核对其型号、规格和喷孔方向，应符合设计要求。

（3）带有过滤网的喷头安装在出口三通时，喷头的过滤网不应伸入支干管内。

（4）电气控制系统的安装应按照国家标准《火灾自动报警系统施工及验收规范》（GB 50166—2007）的规定进行。

3.7.4 运行安全技术

1. 高压细水雾系统运行

（1）出口压力维持在 1.0~1.2MPa 之间，无频繁启动现象。

（2）高压泵电机无发热现象。

（3）水箱、管道等连接完好，无渗漏滴水现象。

（4）泵组控制柜无报警，各个状态指示灯显示正常。

（5）出口阀处于打开状态。

（6）消防控制中心内火灾自动报警装置及联动设备均工作正常。

2. 高压细水雾系统检修

（1）施工前，设备检修计划、施工安全技术措施要传达到每一名检修人员。明确检修负责人、安全监护人、检修项目、检修时间等内容，落实到人，确保检修质量，并履行检修人员参加传达检修计划、安全技术措施后的签字手续。

（2）参加检修工作的所有人员必须听从检修负责人的统一指挥，严禁擅离岗位，进入施工现场，施工人员必须穿戴齐全合格的劳动保护用品，值班中禁止喝酒。

（3）检修前派专人通知主控室，将相关设备停电上锁；检修前进行验电，确认无误后，检修负责人下达开始命令，方可进行检修工作。

（4）现场使用的绝缘手套、绝缘靴、验电笔、接地线检查确认合格后方可使用。

（5）现场使用的起重工具起重点，必须经检修负责人认真检查，确认合格方可使用，不合格的禁止使用。

（6）检修人员在使用高脚架或梯子登高作业时，要派专人稳扶监护。登高 2m 以上必须佩戴安全带，安全带要做到高挂低用，挂点必须牢固且能受力。

（7）搬抬物件，检修人员要抓牢拿稳，同起同落，防止滑脱伤人，禁止抛扔造成误伤。

（8）检修完毕后，检修人员核查人数、清点工具，确认无安全隐患后，再联系中控室对停电上锁设备进行送电，派停电人去解锁送电，联系中控室进行试运行，运转正常后，清理现场，撤离。

3. 事故及异常处理

（1）当稳压泵频繁启动时，应采取如下措施：

1）管道渗漏点补漏。

2）检修安全泄压阀。

3）完全关闭测试阀。

4）清洗过滤器和单向阀并清洁水箱及管道。

（2）当泵组出口压力低时，应采取如下措施：

1）关闭泵组测试阀。

2）调整进线电源相序。

3）更换高压泵。

4）在泵组额定值内工作。

3.8　柴油发电机组

柴油发电机组在全场失电时，为海上升压站 400V 应急配电段提供应急电源，确保海上升压站重要负荷的供电。柴油发电机组主要由柴油机、发电机、散热系统、控制系统、供油系统、调速器、增压器、24V 启动电池、膨胀减振节、避振器、消声器、自动排烟装置等组成。柴油发电机组如图 3.9 所示。

3.8.1 类型和技术特性

1. 柴油发电机组类型

（1）按照转速分类。柴油发电机组可分为高速、中速、低速柴油发电机组。

（2）按照使用分类。柴油发电机组可分为陆用、船用、挂车式和汽车式柴油发电机组。其中陆用发电机组包括移动式和固定式。陆用发电机组又可以分为普通型、自动化型、静音型等类型。

图 3.9 柴油发电机组

（3）按照输出电压和频率分类。柴油发电机组可分为交流发电机组和直流发电机组。

（4）按用途分类。柴油发电机组可分为常用机组、备用机组和应急机组。

2. 技术特性

柴油发电机组的技术特性指标，是衡量供电质量和经济指标的主要依据。其主要技术性能通常指机组的功率因数从 0.8～1.0，三相对称负载在 0～100% 或 100%～0 额定值的范围内渐变或突变时，应达到的性能。

3.8.2 标准依据

柴油发电机组施工及运行必须遵照的相关标准及规范见表 3.8。

表 3.8 柴油发电机组施工及运行的标准依据

序号	标 准 名 称	标准编号或计划号
1	自动化柴油发电机组通用技术条件	GB 12786—2006
2	继电保护和安全自动装置技术规程	GB 14285—2006
3	中国造船质量标准	CB/T 4000—2005
4	防腐蚀涂层涂装技术规范	HG/T 4077—2009

3.8.3 施工安全技术

1. 柴油发电机组安装

（1）起吊时，钢丝绳和吊具不应该接触柴油机、发电机上的任何零件，在起吊时，整个机组应基本保持水平。

（2）为了保证柴油发电机组在给定的环境条件下正常可靠运行，机房需要进行全面的规划。必须注意在柴油发电机组周围留出足够的操作和维修的空间。

（3）设计机舱或机房的高度时，应能使活塞连杆组件方便地从气缸内取出，当然还必须考虑提升装置应有的高度。

（4）所有的管路在安装前应彻底清洗、除污、除垢、除锈、确保在管内不留任何杂质。

（5）所有的管子、油箱、水箱不能使用含锌的材料，其表面决不能镀锌。

（6）为补偿柴油发电机组由于振动而产生的振幅以及热胀冷缩而引起的长度、位置的变化，到柴油发动机组和离开柴油发动机组的所有管路必须有可靠的支撑。

（7）柔性元件不是支承元件，被连接的管子必须有可靠的支撑。

（8）柔性元件有波纹管、橡胶补偿器、挠性软管或高质量刚质折叠软管。

（9）在安装时，波纹管两端的管子同轴度 φ5mm，波纹管两端的法兰面的平行度为 0.5m。

（10）挠性软管可用于燃油、机油、压缩空气、测量和通风管。

（11）挠性软管决不能在受力的情况下安装。

（12）挠性软管在任何情况下不允许有扭转负荷。

（13）在布置弯曲的管子时，不能有急剧的弯曲。

2. 柴油发电机组场内外运输

（1）在柴油发电机组运输前要做好运输船只、施工机械和工器具的安全检查准备工作，保证运输船只、施工机械等状况良好，了解施工海域海况，必要时应采取措施。在确保柴油发电机组运输整个过程安全顺利进行的前提下，方可进行运输。

（2）柴油发电机组在运输过程中，保持柴油发电机组的平稳，在运输过程中严禁急停。

（3）柴油发电机组在运输途中临时停置时，应选择在安全区域停置，并做好防护措施，设专人值班监护，夜间装安全信号警示灯。

（4）如遇恶劣海况，要暂停运输，采取预防措施，保障运输船只安全。

（5）柴油发电机组在运输过程中，均有风浪、潮流等外部环境影响时，因此设备应具有抗倾斜、抗振动的能力。

（6）柴油发电机组在运输过程中应能抵抗运输中驳船运动产生的荷载。

3.8.4　运行安全技术

1. 柴油发电机组运行

（1）检查柴油发电机油箱油位正常，无渗油现象。

（2）检查油箱截止阀是否打开，正常启动前将截止阀打开，停机后将截止阀关闭。

（3）启动前，手动按下"手动输油泵"直至阀芯动作，当听到"嗞嗞"声时说明柴油已进高压泵。

（4）检查机油预供泵上的阀门是否打开。

（5）启动前检查蓄电池开关柜中的蓄电池启动开关和柴油机旁控制柜中的控制电源是否正常。

（6）启动机油预供泵电机进行机油预供以及打开冷却水加热器开关，检查发电机电压测量开关、滑油预供开关、冷却水加热开关、柜内控制电源开关均已在合位。

（7）观察控制柜上仪表显示两组电池电压均正常（额定值为 24V）。

（8）观察面板上滑油温度已经上升至 40℃ 或者滑油泵运行 15min，即可启动柴油机。

（9）启动发电机观察转速急速在 1000r 左右升速至 1500r 稳定运行，面板显示电压、频率正常即可，若运行过程中发现有异常振动或声音即可按柜体上紧急停车按钮。

（10）启动后柴油发电机组运行声音正常、无异味产生。

2. 柴油发电机组检修

（1）施工前，设备检修计划、施工安全技术措施要传达到每一名检修人员。明确检修负责人、安全监护人、检修项目、检修时间等内容，落实到人，确保检修质量，并履行检修人员参加传达检修计划、安全技术措施后的签字手续。

（2）参加检修工作的所有人员必须听从检修负责人的统一指挥，严禁擅离岗位，进入施工现场，施工人员必须穿戴齐全合格的劳动保护用品，值班中禁止喝酒。

（3）检修前派专人通知主控室，将相关设备停电上锁；检修前进行验电，确认无误后，检修负责人下达开始命令，方可进行检修工作。

（4）现场使用的绝缘手套、绝缘靴、验电笔、接地线检查确认合格后方可使用。

（5）现场使用的起重工具起重点，必须经检修负责人认真检查，确认合格方可使用，不合格的禁止使用。

（6）检修人员在使用高脚架或梯子登高作业时，要派专人稳扶监护。登高 2m 以上必须佩带安全带，安全带要做到高挂低用，挂点必须牢固且能受力。

（7）搬抬物件，检修人员要抓牢拿稳，同起同落，防止滑脱伤人，禁止抛扔造成误伤。

（8）检修完毕后，检修人员核查人数、清点工具，确认无安全隐患后，再联系中控室对停电上锁设备进行送电，派停电人去解锁送电，联系中控室进行试运行，运转正常后，清理现场，撤离。

3. 事故及异常处理

柴油机发电机无法启动时，检查柴油机本体上的执行器是否动作，若执行器连杆未动作则检查转速传感器接线盒控制器采集的转速信号是否正常，若执行器连杆动作则观察烟囱是否有黑烟排出，没有黑烟排出则说明柴油没有达到油箱点火将废弃排除，检查箱体进油管内是否有油进入，若没有油进入则多次按压手动燃油输送泵，听到执行器内油压打开电磁阀的声音呲呲的声响即可，说明燃油通过执行器进入到油滤器内，再次启动即可由高压油泵打到油箱进行点火。检查直流蓄电池容量是否达到，正常启动时电压跌落到 15V 为正常，因为启动电流较大。检查蓄电池充电器是否正常工作。

3.9 起 重 机

起重机是指在一定范围内垂直提升和水平搬运重物的多动作起重机械，又称吊机、行车、吊车。起重机主要由底座、塔身、吊臂等三大结构件和起升绞车、变幅油缸、回转机构、操纵台、液压系统、电气控制系统等组成。起重机如图 3.10 所示。

3.9.1 类型和技术特性

1. 起重机类型

（1）按起重性质分。可分为流动式起重机、塔式起重机、桅杆式起重机。

图 3.10　起重机

（2）按驱动方式分。一类为集中驱动，即用一台电动机带动长传动轴驱动两边的主动车轮；另一类为分别驱动、即两边的主动车轮各用一台电动机驱动。

（3）按结构分。轻小型起重设备、桥架式（桥式、门式起重机）、臂架式（自行式、塔式、门座式、铁路式、浮船式、桅杆式起重机）、缆索式。

2．技术特性

（1）起重设备通常结构庞大，机构复杂，能完成起升运动、水平运动。

（2）起重设备所吊运的重物多种多样，载荷是变化的。

（3）大多数起重设备，需要在较大的空间范围内运行，有的要装设轨道和车轮（如塔吊、桥吊等）；有的要装上轮胎或履带在地面上行走（如汽车吊、履带吊等）；有的需要在钢丝绳上行走（如客运、货运架空索道），活动空间较大。

3.9.2　标准依据

起重机施工及运行必须遵照的相关标准及规范见表 3.9。

表 3.9　起重机施工及运行的标准依据

序号	标　准　名　称	标准编号或计划号
1	塔式起重机安全规程	GB 5144—2006
2	电业安全工作规程 第 1 部分：热力和机械	GB 26164.1—2010
3	电力安全工作规程 发电厂和变电站电气部分	GB 26860—2011

3.9.3　施工安全技术

1．起重机安装安全要求

（1）安装队伍必须具备特种设备安装资格，安装人员必须经过劳动行政部门的专门培训，取得特种作业操作证，并持证上岗。

（2）安装前，首先要了解安装场地的安全状况，以及周围的不安全因素。塔身基础坚定、平整、有排水设施，基础承载力符合说明书要求。

（3）安装人员进入工地时，必须穿戴好劳动防护用品，高处作业时必须系好安全带。

（4）高处安装作业，需其他人员配合时，待与对方叫应后，方可开始工作，工作人员所用工具必须装袋随身携带，需要他人传递工具时，不得抛掷。

（5）严禁酒后从事塔吊安装工作。

（6）塔吊任何部位和架空输电线的安全距离必须符合 GB 5144—2007 中表 7 的规定。

（7）两台起重机在水平方向距离和垂直方向的高差应符合 GB 5144—2007 中 8.6 条规定。

（8）安装工作应风力小于五级的情况下进行，遇有大雨、大雾等恶劣天气必须停止安装。

（9）整个安装过程中，都必须设专人指挥。

（10）顶升作业应在白天进行，若遇特殊情况需在夜间作业时必须备有充分的照明设备。

（11）顶升作业必须有专人看管电源，专人操作液压系统和专人紧固螺栓，无关人员不得进入安装现场。

（12）顶升作业必须在四级风力下进行，安装时如突然遇到风力增大，天气变恶劣时，必须停止工作，并紧固好连接螺栓，使上下塔身连为一体。

（13）顶升前必须预先将电缆线放松，放松程度略大于顶升高度。

（14）在顶升过程中，把回转部分锁紧刹住，严禁旋转塔帽及其他作业。

（15）顶升时，如发生故障，必须立即停车检查，在未排除故障前，不得继续顶升工作。

（16）每次顶升前后，都必须认真做好准备工作和收尾检查工作，特别是顶升结束之后，必须检查各连接螺栓是否按规定的预紧力固定，有无松动，外套架滚轮与塔身标准节的间隙是否调整好，操作杆是否已回到中间位置，液压系统的电源是否切断。

（17）各种安全防护装置安设齐全，动作灵活可靠。

（18）钢丝绳的绳端固定必须按 GB 5144—2007 中 3.2.4 条的规定进行固定。

2. 起重机安装场地要求

（1）保证安全操作距离不小于 0.5m。即塔式起重机运动部分与周围建筑物的最小间距不能小于 0.5m。

（2）任何部位与架空输电线的安全距离不小于相关规定。

（3）应保证塔式起重机回转时不掠过建筑物和街道上空。

（4）固定式塔式起重机在选择安装位置时，必须考虑附着位置和塔身纵向中心线与建筑物距离。

（5）场地的大小，必须考虑到组装部件的长度，如臂架及布置安装用的起重设备。

3.9.4 运行安全技术

1. 起重机运行

（1）每台起重机必须在明显的地方挂上额定起重量的标牌。

（2）工作中，桥架上不许有人或用吊钩运送人。

（3）无操作证和酒后都不许驾驶起重机。

（4）操作中必须精神集中，不许谈话、吸烟或做无关的事情。

（5）车上要清洁干净，不许乱放设备、工具、易燃品、易爆品和危险品。

（6）起重机不允许超荷使用。

（7）下列情况不许起吊：捆绑不牢；机件超负荷；信号不明；斜拉；在地里有埋或冻住的物件；被吊物件上有人；没有安全保护措施的易燃品、易爆器和危险品；过满的液体物品；钢丝绳不符合安全使用要求；升降机构有故障。

（8）起重机在没有障碍物的线路上运行时，吊钩或吊具以及吊物底面，必须离地面 2m 以上。如果越过障碍物时，须超过障碍物 0.5m 高。

（9）对吊运小于额定起重量 50％的物件，允许两个机构同时动作；吊大于额定起重量 50％的物件，则只可以一个机构动作。

（10）具有主、副钩的桥式起重机，不要同时上升或下降主、副钩（特殊例外）。

（11）不许在被吊起的物件上施焊或锤击及在物件下面工作（有支撑时可以）。

（12）必须在停电后，并在电门上挂有停电作业的标志时，方可做检查或进行维修工作。如必须带电作业时，须有安全措施保护，并设有专人照管。

（13）限位开关和连锁保护装置，要经常检查。

（14）不允许用碰限位开关作为停车的办法。

（15）升降制动器存在问题时，不允许升降重物。

（16）被吊物件不许在人或设备上空运行。

（17）对起重机某部进行焊接时，要专门设置地线，不准利用机身做地线。

（18）吊钩处于下极限位置时，卷筒上必须保留有三圈以上的安全绳圈。

（19）起重机不允许互相碰撞，更不允许利用一台起重机去推动另一台起重机进行工作。

（20）吊运较重的物件、液态金属、易爆及危险品时，必须先缓慢地起吊离地面 100～200mm，试验制动器的可靠性。

（21）修理和检查用的照明灯，其电压必须在 36V 以下。

（22）起重机所有的电气设备外壳均应接地。如小车轨道不是焊接在主梁上时，应采取焊接地线措施。接地线可用截面积大于 $75mm^2$ 的镀锌扁铁或 $10mm^2$ 的裸铜线或大于 $30mm^2$ 的镀锌圆钢。司机室或起重机体的接地位置应多于两处。起重机上任何一点到电源中性点间的接地电阻，均应小于 4Ω。

2. 起重机维护

（1）起重吊装设备安装调试完成后，进行验收，验收不合格不能投入使用，有缺陷及时整改，消除后再次验收，验收合格才能交付投入使用。

（2）起重吊装设备交付使用后，日常保养应由设备操作司机和专职人员负责，日常保养主要内容概括为清洁、紧固、润滑、调整、防腐。按规定加油润滑，注意机械运转声音是否正常，做好记录工作并存档管理。

（3）使用前观察各仪表指示，出现异常，应及时停车予以排除，在原因未找到，故障未排除前，应停止作业。

（4）起重吊装设备要定期进行专业体检。在规定的时间里对机械设备进行保养和修理，检查润滑油、液压油、冷却液、制动液以及燃油油（水）位和品质，并注意检查整机的密封性。及时调整、紧固松动的零部件，以防因松动而加剧零部件的磨损，消除隐患。

（5）活动零部件（吊钩、卸口、套环、滑轮）应定期（不超过 3 个月）进行外部检查，每 12 个月至少进行一次年度检验。

（6）钢丝绳应定期（不超过 3 个月）进行外部检查，发现钢索有过度磨损、严重腐蚀或钢索在 10 倍直径长度范围内有 5％的钢丝折断者，必须换新。

（7）起重机液压油箱的滤油器滤芯第一次工作后每工作 50h 要检查一次，发现堵塞或损坏应及时进行清洗或更换；每500h需更换滤芯。

3. 事故及异常处理

事故及异常处理见表3.10。

表 3.10 事 故 及 异 常 处 理

故　障	原 因 分 析	排 除 方 法
无动作	（1）电气接线故障。 （2）泵站油箱中油时不足。 （3）油压力不够。 （4）滤油器堵塞	（1）检查电气线路，有无接错或接头不良。 （2）检查油面高度，补充油量至规定值。 （3）调整主控阀，以提高油压。 （4）检查、清洗或更换
操纵主控阀，执行机构无动作	（1）主控阀的阀芯产生液压卡紧或污物卡住。 （2）主控阀压力偏低。 （3）滤油器堵塞或损坏。 （4）软管破裂或松动	（1）检查、清洗、修磨或更换阀芯，消除卡紧污物。 （2）调整主控阀压力。 （3）清洗或更换。 （4）检查、拧紧或更换
操纵杆不能复位	（1）控制阀弹簧损坏。 （2）控制阀的滑阀产生卡紧。 （3）操作连杆故障	（1）检查、清洗或更换弹簧。 （2）修理或更换阀芯。 （3）检查、调整或更换
软管破裂、漏油	（1）调定压力过高。 （2）管子安装不正确。 （3）管子松动	（1）重新调定，适当降低。 （2）拆下重新安装、更换。 （3）拧紧管接头
油温上升、油马达过油	（1）工作油量不够。 （2）连续工作时间太长。 （3）油马达内部有磨损	（1）补充适当的工作油。 （2）停机降温。 （3）检查、修理
起升无力或上不去	（1）主控阀中安全阀调压不够。 （2）油马达有故障	（1）检查、将压力适当提高，但不得超过规定值。 （2）检修或更换
吊钩下不来	（1）平衡阀动作不正常。 （2）油马达有故障	（1）检查、清洗、修复。 （2）检修或更换
起重臂不能上升	（1）压力不够。 （2）油缸密封破坏	（1）检查并调整，但不得超过规定值。 （2）检修油缸
起重臂不能下降	（1）平衡阀卡住（液压卡紧）。 （2）平衡阀控制油压不够	（1）检查、清洗、修研卡紧部位或更换有关零件。 （2）将压力适当提高
回转不动或无力	（1）油马达有故障。 （2）回转机构有故障。 （3）安全阀压力不够	（1）检查、更换有关零件或马达。 （2）检查、清洗或更换。 （3）检查并调整，但不得超过规定值
应急下放无动作	（1）应急截止阀没有切换。 （2）平衡阀卡住。 （3）手摇泵无压力输出	（1）应急截止阀手柄拧到应下放位置。 （2）检修或更换。 （3）检修手摇泵
起重机基座有油液泄漏	（1）回转油缸活塞密封圈损坏致使液压油泄出。 （2）油泵安装座内有漏油	（1）检查回转油缸活塞密封圈，发现失效则更换之。 （2）检查油泵安装的密封垫片是否破损，必要时更换新片

续表

故　障	原 因 分 析	排 除 方 法
电机运行有异常噪声	（1）定子与转子相碰。 （2）电动机缺相。 （3）轴承严重缺油。 （4）定子绕组首尾端接线错误	（1）多是轴承有故障引起，更换轴承。 （2）查找缺相原因，排除。 （3）给轴承室加油。 （4）查找接线按正确方法接线
电机不能启动	（1）热继电器跳闸。 （2）断路器跳闸。 （3）启动控制线路中元件损坏、线路，接触不好	（1）从新调整热继电器的整定值。 （2）查找跳闸的原因。 （3）查找控制线路中的损坏元件和接线

3.10　卫 星 通 信 系 统

卫星系统由主站、远端站二大部分组成，使用静止轨道卫星 Ku 波段转发器，主站与远端站之间能够随时建立双向高速卫星链路，实现数据、语音等综合业务通信。卫星通信系统如图 3.11 所示。

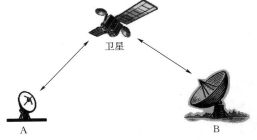

图 3.11　卫星通信系统

3.10.1　类型和技术特性

1. 卫星通信系统类型

按照工作轨道区分，卫星通信系统一般分为以下 3 类：

（1）低轨道卫星通信系统（LEO）。距地面 500～2000km，传输时延和功耗都比较小，但每颗星的覆盖范围也比较小，典型系统有 Motorola 的铱星系统。

（2）中轨道卫星通信系统（MEO）。距地面 2000～20000km，传输时延要大于低轨道卫星，但覆盖范围也更大，典型系统是国际海事卫星系统。

（3）高轨道卫星通信系统（GEO）。距地面 35800km，即同步静止轨道。

2. 技术特性

（1）低轨道卫星通信系统。由于卫星轨道低，信号传播时延短，所以可支持多跳通信；其链路损耗小，可以降低对卫星和用户终端的要求，可以采用微型、小型卫星和手持用户终端。但是低轨道卫星系统也为这些优势付出了较大的代价：由于轨道低，每颗卫星所能覆盖的范围比较小，要构成全球系统需要数十颗卫星。

（2）中轨道卫星通信系统。中轨道卫星的链路损耗和传播时延都比较小，仍然可采用简单的小型卫星。由于其轨道比低轨道卫星系统高许多，每颗卫星所能覆盖的范围比低轨道系统大得多，当轨道高度为 10000km 时，每颗卫星可以覆盖地球表面的 23.5%，因而只要几颗卫星就可以覆盖全球。

（3）高轨道卫星通信系统。理论上，用三颗高轨道卫星即可以实现全球覆盖。传统的同步轨道卫星通信系统的技术最为成熟，缺点就是较长的传播时延和较大的链路损耗，严重影响它在某些通信领域的应用，特别是在卫星移动通信方面的应用。

3.10.2　标准依据

卫星通信系统施工及运行必须遵照的相关标准及规范见表3.11。

表 3.11　卫星通信系统施工及运行的标准依据

序号	标　准　名　称	标准编号或计划号
1	建筑物电子信息系统防雷技术规范	GB 50343—2004
2	电磁辐射防护规定	GB 8702—2014
3	国内卫星通信地球站总技术要求　第1部分：通用要求	GB 11443.1—1989

3.10.3　施工安全技术

（1）与现场相关方进行施工前的沟通协商，确认现场情况及实施方案。

（2）天线位置堪址合理，以便后期更换馈源膜，检查馈源筒，清理积雪等维护工作。

（3）天线地基要牢固，做好避雷，根据地区差异，需要特殊加固的，必须做好防风处理，比如沿海地区做好防锈、防腐蚀处理，机柜设备选址合理，不得安装在潮湿的房间。

（4）天线要按序号拼装，防止天线变形。

（5）方位、俯仰、双功器安装牢固，并在相关位置涂黄油，防止生锈。

（6）线缆接头、功放监控航空头、电源航空头等接头制作要规范。

（7）LNB F头、BUC N头、波导连接处、功放控制口、电源口等需要密封处做好防水处理。

（8）射频线缆、电源线缆、控制线缆等室外部分做好线槽、线管等保护措施。

（9）室内机柜设备安装要求必须充分考虑设备的散热，布局美观，设备后面连线插拔的方便性，可操作性，较重设备需用托盘或者导轨固定。

（10）室内连接线处应该做好标记，标记上收发电缆，并在机架上捆绑固定结实，以便日常维护使用。

（11）在固定信号电缆时要注意各种电源线、避雷网线，与之相并排走线时，必须做好绝缘屏蔽处理，信号电缆要整齐化。

（12）信号电缆中间不能有接头，信号电缆两端接头制作一定要规范。

3.10.4　运行安全技术

（1）室外天线部分，注意定期的养护及螺丝紧固。

（2）室外线缆接头定期做防水处理。

（3）室外功放，定期进行风扇清洁，避免因灰尘过多导致风扇停转，影响功放的正常工作。

（4）设备运行期间，尽量避免突然间断电、加电。

（5）设备关机逐台进行，尽量避免一次性断总开关。

（6）设备运行期间，不要在室外天线前方活动，避免辐射。

（7）设备正常运行期间，不要随意修改配置，如若修改，做好相应的记录。

（8）关发射时，先关远端站发射，待本地接收指示灯熄灭后再关闭本地发射。

3.11　船舶对讲定位系统

船舶对讲定位系统是 GMDSS 系统中地面无线电通信系统中遇险报警、搜救协调通信、搜救现场通信及日常公众通信，MF/HF/VHF 通信部分的 VHF 通信。

3.11.1　类型和技术特性

1. 定位系统类型

全球定位系统主要有美国 GPS 系统、俄罗斯 GLONASS 系统、中国北斗星、欧洲伽利略。

2. 技术特性

（1）VHF‐FM（DSC）无线电台技术特性如下：

1）可选听筒式话筒或手麦。

2）前面板 IPX7 级防水：1m 深水下 30min 不进水。

3）全点阵大液晶显示。

4）超级接收性能强。互调干扰抑制和邻道选择性高达 75dB，接收灵敏度高达－5dBμV，即使是强基站附近的微弱信号，也可接收到。

5）外形美观，可嵌入式安装；可选择连接到主机前面或背部。

6）多功能扩展：具有各种接头，用于连接外部设备：VDR（航行记录仪）接头，打印机接头（D‐SUB 25 针），GPS 接头（IEC61162‐1 输入），航行设备接头（IEC 61162‐1 输出），外置喇叭接头。

7）双频/三频值守功能：最多可同时监听 3 个频道（工作频道，16 频道，呼叫频道）。

8）一键选择 16 频道和呼叫频道（呼叫频道可自定义）。

9）屏幕和按键背光 7 级可调。

10）喇叭自动除水功能。

（2）GPSMAP2008P 定位系统技术特性如下：

1）防水：IPX7。

2）NMEA 输入/输出：NMEA 0183。

3）电子地图：有。

4）可附加地图：有。

5）存储卡：有（g2 SD）。

6）航点/收藏夹/位置：5000。

7）航线：50。

8）航迹记录：35000 points；30 saved tracks。

9）兼容 Garmin 声呐：有。

10）支持 AIS（跟踪目标船的位置）：有。

11）支持 DSC（显示带有 DSC 的 VHF 无线电的位置数据）：有。

12）声音报警：有。

13）潮汐表：有。

14）打猎钓鱼日程：有。

15）太阳月亮信息：有。

3.11.2 标准依据

船舶对讲定位系统施工及运行必须遵照的相关标准及规范见表 3.12。

表 3.12 船舶对讲定位系统施工及运行的标准依据

标 准 名 称	标准编号或计划号
国内卫星通信地球站总技术要求 第 1 部分：通用要求	GB 11443.1—1989

3.11.3 施工安全技术

（1）与现场相关方进行施工前的沟通协商，确认现场情况及实施方案。

（2）天线位置布置合理，四周无障碍物阻挡，天线间距离不小于 2m。

（3）天线地基要牢固，做好避雷，做好防锈、防腐蚀处理。

（4）射频线缆、电源线缆、控制线缆等室外部分做好线槽、线管等保护措施。

（5）室内机柜设备安装要求必须充分考虑设备的散热，布局美观，所有设备做好固定。

（6）设备间连接信号线避免与电源线交叉，造成信号干扰。

（7）信号电缆中间不能有接头，射频电缆与天线接头做好防水处理。

3.11.4 运行安全技术

（1）室外天线部分，注意定期的养护，固定件定期进行刷漆做好防腐处理。

（2）室外线缆接头定期做防水处理。

（3）设备工作期间，不要在室外天线近距离活动，避免辐射。

（4）设备正常运行期间，不要随意修改配置，如若修改，做好相应的记录。

3.12 平台接地系统

为保证升压站设备安全运行和运行人员的人身安全，结合海上升压站平台的特点，依据相关标准，海上升压站依照大电流接地系统的方式进行防雷接地设计。接闪器如图 3.12 所示。

3.12.1 基本概念

海上升压站的接地装置以升压站基础钢管桩作为自然接地体，平台内所有接地装置最

图 3.12　接闪器

终均连接至钢管桩上，钢结构平台应焊接成整体，形成完好的电气通路。

海上升压站各层设置接地网，主接地网沿房间墙壁明敷，直线接地网沿地面明敷，不同层之间通过结构钢立柱形成电气联系，主接地网和不同钢立柱应保证可靠连接。所有的电气设备均应进行接地，电气设备每个接地部分应以单独的接地线与接地干线相连，严禁在一个接地线中串联几个需要接地的部分。根据接入系统报告及短路电流计算、热稳定计算，确定主接地体（铜排）截面及分支接地体截面，选取接地材料。

海上升压站顶部设置多根避雷针，对 NAVTEX 天线、GPS 天线、气象站、VHF 天线、暖通室外机、变压器户外散热器等进行联合保护，在 252kV GIS 进线及出线处，40.5kV 充气柜进线、母线及出线处均设有避雷器，以防止雷电波侵入。

3.12.2　标准依据

平台接地系统施工及运行必须遵照的相关标准及规范见表 3.13。

表 3.13　平台接地系统施工及运行的标准依据

序号	标　准　名　称	标准编号或计划号
1	交流电气装置的接地设计规范	GB 50065—2011
2	建筑物防雷设计规范	GB 50057—2010
3	电气装置安装工程接地装置施工及验收规范	GB 50169—2016
4	接地装置放热焊接技术规程	CECS 427：2016
5	接地装置放热焊接技术导则	Q/GDW 467—2010

3.12.3　施工安全技术

（1）主接地体—钢管桩或结构钢立柱连接处应设置"⏚"的符号，且应可视，明敷的接地体应涂黄绿相间漆。

（2）主接地体铜排沿房间墙壁四周明敷布置，铜牌下边缘沿地面高度为 200mm（有架空地板的房间，为距离地板下结构表面的高度）。主铜排在完成舾装后固定，采用不锈钢卡槽固定于舾装表面或结构表面，卡槽布置间距约 0.5m。

（3）接地铜排过门及主要设备（主变集油管道、空调冷凝管等）处，降低敷设高度避让。

（4）主接地体铜排连接处采用放热焊接连接，支线接地体与主接地体之间采用通螺栓连接。螺栓连接处应进行搪锡处理，并涂沥青防腐。

（5）所有不带电运行的金属物体，如电气设备的底座和外壳、金属围栏和靠近带电部分的金属门框、桥架、电缆支架，电缆外皮和电线电缆穿线钢管以及风管、水管等金属管道等均应接地。

（6）风管、水管法兰之间如无可靠电气连接，应对法兰之间采用跨接线连接，保证良好的电气通路。

（7）屋顶避雷针设专用接地支线与主结构钢柱连接，施工时应采取自下而上的施工程序。

（8）直线接地体应敷设在敷料层上，因此其应在敷料层完成后、面层敷设前进行施工。

（9）放热焊接的焊药应妥善保存，应避免有明火、潮湿等环境。

（10）户外的螺栓、铜鼻子等连接处在完成相应的防腐措施后还应涂沥青或其他可靠的防腐涂料加强防腐。

（11）接地工程完成后应进行连通性测试，包括设备接地、水管、风管等。

（12）中性点设备引下接地处应采用围栏隔开，并设置警示标志。

第4章 陆上集控中心施工及运行安全技术

4.1 一 次 设 备

4.1.1 高压电抗器

高压电抗器也叫电感器，一个导体通电时就会在其所占据的一定空间范围产生磁场，所以所有能载流的电导体都有一般意义上的感性。然而通电长直导体的电感较小，所产生的磁场不强，因此实际的电抗器是导线绕成螺线管形式，称空心电抗器。有时为了让这只螺线管具有更大的电感，会在螺线管中插入铁芯，称铁芯电抗器。电抗分为感抗和容抗，比较科学的归类是感抗器（电感器）和容抗器（电容器）统称为电抗器，然而由于过去先有了电感器，并且被称为电抗器，所以现在人们所说的电容器就是容抗器，而电抗器专指电感器。高压电抗器如图 4.1 所示。

4.1.1.1 类型和技术特性

1. 高压电抗器设备类型

（1）按高压电抗器的结构分以下类型：

1）空心电抗器。由包封绕组构成，不带任何铁芯的电抗器。

2）铁芯电抗器。由绕组和自成闭环的铁芯（含小气隙）构成的电抗器。

3）半芯电抗器。在空心电抗器的空心处放入导磁体芯柱的电抗器。

（2）按具体用途分为并联电抗器、串联电抗器、中性点接地电抗器、滤波电抗器、功率因数补偿电抗器、接地电抗器、消弧线圈等。

图 4.1 高压电抗器

2. 技术特性

高压电抗器设备真空浸渍，损耗功率低；可抑制电路的突增电流，在有谐波的电路中，可减轻及抑制谐波电流；工作噪声低。

4.1.1.2 标准依据

高压电抗器施工及运行必须遵照的相关标准及规范见表 4.1。

4.1.1.3 施工安全技术

1. 一般规定

（1）贯彻执行"安全第一、预防为主"的安全生产方针，施工过程严格按照表 4.2 相关标准的有关规定执行。

表 4.1 高压电抗器施工及运行的标准依据

序号	标 准 名 称	标准编号或计划号
1	电气装置安装工程 电力变压器、油浸电抗器、互感器施工及验收规范	GB 50148—2010
2	电力变压器 第 6 部分：电抗器	GB/T 1094.6—2011
3	电力建设安全工作规程 第 3 部分：变电站	DL 5009.3—2013
4	电气装置安装工程质量检验及评定规程 第 1 部分：通则	DL/T 5161.1—2012

（2）施工作业前应开具工作票，做好安全组织措施和技术措施，对入场施工人员进行教育培训和安全技术交底。

（3）安装作业前确定现场基础已施工完毕，与电抗器有关的建（构）筑的建筑工程质量，应符合现行国家标准《建筑工程施工质量验收统一标准》（GB/T 50300—2013）的有关规定；混凝土基础及构架应达到允许安装的强度，焊接构件的质量应符合《现场设备、工业管道焊接工程施工及验收规范》（GB 50236—2011）的有关规定；预埋件及预留孔应符合设计要求，预埋件牢固。

（4）施工作业前确定各类施工工器具完好，安全保护装置有效；现场作业人员均配备安全带等合格劳动防护用品。

（5）施工现场应配备专职监护人员，监督现场安全施工。

（6）大风、雷暴、雨雪等恶劣天气禁止施工作业。

2．高压电抗器设备吊装

（1）吊装作业严格执行"十不吊"，即信号指挥不明不准吊；斜牵斜挂不准吊；吊物重量不明或超负荷不准吊；散物捆扎不牢或物料装放过满不准吊；吊物上有人不准吊；埋在地下物不准吊；安全装置失灵或带病不准吊；现场光线阴暗看不清吊物起落点不准吊；棱刃物与钢丝绳直接接触无保护措施不准吊；六级以上强风不准吊。

（2）吊装作业应分工明确，指挥统一，配合默契。

（3）吊装道路通畅，场地开阔平坦，满足吊装施工作业面要求。

（4）吊装起吊、回旋作业半径内严禁站人。

（5）吊装设备前先了解、计算被吊设备重量，需与吊车、吊具、钢丝绳索相匹配，同时检查吊具、钢丝绳是否完好无损伤。

（6）起吊作业应避免损伤套管、瓷件，必要时需采取安全保护措施。

3．高压电抗器设备安装

（1）到货验收，检查主体及附属设备有无位移、碰撞、松散现象，是否有产品出厂质量证明书等附件，对于存在安全隐患的设备禁止安装。

（2）高压电抗器的耐压试验必须符合有关规定。

（3）充氮电抗器未经充分排氮（气体含氧密度不大于 18%），严禁施工人员入内；注油排氮时，任何人不得在排气孔处停留。

（4）储油和油处理设备应可靠接地，防止静电火花；现场应配备足够可靠的消防器材。

（5）电焊作业应绝热、隔离，动火作业需开具动火工作票并采取防火措施。

（6）登高安装作业必须做好各项安全技术措施，系好安全带，工具使用专用工具袋。

（7）安装工作结束后，工具、材料收集整齐，做到"工完料净，场地清"。

4.1.1.4　运行安全技术

1. 高压电抗器的日常安全运行维护

（1）高压电抗器在运行过程中可能会发生温度高、振动大、局部过热等现象，因此必须对其进行认真监视和维护。

（2）检查外观是否清洁、有无积垢和异物，壳体有无损伤。

（3）检查套管瓷件有无破损和闪络放电等现象，有无严重污秽。

（4）检查并记录油浸式电抗器的上层油温度、线圈温度、环境温度和负荷，分析温度与负荷和环境温度是否对应，校核温升是否超过容许值。当油温超过允许范围时，检查负荷及环境温度的变化情况，进行比较，并核对温度表的指示是否正确。当确定高压电抗器温度为异常升高时，应立即汇报，必要时根据调度命令将其退出运行。

（5）检查油浸式电抗器的油位、油色是否正常，油温与油位的对应关系是否符合要求。当发现高压电抗器油位异常升降时，根据负荷、油温等情况进行分析，查明原因。当确定油位过高或偏低时，应按有关规定及时对高压电抗器进行加油、放油等工作，以调整油位。

（6）检查各阀门、密封处、管道连接处、气体继电器等有无渗漏油现象。

（7）检查各处接头接触是否良好，有无发红、冒泡、冰雪融化等过热现象，连接线有无弯曲和断股损伤，连接金具是否变形，紧固件、连接件是否松动，外壳接地是否稳固可靠。

（8）检查压力释放装置密封是否良好，有无喷油痕迹或动作现象。

（9）检查硅胶呼吸器的硅胶是否干燥，如果发现硅胶受潮严重应进行更换；检查硅胶呼吸器油封杯油面是否正常，如果过低则应加油；检查硅胶呼吸器的呼吸是否畅通，在油封杯油中有无气泡翻动。

（10）检查高压电抗器有无噪声、振动声和放电声等异常声音。

（11）定期测量油箱表面、附件的温度情况。

（12）对于运行中的电抗器，一般半年进行一次绝缘油的色谱分析，定期进行维护检修工作，例如防污清扫，处理渗漏油，紧固连接件和进行保护、仪表校验等。

2. 高压电抗器特殊检查

（1）当高压电抗器跳闸以及轻瓦斯、线圈温度、油温等信号发出后，在大风、雷雨、大雾、小雨、下雪等特殊天气时，或高压电抗器存在缺陷时，要对其进行特殊检查。

（2）高压电抗器一般不允许超过铭牌规定的额定值长期连续运行，其过电压允许运行时间应遵循有关规定。高压并联电抗器过电压运行时，要特别注意电流的变化情况、温度和接头的过热情况以及异常声音及油位等情况。当运行电压过低时，根据调度命令可以切除部分并联电抗器，从而维持系统的电压水平。

（3）对于采用 A 级绝缘的油浸式并联电抗器，其油位及油温应与无功负荷及环境温度相对应，为了防止电抗器绝缘和油劣化过快，其顶层油温度一般不宜超过 85℃，最高不得超过 95℃，绕组的温升一般不超过 65℃，上层油的温升不超过 55℃。

（4）高压电抗器在投入和退出时会出现过电压，常需装设避雷器加以保护，一般不允许其脱离避雷器运行。在雷雨后，要检查避雷器的动作情况，以判断电抗器有无遭受雷击过电压。

（5）高压电抗器的投入运行应根据系统需要，按调度命令执行。

（6）高压电抗器正常运行时，瓦斯保护和压力释放装置应投入跳闸。

4.1.2 低压电抗器

低压电抗器也叫电感器，一个导体通电时就会在其所占据的一定空间范围产生磁场，所以所有能载流的电导体都有一般意义上的感性。然而通电长直导体的电感较小，所产生的磁场不强，因此实际的电抗器是导线绕成螺线管形式，称空心电抗器。有时为了让这只螺线管具有更大的电感，便在螺线管中插入铁芯，称铁芯电抗器。电抗分为感抗和容抗，比较科学的归类是感抗器（电感器）和容抗器（电容器）统称为电抗器，然而由于过去先有了电感器，并且被称为电抗器，所以现在人们所说的电容器就是容抗器，而电抗器专指电感器。低压电抗器如图 4.2 所示。

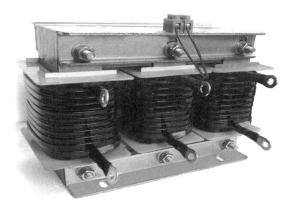

图 4.2 低压电抗器

4.1.2.1 类型和技术特性

1. 低压电抗器设备类型

（1）空心电抗器。由包封绕组构成，不带任何铁芯的电抗器。

（2）铁芯电抗器。由绕组和自成闭环的铁芯（含小气隙）构成的电抗器。

（3）半芯电抗器。在空心电抗器的空心处放入导磁体芯柱的电抗器。

按具体用途分为并联电抗器、串联电抗器、中性点接地电抗器、滤波电抗器、功率因数补偿电抗器、接地电抗器、消弧线圈等。

2. 技术特性

（1）铁芯制造技术成熟，振动小、噪声低、漏磁少，对环境的电磁干扰小。

（2）低压电抗器的整体结构紧凑，安装尺寸小，占用空间小。

4.1.2.2 标准规范

低压电抗器施工及运行必须遵照的相关标准及规范见表 4.2。

4.1.2.3 施工安全技术

1. 一般规定

（1）贯彻执行"安全第一、预防为主"的安全生产方针，施工过程严格。按照表 4.3中相关标准的有关规定执行。

表 4.2　低压电抗器施工及运行的标准依据

序号	标准名称	标准编号或计划号
1	电气装置安装工程 电力变压器、油浸电抗器、互感器施工及验收规范	GB 50148—2010
2	电力变压器 第6部分：电抗器	GB/T 1094.6—2011
3	电力建设安全工作规程 第3部分：变电站	DL 5009.3—2013
4	电气装置安装工程质量检验及评定规程	DL/T 5161—2002

（2）施工作业前应开具电气工作票，做好安全组织措施和技术措施，对入场施工人员进行教育培训和安全技术交底。

（3）安装作业前确定现场基础已施工完毕，与电抗器有关的建（构）筑的建筑工程质量，应符合现行国家标准《建筑工程施工质量验收统一标准》（GB/T 50300—2013）的有关规定；混凝土基础及构架应达到允许安装的强度，焊接构件的质量应符合《现场设备、工业管道焊接工程施工及验收规范》（GB 50236—2011）的有关规定；预埋件及预留孔应符合设计要求，预埋件牢固。

（4）施工作业前确定各类施工工器具完好，安全保护装置有效；现场作业人员均配备安全带等合格劳动防护用品。

（5）施工现场应配备专职监护人员，监督现场安全施工。

（6）大风、雷暴、雨雪等恶劣天气禁止施工作业。

2. 低压电抗器设备吊装

（1）检查构支架垂直度、水平度。

（2）检查电抗器的底座持尺寸及孔距应一致。

（3）清洁电抗器，要求表面无污渍，检查电抗器内空隙不得有杂物，特别是金属物品。

（4）按设计规定相序寻找出需安装的电抗器相序，同一组电抗器的编号应一致。

（5）使用相应吊装等级卸扣分别拴在电抗器星形架上四个挂点处，用匹配钢丝绳进行吊装。

（6）安装时应将电抗器吊离地面，高度略高于支柱绝缘子和升高座总高，然后安装支柱绝缘子和升高座，此时螺栓应预拧紧。注意支柱绝缘子两侧应加装橡皮垫，所有螺栓应使用防磁的不锈钢螺栓。

（7）将电抗器吊装到组立好的支架上，拆除吊装用的卸扣。

（8）调整支柱绝缘子的垂直度，最后将升高座底部与支架焊接起来。

（9）将保护伞在地上组装好，吊装到电抗器上。

3. 低压电抗器设备安装

（1）到货验收，检查主体及附属设备有无位移、碰撞、松散现象，是否有产品出厂质量证明书等附件，对于存在安全隐患的设备禁止安装。

（2）高压电抗器的耐压试验必须符合有关规定。

（3）登高安装作业必须做好各项安全技术措施，系好安全带，安装工具使用专用工具袋。

（4）低压电抗器应按其编号进行安装，应熟悉试验报告及铭牌上的连接图，连接要正确。

（5）支柱绝缘子与升高座可预先在地面组装好，应使支柱绝缘子和升高座在同一直线上，支柱绝缘子两侧应加装橡皮垫。

（6）上下重叠安装时，底层的所有支柱绝缘子均应接地，其余的支柱绝缘子不接地；每相单独安装时，每相支柱绝缘子均应接地，且接地线不能形成闭合环路。

（7）低压电抗器有一接地螺栓，必须接入保护接地系统。保护接地系统的接地电阻值和接地线的截面必须符合电气安装规程。

（8）安装工作结束后，工具、材料收集整齐，做到"工完料净，场地清"。

4.1.2.4 运行安全技术

1. 低压电抗器设备运行

（1）低压电抗器的一般运行要求如下：

1）低压电抗器噪声、振动无异常。

2）低压电抗器温度无异常变化。

3）低压电抗器的缺陷应形成闭环管理，危急和严重缺陷应及时处理。

（2）对于低压电抗器及其电气连接部分每季度应进行带电红外线测温和不定期重点测温。红外测温发现有异常过热，应申请停运处理。

（3）户外干式电抗器表面应定期清洗，5～6年重新喷涂憎水绝缘材料。

（4）发现包封表面有放电痕迹或油漆脱落，以及流（滴）胶、裂纹现象，应及时处理。

2. 事故及异常处理

（1）局部温度过高。电抗器在运行时温度过高，加速聚酯薄膜老化，当引入线或横面环氧开裂处雨水渗入后加速老化，会丧失机械强度，造成匝间短路引起着火燃烧。造成电抗器温升原因主要有焊接质量问题，接线端子与绕组焊接处焊接电阻产生附加电阻而发热。另外由于温升的设计裕度很小，使设计值与国际规定的温升限值很接近。除设计制造原因外，在运行时，如果电抗器的气道被异物堵塞，造成散热不良，也会引起局部温度过高引起着火。对于上述情况，应改善电抗器通风条件，降低电抗器运行环境温度，从而限制温升。同事定期对其停运维护，以清除表面积聚的污垢，保持气道畅通，并对外绝缘状态进行详细检查，发现问题及时处理。

（2）振动噪声故障。铁芯电抗器运行中振动变大，引起紧固件松动，噪声加大。引起振动的主要原因是磁回路有故障和制造安装时铁芯未压紧或压件松动。一般只需要对紧固件再次紧固即可。有时会遇到空心电抗器在投运后交流噪声很大，并伴随着有节奏的一阵阵的拍频，地基发热。这是韵味空心电抗器运行的强大交变磁通，给周围的钢铁构件，尤其是基础预埋件，带来交变电磁力所引起的共振和涡流并发热。这是基建设计安装的根本问题，只能停运进行彻底改造。

（3）沿面放电。电抗器在户外大气条件下运行一段时间后，其表面会有陈雾堆积，在大雾或雨天，表面污尘受潮，导致表面泄漏电流正大，产生热量。由于水分蒸发速度快慢不一，表面局部出现干区，引起局部表面电阻改变，电流在该中断处形成局部电弧。随着时间延长电弧将发生合并，行程沿面树枝状放电。而匝间短路是树枝状放电的进一步发展，即短路线匝中电流剧增，温度升高使线匝绝缘损坏。为了确保户外电抗器不发生树枝状放电和匝间短路故障，涂刷憎水性涂料可大幅度抑制表面放电；端部预埋环行均流电极，可克服下端表面泄漏电流集中现象；顶戴防雨帽和外加防雨层，可在一程度上抑制表面泄漏电流。

4.1.3　降压变压器设备

　　降压变压器（以下简称降压变）是一种电能转换装置，是把指输入端的较高电压，转换为输出相对偏低的理想电压，从而达到降压的目的变压器。它以相同的频率，但往往是不同的电压和电流把能量从一个或多个电路转换到另一个或多个电路中去，它由铁芯和绝缘铜线或铝线绕组组成。降压变如图 4.3 所示。

图 4.3　降压变

4.1.3.1　类型和技术特性

　　1. 降压变设备类型

　　（1）干式变压器。干式变压器一般利用树脂绝缘，靠自然风冷内部线圈。

　　（2）油浸式变压器。油浸式变压器靠绝缘油进行绝缘，绝缘油在内部的循环将线圈产生的热带到变压器散热器（片）上进行散热。

　　2. 技术特性

　　降压变设备主要优点如下：

　　（1）承受热冲击能力强，过负载能力大。

　　（2）阻燃性强，材料难燃防火性能极高。

　　（3）低损耗，局部放电量小。

　　（4）噪声低，不产生有害气体，不污染环境，对湿度、灰尘不敏感，体积小，不易开裂，维护简单。

　　（5）造价较低，容量较大，额定电压高。

　　（6）散热性能好，液体油循环散热流动性较强。

　　（7）过载能力较强。

4.1.3.2　标准依据

　　降压变设备施工及运行必须遵照的相关标准及规范见表 4.3。

表 4.3　降压变设备施工及运行的标准依据

序号	标　准　名　称	标准编号或计划号
1	干式电力变压器技术参数和要求	GB/T 10228—2015
2	电气装置安装工程接地装置施工及验收规范	GB 50169—2016
3	电气装置安装工程 电力变压器、油浸电抗器、互感器施工及验收规范	GB 50148—2010

序号	标 准 名 称	标准编号或计划号
4	电力变压器 第1部分：总则	GB 1094.1—2013
5	油浸式电力变压器技术参数和要求	GB/T 6451—2015
6	电业安全工作规程（高压试验室部分）	DL 560—1995
7	电力建设安全工作规程 第1部分：火力发电厂	DL 5009.1—2014
8	电测量及电能计量装置设计技术规程	DL 5137—2001
9	电力变压器检修导则	DL/T 573—2010
10	电力设备过电压保护设计技术规程	SDJ 7—1979
11	电力设备接地设计技术规程	SDJ 8—1979

4.1.3.3 施工安全技术

1. 降压变设备安装

（1）施工场地周围要设有足够的灭火器，在周围挂"禁止吸烟"和"明火作业"等标示牌。

（2）就位时，手不应放在其行走轮上方、前方，以防卡手。降压变在就位和基础找中时，手严禁伸入设备底座下。

（3）在开箱时，施工人员应相互配合好，注意防止撬棒伤人。开箱后应立即将装箱钉头敲平，严禁钉头竖直。

（4）作业人员分工明确，实施安全、技术交底。

（5）所使用的梯子必须有可靠的防滑和防倾斜措施。

（6）吊装所用绳索、钢丝绳、卡扣要进行抽查，并经拉力试验合格，有伤痕或不合格的严禁使用，更不能以小代大。

（7）紧螺栓时，要对角轮流转圈上紧，有胶圈的地方要紧到胶圈的厚度减少到3/5为止。

（8）部件安装时，要充分考虑部件的重量、作业半径和安装高度，用有充分余量的吊车进行吊装。吊装作业必须由起重工指挥，所有作业人员持证上岗。

（9）使用的工具必须清点好，做记录，专人管理。

（10）始终保持现场整齐、清洁，做到设备、材料、工具摆放整齐，现场卫生"一日一清理"，做到"工完料尽，场地清"。

（11）施工前要进行对作业人员进行安全、技术措施交底并做好签证记录。

（12）加强机具维护，减少施工机具噪声对人身和环境的影响。

（13）施工用完的油漆罐、松节水罐、润滑油罐、废弃的包装箱纸、粘有油脂的废手套、棉布；残油和工机具的渗漏油等应用专用容器收集等应收集好，用专门的垃圾箱装好，交有资质的公司处理，以免污染环境，并做好防火措施。安装位置应符合设计要求。

（14）组装降压变支架，支架底座与基础预埋槽钢焊接牢固，并涂防锈漆，检查支架水平度误差应小于2～3mm。

（15）在支架上安装降压变，降压变之间应保持相同距离，铭牌、编号朝向通道一侧，安装好的整组站用变压器应保持水平和垂直度。

（16）按设计图、厂家说明书及图纸要求，在站用变端子间安装连接线，接线应牢固可靠、对称一致、整齐美观、相色标示正确。

（17）按照施工设计图及相关规范的要求，安装降压变各设备的接地引下线并与接地网连接，要求连接牢固。

（18）将接地引下线涂刷黄绿色漆，要求漆层均匀完整。

（19）降压变安装调整、接线施工完成后，可进行设备交接试验，试验方法、步骤及技术要求详见《电业安全工作规程（高压试验室部分）》（DL 560—1995）中的试验项目。

2. 降压变场内外运输

（1）装置运输过程中，其倾斜度应不大于 30°。

（2）对于震动易损的元件，如控制器、电表等，长途运输前可拆下，单独采用防震包装，运输到后再安装。

（3）分立式装置中，对于有小车的组件，如接地变压器、消弧线圈，为防止其在运输过程中的位置移动，一般应卸掉小车轮。

（4）组合共箱式装置或分立式装置中的箱体组件在运输时，应按其使用正常位置放置，且一定将其底座或包装底盘与运输工具之间牢固绑扎好，运输过程中不允许有移动和明显摇晃现象。除箱体的底座、挂钩及顶部吊环外，不允许绑拉箱体的其他部位。

（5）在运输的过程中，要对沿途路况进行勘察，了解路、桥、涵洞等的承重与宽度，必要时请交通部门进行协助通过。

（6）对道路运输驾驶人员要求做到"八不"，即不超载超限、不超速行车、不强行超车、不开带病车、不开情绪车、不开急躁车、不开冒险车、不酒后开车。保证精力充沛，谨慎驾驶，严格遵守道路交通规则和交通运输法规。

（7）做好危险路段记录并积极采取应对措施，特别是山区道路行车安全，要做到"一慢、二看、三通过"。

（8）发生事故时，应立即停车、保护现场、及时报警、抢救伤员和货物财产，协助事故调查。

（9）不违章作业，驾驶人员连续驾驶时间不超过 4h。

（10）如遇雪天要暂停运输，车辆在冰雪路面行驶时要采取预防措施，保障运输车辆的行车安全。

4.1.3.4　运行安全技术

1. 降压变设备运行

（1）降压变一次电压不得超过运行额定值的 105%，在分头额定值±5% 范围内运行时其容量不变。

（2）降压变油温正常值不超过 85℃，最高不超过 95℃，容许温升不超过 55℃。

（3）新安装、大修、事故检修及换油后的降压变，在加电压前静置时间应不少于 24h。

（4）降压变正常检查项目如下：

1）雷雨天后，应检查降压变各部无放电痕迹，引线接头无过热现象。

2）降压变变声音正常，无放电声。

3）各线接头不过热，各处无杂物。

4）高低压瓷瓶清洁无裂纹无闪络现象。

5）气体继电器内无气体，不漏油，油色透明，导线完好。

6）散热管无局部过热现象。

7）呼吸器完整，硅胶不潮湿、不饱和。

8）分解开关指示正确，应连接良好。

9）温度装置和油位计指示正确无误。

10）外壳接地良好。

11）名牌、警告牌及其他标志完好。

2. 降压变检修

（1）降压变的检修，一般随变配电装置或线路的检修同期进行。无论线路是否停电，降压变均视为带电论处。

（2）检修中使用的绝缘手套、绝缘靴、验电器、接地线等检查确认合格后方可使用。

（3）停电后的降压变应进行验电、放电操作，检修降压变的周围应设置遮拦或围栏，并挂标示牌。

（4）降压变顶盖上作业必须穿软底鞋，工具的传递必须手对手，且轻拿轻放。

（5）在使用高脚架或梯子登高作业时，要派专人扶监护。登高 2m 以上必须佩戴安全带，安全带要做到高挂低用，挂点必须牢固且能受力。

（6）更换降压变油时，必须使用同牌号且经化验试压合格，必要时应做混油试验。

（7）降压变检修完毕必须经试验合格才能投入运行。

3. 事故及异常处理

（1）在运行中，发生下列故障之一时，应立即将降压变停运：

1）降压变声响明显增大，很不正常，内部有爆炸声。

2）严重漏油或喷油，使油面下降到低于油位计指示限度。

3）套管有严重的破损和放电现象。

4）降压变变冒烟着火。

5）当发生危及人身和设备安全的故障，而降压变变的有关保护拒动时。

6）当降压变附近的设备着火、爆炸或发生其他情况，对降压变构成严重威胁。

（2）当降压变发生下列情况之一时，允许先汇报调度和上级领导联系有关部门后，将降压变停运：

1）降压变声音异常。

2）降压变盘根向外突出且漏油。

3）绝缘油严重变色。

4）套管裂纹且有放电现象。

5）轻瓦斯保护动作，气体可燃并不断发展。

（3）降压变油温异常升高的处理方法。

1）检查降压变的负载和冷却介质的温度，并与在同一负载和冷却介质温度下正常的温度核对。

2）核对测温装置动作是否正确。

3）在正常负载和冷却条件下，降压变变温度不正常并不断上升，且经检查确认温度指示正确，则认为降压变变已发生内部故障，应立即联系当值调度员将降压变停运。

4）降压变在各种超额定电流方式下运行时，若顶层油温超过 105℃ 应立即降低负荷。

（4）降压变轻瓦斯保护动作的处理方法。

1）检查轻气体继电器内有无气体，记录气量，取气样，并检查气体颜色及是否可燃。对油品进行采样化验，并报告相关负责人。

2）如气体继电器内无气体，应检查二次回路有无问题。

3）如气体为无色，不可燃，应加强监视，可以继续运行。如气体可燃，油色谱分析异常则应立即汇报调度，将降压变停电检查。

（5）重瓦斯保护动作跳闸的事故处理。

1）记录跳闸后的电流、电压变动情况。

2）检查压力释放装置释放动作有无喷油、冒烟等现象。油色和油位有无显著变化。

3）检查气体继电器有无气体，收集气样，检查是否可燃，观察颜色。

4）检查二次回路是否有误动的可能。

（6）降压变着火的处理。降压变着火时，应立即断开电源，使用干式灭火器灭火，同时立即向上级部门报告。若油溢在降压变顶上而着火时，则应打开下部油门放油到适当油位；若是降压变内部故障着火时，则不能放油，以防止降压变爆炸，在灭火时应遵守《电气设备典型消防规程》（DL 5027—2015）的有关规定。当火势蔓延迅速，用现场消防设施难以控制时，应打火警电话"119"报警，请求消防队协助灭火。

4.1.4　SVG 设备

SVG 设备指高压动态无功补偿发生装置，或静止同步补偿器。由三个基本功能模块构成：检测模块、控制运算模块及补偿输出模块。其工作原理为由外部 TA 检测系统的电流信息，经由控制芯片分析出当前的电流信息，如 PF、S、Q 等，然后由控制器给出补偿的驱动信号，最后由电力电子逆变电路组成的逆变回路发出补偿电流。SVG 设备如图 4.4 所示。

4.1.4.1　类型与特性

1. SVG 设备类型

（1）直挂式。SVG 整机通过连接电抗器、隔离开关与 35kV 高压母线系统侧连接

图 4.4　SVG 设备

起来的。

（2）降压式。通过 3kV（6kV 或 10kV）/35kV 升压变压器、隔离开关与 35kV 高压母线连接起来的。

2. 技术特性

SVG 设备主要优点如下：

（1）响应速度快：静止无功发生器 SVG 的响应速度不大于 5ms，能更好地抑制电压的波动和闪变。

（2）低电压特性好：静止无功发生器 SVG 具有电流源的特性，输出的容量受母线电压的影响非常小。SVG 的低电压特性很好，输出的无功电流和系统电压没有关系，可以看做是一个可控恒定的电流源，系统电压降低时，仍能输出额定无功电流，具备很强的过载能力。

（3）运行安全性能高：静止无功发生器 SVG 配套电容器不需要设置滤波器组，不存在谐振放大现象，SVG 是有源型补偿装置，是采用可关断器件 IGBT 构成的电流源装置，从而避免了谐振现象，运行安全性能大大提高。

（4）谐波特性：静止无功发生器 SVG 采用三电平单相桥技术，采用载波移相的脉冲调制方法，不仅受系统谐波影响小，还可以抑制系统的谐波，大大减少了补偿电流中的谐波含量。

4.1.4.2 标准依据

SVG 设备施工及运行必须遵照的相关标准及规范见表 4.4。

表 4.4 SVG 设备施工及运行的标准依据

序号	标 准 名 称	标准编号或计划号
1	高电压并联电容器	GB 3983.2—1989
2	电站电气部分集中控制装置通用技术条件	GB 11920—2008
3	电抗器	GB 10229—1988
4	并联电容器装置设计规范	GB 50227—2008
5	35kV～220kV 变电站无功补偿装置设计技术规定	DL/T 5242—2010
6	交流电气装置的过电压保护和绝缘配合	DL/T 620—1997

4.1.4.3 施工安全技术

1. SVG 设备安装

（1）安装时，根据图纸及现场条件确定设备的就位次序，按照"先内后外，从靠墙到入口"的原则进行。

（2）依次将设备放到各自的安装位置上，先找正两端的配电柜，再从柜下至柜上高处的位置拉一条水平线，逐台进行调整。例如地面的硬度。安装辅件钢材的型号规格。

（3）采购方或施工单位与本公司相关负责人共同施工。采购方或施工单位提供现场资料如施工图纸等输平台、吊装平台搭设完毕，需经安全管理人员检查合格后，方可使用。

（4）在安装设备钱检查现场安装位置是否平整。

（5）保证设备可靠接地；在焊缝处做防腐处理。

（6）调整找正时，可以采用 0.5mm 钢垫片找平，每处垫片最多不应超过三片。

（7）在调整过程中，垂直度、水平度、柜间缝隙等安装容许偏差应符合相关标准规定。不允许强行靠拢使设备产生应力变化。

（8）设备调整结束后，即可对柜体进行固定。按配设备底座尺寸、设备地脚固定螺栓孔的位置和固定螺栓尺寸，尺寸和孔距完全与设备底座一致。

（9）设备就位找正、找平后，柜体与柜体、柜体与侧挡板均用镀锌螺栓连接固定。

（10）对于设置接地母排的成套设备接地，在接地母排的两端分别与主接地网进行连接，根据设计可选用铜排、镀锌扁钢或电缆连接。为便于检修和更换，在配电柜处的连接需采用螺栓连接。

2．柜内一次、二次接线

（1）一次接线柜内母线安装参见《硬母线安装工艺标准》（HFWX·QB/1－6－004－2004）的相关内容。主母线及柜内各电气接点在投入前均需将螺栓再检查紧固一遍；紧固螺栓时应采用力矩扳手进行紧固。

（2）设备内二次接线按设备的原理图接线线图逐台检查柜内电气元件是否相符。

（3）设备柜检查完毕后，清除柜内的所有杂物和灰尘。

3．调整试验

设备的调试设备的调试应符合产品安装使用技术说明书的规定。二次控制线调整：将所有的接线端子螺丝再紧一次；用兆欧表测试配电柜间线路的线间和线对地间绝缘电阻值，馈电线路必须大于 $0.5M\Omega$，二次回路必须大于 $1M\Omega$；二次线回路如有晶体管、集成电路、电子元件时，该部位的检查不得使用万用表，应使用万用表测试回路接线是否正确。高压试验主要包括：柜内母线的绝缘，耐压试验，TV、TA 柜的变比，开关及避雷器试验等。

4．试运行验收

（1）送电试运行前的准备工作需备齐经过检验合格的验电器、绝缘靴、绝缘手套、临时接地线、绝缘垫、粉末灭火器等。再次清扫设备，并检查母线上、配电柜上有无遗留的工具、材料等。试运行的安全组织措施到位，明确试运行指挥者、操作者和监护者；明确操作程序和安全操作应注意的事项。

（2）空载送电试运行检查电压是否正常，然后对进线电源进行核相，相序确认无误后，按操作程序进行合闸操作。先合高压进线柜开关，并检查 TV 柜的三相电压指示是否正常。再合变压器柜开关，观察电流指示是否正常，低压进线柜上电压指示是否正常，并操作转换开关，检查三相电压情况。再依次将各高压开关柜合闸，并观察电压、电流指示是否正常。

4.1.4.4　运行安全技术

1．SVG 设备运行

（1）当设备在投运 1 周左右，应该用非接触式温度测量仪检查装置内全部导电连接处的温度，当相对环境的温度升高超过 20℃ 时，应在合适的时间安排停机，对导电连接部位、接地线等处的螺钉、螺栓等做紧固处理，满足接触可靠的要求。

（2）检查室内温度，通风情况，注意室内温度不应超过 40℃。

（3）保持室内清洁卫生，避免灰尘积累。

（4）检查 SVG 是否有振动及异味。

（5）检查通风口百叶窗是否通畅。SVG 水冷系统运转是否正常。

（6）检查所有电力电缆、控制电缆有无损伤，端子是否松动。

（7）巡视冷却系统时，如果系统内发出异常声响，排风口处没有出风或风量比平时偏小，则应立即停机并更换风扇。

2. 定期维护

（1）SVG 装置投运后，应每半年安排一次计划停机，并打开一个功率模块抽检电容，如果其中任何一个电容出现电解质泄露、安全阀冒出或电容主体发生膨胀时，应立即通知检修人员进行处理。

（2）SVG 装置应每运行半年，应对所有进出线电缆紧固。

（3）长期存放的 SVG 装置须在两年内作一次通电试验，通电前须作耐压试验。

3. 长期投运停运后的维护

（1）检查所有电气连接的紧固性。

（2）用修补漆修补生锈或外露的地方。

（3）用吸尘器彻底清洁柜体，保证装置无尘。

（4）目视检查机架等绝缘件，如果在清洁之后仍然发乌变黑请立即通知检修人员处理。

（5）在停电状态下，用 2500V 摇表测量每一个功率模块对地的绝缘电阻，正常情况下应不小于 10MΩ。

（6）检查所有冷却系统运行情况，出现异常应立即处理。

（7）为了保证本装置安全，装置在连续运行 36 个月后由检修人员对功率模块、控制器进行全面维护，更换其中的易损器件。

4. 水冷系统维护

水冷系统维护包括水冷系统管路清洗，水冷系统排空，注纯水和树脂，更换过滤器和树脂。

5. SVG 维护时注意事项

因装置内部许多端子上存在足以致命的高电压。另外散热器和其他一些内部元件温度较高，所以在接触和操作本装置时要遵循如下原则：

（1）使用人员必须接受培训，熟悉本装置的结构及注意事项，并掌握实际运行知识。

（2）只有在本装置不带电（高压电和控制电）并且不存在高温时才可接触柜内部件。

（3）在检修时，确保进线隔离开关断开，接地隔离开关处于合上状态。

（4）必须安装安全防护栏（标有高压危险），使用中不要将其移走。

（5）禁止把易燃材料（包括设备图纸和操作手册）放在装置旁。

（6）禁止装置在柜门打开的情况下运行。

（7）禁止在主电路有电时断开风扇和散热系统电源，否则装置会因过热而损坏。

（8）更换功率模块必须在装置停电超过 15min 后才能进行。

6．巡视检查

（1）对无功补偿设备每班至少检查两次。

（2）新投入或检修后的无功补偿设备，第一次带负荷时，应进行机动性检查。

（3）站用电系统操作、电网电压出现较大波动后，应检查 SVG 的运行情况。

（4）SVG 设备室有无异常声响、异常气味，现地监控画面设备状态查询正常。

（5）SVG 设备所有柜门均关闭良好。

（6）水冷系统运行正常、室内通风良好。

（7）运行设备的环境温度、湿度符合设备要求。

（8）检查 SVG 设备各接地点接地良好。

（9）检查 SVG 设备的各个运行参数正常、无报警信号。

（10）查询有无新增历史故障记录。

（11）检查电抗器连接铜排处有无发热现象，外观是否清洁。

7．事故及异常处理

（1）SVG 进线开关跳闸。

1）现象：监控系统出现语音报警；开关跳闸；功率单元电压、电流下降明显或者为零。

2）处理：采取安全措施将 SVG 与母线可靠隔离；按照厂家规定对 SVG 进行充分放电 15min，确认放电完毕后查找 SVG 进线开关跳闸原因，若确认是外部原因导致 SVG 进线开关跳闸，可以试投一次。原因未查明不得试投 SVG。

（2）SVG 装置温度过高。

1）现象：监控系统出现语音报警，SVG 装置温度高；保护动作。

2）处理：现场检查 SVG 室环境温度是否过高；检查水冷系统是否正常运行；检查功率单元板是否损坏等。

（3）通信故障。

1）现场：监控系统出现语音报警，SVG 通信中断。

2）处理：检查光纤是否安插牢固；光纤是否有折断痕迹。

（4）SVG 其他故障处理。

1）SVG 无法工作，检查充电接触器是否吸合，控制柜电源是否正常。

2）SVG 运行中停机，检查网侧是否停电，控制柜中电源是否正常，控制柜中各电路板输出信号是否正常。

3）功率单元无法工作，检查功率单元控制电源是否正常，控制柜中发出的驱动信号是否正常。

4）功率单元板上的指示灯全熄灭，检查功率单元控制电源是否正常，功率单元板是否正常。

5）控制机显示器不显示或显示异常，检查控制机中电源是否正常，显示器驱动板是否正常。

6）功率单元光纤通信故障时，检查功率单元控制电源是否正常，功率单元以及控制

柜的光

7）纤连接头是否脱落，光纤是否折断。

8）功率单元故障，按复位按钮解除此保护，重新启动。若无法复位，断高压检查功率单元。

4.1.5 35kV 开关柜设备

35kV 开关柜设备是指用于电力系统发电、输电、配电、电能转换和消耗中起通断、控制或保护等作用的户内交流金属封闭开关设备，是主要的电力系统控制设备。当系统正常运行时，能切断和接通线路及各种电器设备的空载和负载电流；当系统发生故障时，它能和继电保护配合迅速切除故障电流，以防止扩大事故范围。35kV开关柜设备如图 4.5 所示。

图 4.5　35kV 开关柜设备

4.1.5.1 类型和技术特性

1. 35kV 开关柜设备类型

（1）采用空气绝缘的高压开关柜，简称 AIS 柜。这种高压开关柜母线裸露在空气中，断路器通常选用瓷柱式或罐式，其特点是外绝缘距离大，占地面积大，造价成本低，安装简单，可以看到明显断口。

（2）混合式高压开关柜，也称为半绝缘开关柜，H－35kV 开关柜设备柜。这种高压开关柜母线裸露在空气中，开关选用 SF_6 气体绝缘介质绝缘，因此称为半绝缘开关柜。其占地面积较小，运行稳定可靠。

（3）全绝缘全封闭的高压开关柜，简称 35kV 开关柜设备柜。这种高压开关柜母线、开关等高压带电部分全部密封在 SF_6 绝缘介质中，进出线电缆接口采用 T 型电缆头连接，真正做到全绝缘全封闭。35kV 开关柜设备高压开关柜的优点是占地面积小、可靠性高、安全性强、终身免维护。目前常见的是充气柜。

2. 技术特性

（1）35kV 开关柜设备主要优点如下：

1）占地面积小、设备体积小，元件全部密封在金属壳体内，不受环境干扰。

2）运行可靠性较高，采用 SF_6 或其他气体绝缘，缺陷/故障发生概率低，维护工作量小，其主要部件的维修间隔大于 20 年。

3）35kV 开关柜设备采用整块运输，安装方便、周期短、费用较低。

（2）35kV 开关柜设备主要缺点如下：

1）由于 SF_6 气体的泄漏、外部水分的渗入、导电杂质的存在、绝缘子老化等因素影响，都可能导致 35kV 开关柜设备内部故障。

2）35kV 开关柜设备的全密封结构使故障的定位及检修比较困难，检修工作繁杂，事故后平均停电检修时间比常规设备长，其停电范围大，常涉及非故障元件。

4.1.5.2　标准规范

35kV 开关柜设备施工及运行必须遵照的相关标准及规范见表 4.5。

表 4.5　35kV 开关柜设备施工及运行的标准依据

序号	标　准　名　称	标准编号或计划号
1	高压输变电设备的绝缘配合	GB 311.1—2012
2	高压交流断路器	GB 1984—2014
3	3.6kV～40.5kV 交流金属封闭开关设备和控制设备	GB 3906—2006
4	高压开关设备和控制设备标准的共用技术要求	GB/T 11022—2011
5	六氟化硫气体回收装置技术条件	DL/T 662—1999
6	六氟化硫电气设备运行、试验及检修人员安全防护细则	DL/T 639—2016

4.1.5.3　施工安全技术

1. 35kV 开关柜设备安装

（1）35kV 开关柜设备安装工艺严格按照国标、厂标进行，两者不一致时按较高标准执行，各项工作必须服从制造厂技术人员的指导。

（2）进入施工现场时，工作人员应穿戴干净的工作服及鞋帽，工器具必须登记，严防将异物遗留在设备内部。

（3）35kV 开关柜设备耐压试验时，做好人员和设备的防护工作。

（4）制造厂已装配好的元件在现场组装时，不要解体检查，如有缺陷必须在现场解体时，要经制造厂同意，并在厂方人员指导下进行。

（5）设备装配工作要在无风沙、无雨雪，空气相对湿度小于 80％ 的条件下进行曲，并采取防尘、防潮措施。

（6）采取临时封闭，专人用吸尘器清理等措施，严格保证现场的清洁无尘。按制造厂的编号和规定的程序进行装配，不得混装。

（7）打开对接面盖板时，其绝缘件严禁用手直接接触，必须戴白色尼龙手套进行清扫。

（8）绝缘件及罐体内部用无毛纸蘸无水乙醇擦洗，擦洗完后用吸尘器清理。检查密封面应无划伤痕迹，否则进行妥善处理。

（9）密封圈变形不得使用。

（10）连接插件的触头中心要对准插口不得卡阻，插入深度要符合产品的技术规定。

（11）对接完毕后，连接螺栓对称用力矩扳手拧紧。

（12）按产品的技术规定更换吸附剂。

2. 35kV 开关柜设备设备吊装

（1）35kV 开关柜设备就位前，作业人员应将作业现场所有孔洞用铁板或强度满足要求的木板盖严，避免人员摔伤。

（2）35kV 开关柜设备吊离地面 100mm 时，应停止起吊，检查吊车、钢丝绳扣是否平稳牢靠，确认无误后方可继续起吊。起吊后任何人不得在 35kV 开关柜设备吊移范围内停留或走动。

（3）通道口在楼上时，作业人员应在楼上平台铺设钢板，使35kV开关柜设备对楼板的压力得到均匀分散。

（4）作业人员在楼上迎接35kV开关柜设备时，应时刻注意周围环境，特别是在外沿作业人员更要注意防止高处坠落，必要时应系安全带。

（5）用天吊就位35kV开关柜设备时，作业人员除应遵守上述吊车作业要求外，操作人员应在所吊35kV开关柜设备的后方或侧面操作。

（6）35kV开关柜设备主体设备就位应放置在滚杠上，利用链条葫芦或人工绞磨等牵引设备作为牵引动力源，严禁用撬杠直接撬动设备。35kV开关柜设备后方严禁站人，防止滚杠弹出伤人。

（7）牵引前作业人员应检查所有绳扣、滑轮及牵引设备，确认无误后，方可牵引。工作结束或操作人员离开牵引机时必须断开电源。

（8）操作绞磨人员应精神集中，要根据指挥人员的信号或手势进行开动或停止，停止时速度要快。牵引时应平稳匀速，并有制动措施。

4.1.5.4 运行安全技术

1. 35kV开关柜设备运行

（1）35kV开关柜设备室必需装强力通风装置，排风口应设置在室内底部。运行人员经常出入的35kV开关柜设备室，每班至少通风1次（15min）；对工作人员不经常出入的室内场所，应定期检查通风设施。

（2）工作人员进入35kV开关柜设备室内电缆沟或凹处工作时，应测含氧量或SF_6气体浓度，确认安全后方可进入。不准一人进入从事检修工作。

（3）气体采样操作及处理一般渗漏时，要在通风条件下进行，当35kV开关柜设备发生故障造成大量SF_6气体外逸时，应立即撤离现场，并开启室内通风设备。

（4）35kV开关柜设备解体检查时，应将SF_6气体回收加以净化处理，严禁排放到大气中。

（5）宜在晴朗干燥天气进行充气，并严格按照有关规程和检修工艺要求进行操作。充气的管子应采用不易吸附水分的管材，管子内部应干燥，无油无灰尘。

（6）在环境湿度超标而必须充气时，应确保充气回路干燥、清洁。可用电热吹风对接口处进行干燥处理，并立即连接充气管路进行充气。充气静止24h后应对该气室进行湿度测量。

2. 事故及异常处理

（1）指示灯熄灭的处理。

1）检查控制保险是否熔断，电源是否良好，指示灯本身是否有问题；

2）控制开关接点、开关辅助接点是否接触良好；

（2）开关拒绝合闸原因及处理方法：

1）故障原因：①合闸、控制保险熔断或接触不良；②直流接触器接点接触不良或控制开关接点与辅助接点接触不良；③合闸线圈短路断线，合闸铁芯卡住；④直流电压过低；⑤开关弹簧未储能；⑥远方/就地开关位置是否正确。

2）处理方法：①若因熔断器熔断，应立即更换同一型号的熔断器，若再次熔断应立即查明原因，消除故障后，再更换熔断器；②如开关弹簧未储能，应检查储能电机回路保险是否熔断、电机回路是否断线、电机是否烧坏；③若查不出原因或不能处理，应按紧急缺陷报厂调和相关领导，并做好各种记录。

（3）开关拒绝跳闸原因及处理方法。

1）事故原因：跳闸回路断线，控制开关接点和辅助接点接触不良。

2）处理方法：①检查控制开关，若跳开则合上；若再次跳开，则汇报厂调和有关领导，按命令执行；②因其他原因不能处理时，应立即汇报厂调和有关领导，报紧急缺陷，根据领导命令进行操作。对于不能手动跳闸的开关应设法断开上一级电源开关。

（4）不得强行送电的情况如下：

1）线路带电作业时，应解除该开关的重合闸压板，如果该线路开关跳闸，严禁强送。

2）开关故障跳闸时，发生拒跳造成越级跳闸，在恢复送电前，应将发生拒动的开关脱离系统并保持原状，待查清拒动原因并消除缺陷后方可投入运行。

3）开关故障跳闸，试送未成，一般不再强送电，双电源线路开关跳闸后应按有关领导命令执行。

4.1.6　400V 开关设备

400V 开关设备是采用钢板制成封闭外壳，进出线回路的电器元件都安装在可抽出的抽屉中，构成能完成某一类供电任务的功能单元。是功能单元与母线或电缆之间，用接地的金属板或塑料制成的功能板隔开，形成母线、功能单元和电缆三个区域。每个功能单元之间也有隔离措施。400V 开关设备如图 4.6 所示

图 4.6　400V 开关设备

4.1.6.1　类型和技术特性

1. 400V 开关设备类型

（1）固定柜。该柜具有机构合理，安装维护方便，防护性能好，分断能力高，容量大，分段能力强，动稳定性强，电气方案实用性广等优点，可作为换代产品使用。缺点：回路少，单元之间不能任意组合且占地面积大，不能与计算机联络。

（2）抽屉柜。分段能力高，动热稳定性好，结构先进合理，电器方案灵活，系列性、通用性强，各种方案单元任意组合。一台柜体容纳的回路数较多、节省占地面积，防护等级高，安全可靠，维修方便。缺点是水平母线设在柜顶，垂直母线没有阻燃型塑料功能板，不能与计算机联络。

2. 技术特性

400V 开关设备主要优点包括：具有较高的技术性能指标，能够适应电力市场发展需要，并可与现有引进的产品竞争。根据安全、经济、合理、可靠的原则设计的新型低压抽出式开关柜，还具有分断、接通能力高，动热稳定性好，电器方案灵活，组合方便，系列

性实用性强，结构新颖，防护等级高。

4.1.6.2 标准依据

400V开关设备施工及运行必须遵照的相关标准及规范见表4.6。

表 4.6 400V 开关设备施工及运行的标准依据

序号	标 准 名 称	标准编号或计划号
1	低压成套开关设备和控制设备 第1部分：型式试验和部分型式试验成套设备	GB 7251.1—2013
2	低压成套开关设备和电控设备 基本试验方法	GB/T 10233—2016
3	低压抽出式成套开关设备	JB/T 9661—1999

4.1.6.3 施工安全技术

1. 400V 开关设备安装

（1）400V开关设备安装工艺严格按照国标、厂标进行，两者不一致时按较高标准执行，各项工作必须服从制造厂技术人员的指导。

（2）进入施工现场时，工作人员应穿戴干净的工作服及鞋帽，工器具必须登记，严防将异物遗留在设备内部。

（3）400V开关设备耐压试验时，做好人员和设备的防护工作。

（4）制造厂已装配好的元件在现场组装时，不要解体检查，如有缺陷必须在现场解体时，要经制造厂同意，并在厂方人员指导下进行。

（5）设备装配工作要在无风沙、无雨雪，空气相对湿度小于80%的条件下进行曲，并采取防尘、防潮措施。

（6）采取临时封闭，专人用吸尘器清理等措施，严格保证现场的清洁无尘。按制造厂的编号和规定的程序进行装配，不得混装。

（7）打开对接面盖板时，其绝缘件严禁用手直接接触，必须戴白色尼龙手套进行清扫。

（8）绝缘件及罐体内部用无毛纸蘸无水乙醇擦洗，擦洗完后用吸尘器清理。检查密封面应无划伤痕迹，否则进行妥善处理。

（9）密封圈变形不得使用。

（10）连接插件的触头中心要对准插口不得卡阻，插入深度要符合产品的技术规定。

（11）对接完毕后，连接螺栓对称用力矩扳手拧紧。

（12）按产品的技术规定更换吸附剂。

2. 400V 开关设备设备吊装

（1）400V开关设备就位前，作业人员应将作业现场所有孔洞用铁板或强度满足要求的木板盖严，避免人员摔伤。

（2）400V开关设备吊离地面100mm时，应停止起吊，检查吊车、钢丝绳扣是否平稳牢靠，确认无误后方可继续起吊。起吊后任何人不得在400V开关设备吊移范围内停留或走动。

（3）通道口在楼上时，作业人员应在楼上平台铺设钢板，使400V开关设备对楼板的压力得到均匀分散。

（4）作业人员在楼上迎接 400V 开关设备时，应时刻注意周围环境，特别是在外沿作业人员更要注意防止高处坠落，必要时应系安全带。

（5）用天吊就位 400V 开关设备时，作业人员除应遵守上述吊车作业要求外，操作人员应在所吊 400V 开关设备的后方或侧面操作。

（6）400V 开关设备主体设备就位应放置在滚杠上，利用链条葫芦或人工绞磨等牵引设备作为牵引动力源，严禁用撬杠直接撬动设备。400V 开关设备后方严禁站人，防止滚杠弹出伤人。

（7）牵引前作业人员应检查所有绳扣、滑轮及牵引设备，确认无误后，方可牵引。工作结束或操作人员离开牵引机时必须断开电源。

（8）操作绞磨人员应精神集中，要根据指挥人员的信号或手势进行开动或停止，停止时速度要快。牵引时应平稳匀速，并有制动措施。

4.1.6.4　运行安全技术

1. 400V 开关设备运行

（1）站用电系统每班至少检查一次，如有新设备投运或有设备异常时应增加检查次数。

（2）巡检项目如下：

1）400V 开关设备母线电压是否在规定范围内。

2）断路器、隔离开关、接地隔离开关位置正确，与运行方式相符，通流部分电缆接头无过热。

3）断路器保护运行正常。

4）配电盘二次接线清晰，继电器完好，连片投入正确，表计指示和信号灯指示正确。

5）负荷保险工作正常，无熔断现象，容量相符。

6）柜内照明电源断路器在"关"位置。

7）柜内加热器电源断路器在"关"位置，当湿度大于 70％时，将加热器投运。

8）设备区域照明良好，地面整洁、设备标志齐全，消防器材摆放整齐。

9）设备无异常声音、异味及异常振动等。

10）电气设备无异常发热、烧熔等现象。

2. 事故及异常处理

（1）400V 开关设备母线失电。

1）现象：①监控系统出现"失电"报警信号；②现场检查发现站用电进线断路器跳闸。

2）处理：①检查现场各进线断路器、负荷断路器状态。②找到可能的失电原因，如电网电压扰动、400V 开关设备母线故障、负荷故障引起越级跳闸等，采取相应措施。③根据断路器保护动作情况进行分析，并对一次设备进行全面检查。④若系负荷故障引起越级跳闸，则断开故障负荷断路器。⑤检查发现明显故障，待故障消除后方能送电；若无明显故障点，测故障母线绝缘及相关变压器绝缘；如无其他异常，对母线试送电。⑥如不成功，应改用备用电源带 400V 开关设备母线运行（操作中应注意防止非同期和反充电）。

⑦恢复400V开关设备系统失压脱扣负荷。⑧直流系统充电电源是最重要的站用电负荷，在处理过程中必须注意及时恢复供电。

（2）400V开关设备负荷断路器跳闸。

1）现象：监控系统出现报警信号。

2）处理：①确认负荷断路器在跳闸位置，将其拉至检修位置；②对该负荷线路做绝缘检查；③一次设备检查无异常时可试送一次，试送不成功不得再送，需查明原因。

4.2 二 次 设 备

4.2.1 线路保护装置

线路保护装置是指主要用于各电压等级的间隔单元的保护测控，具备完善的保护、测量、控制、备用电源自投及通信监视功能，为变电站、发电厂、高低压配电及厂用电系统的保护与控制提供了完整的解决方案，可有力地保障高低压电网及厂用电系统安全稳定运行的装置。线路保护装置如图4.7所示。

图4.7 线路保护装置

4.2.1.1 类型和技术特性

1. 线路保护类型

线路保护主要分为：距离保护、电流保护、纵联差动保护等。

（1）距离保护。反应故障点至保护安装地点之间的距离（或阻抗），并根据距离的远近而确定动作时间的一种保护装置。

（2）电流保护。电力系统的线路或元件发生故障时，故障点越靠近电源，短路电流越大。利用这一特点，可构成电流保护。对于仅电流增大而瞬时反应动作的电流保护，称为电流速断保护。它的保护范围受系统运行方式的影响较大，不可能保护线路的全部，为了保护线路全长，通常采用略带时限的电流速断与相邻线路的速断保护相配合，其保护范围包括本线路的全部和相邻线路的一部分，其时限比相邻线路的速断保护大 Δt；电流速断保护和限时电流速断保护可构成线路的主保护。过流保护是按躲开最大负荷电流来整定的一种保护装置，可作为本线路和相邻线路的后备保护，定时限过流保护的动作时限比相邻线路的动作时限均大至少一个 Δt。以上几种保护组合在一起，构成阶段式电流保护。具体应用时，只采用电流速断保护和限时电流速断保护，或限时电流速断保护和定时限过流保护的方式，也可三者同时采用。

（3）纵联差动保护。输电线的纵联差动保护，是用某种通信通道将输电线两端的保护装置纵向联结起来，将各端的电气量（电流、功率的方向等）传送到对端，将两端的电气量比较，以判断故障在本线路范围内还是在线路范围外，从而决定是否切断被保护线路。

2. 技术特性

（1）距离保护特性。当短路点距保护安装处近时，其量测阻抗小，动作时间短；当短路点距保护安装处远时，其量测阻抗大，动作时间就增长，这样保证了保护有选择性地切除故障线路。距离保护的动作时间（t）与保护安装处至短路点距离（l）的关系 $t=f(l)$，称为距离保护的时限特性。

（2）电流保护特性。开关（如断路器）的动作时间 t 与过电流脱扣器的动作电流 I 的关系曲线，即 $t=f(I)$ 曲线。当过电流倍数较小时，不立即切断故障电路，而是经过一段时间后，若故障没有消除再分断电路，过电流倍数越大时，这种延时动作时间越短。

（3）纵联差动保护特性。由于纵联差动保护只在保护区内短路时才动作，不存在与系统中相邻元件保护的选择性配合问题，因而可以快速切除整个保护区内任何一点的短路，这是它的可贵优点。但是，为了构成纵联差动保护装置，必须在被保护元件各端装设电流互感器，并将它们的二次线圈用辅助导线连接起来，接差动继电器。以前由于受辅助导线条件的限制，纵向连接的差动保护仅限于用在短线路上，由于光纤的广泛使用，纵联差动保护已可作为长线路的主保护。

4.2.1.2　标准依据

线路保护装置施工及运行必须遵照的相关标准及规范见表4.7。

表 4.7　线路保护装置施工及运行的标准依据

序号	标　准　名　称	标准编号或计划号
1	电气装置安装工程盘、柜及二次回路接线施工及验收规范	GB 50171—2012
2	电气装置安装工程电气设备交接试验标准	GB 50150—2016
3	微机线路保护装置通用技术条件	GB/T 15145—2017
4	继电保护和安全自动装置技术规程	GB/T 14285—2006
5	电力系统安全自动装置设计规范	GB/T 50703—2011
6	微机继电保护装置运行管理规程	DL/T 587—2007
7	电力系统微机继电保护技术导则	DL/T 769—2001
8	电力系统安全自动装置设计技术规定	DL/T 5147—2001

4.2.1.3　施工安全技术

1. 线路保护装置安装

（1）开箱检查，所有保护屏柜均应开箱检查。开箱前检验符合如下要求：

1）包装及密封是否良好，有无外观损伤、进水、受潮等现象。

2）设备是否损伤，附件、备件是否齐全。

3）产品的技术文件是否齐全，并交保管员登记保管。

4）做好开箱检查记录，并由有关人员签字认可。要求接线工整。

（2）保护屏柜的接地应牢固良好，装有供检修用的接地装置。

（3）保护屏柜的前后应留有足够的空间以便于日后开展维护工作。

（4）当使用导线需要屏蔽时，必须用360°的全屏蔽，并确保屏蔽层可靠接地，同一信号回路需安排在同一电缆中，避免同一电缆混用不同的信号线，控制信号和测量信号的电缆要分开。

（5）安装时注意，电流互感器二次回路禁止开路。

（6）保护装置地与变电站地之间的阻抗应满足相关国家标准，使用截面不小于4mm²的黄绿交替导线将保护装置的电源插件背板的接地端子连接到保护屏柜的接地铜牌上，特别要注意接点的可靠性和防腐蚀能力。

（7）光纤电缆应小心处理，不能过度弯曲。对于塑料光纤，最低曲率半径必须大于15cm。对于玻璃光纤，最低曲率半径不得小于25cm。如果使用电缆扎带，要保持适度松散，避免损坏光缆。

（8）保护屏柜及屏柜内设备与各构件间连接应牢固。

（9）基础型钢的找平应采用垫铁找平，分段找平采用点焊，待整体找平后再进行最后焊接。

2. 线路保护装置的运输

（1）保护屏柜在搬运时应采取防震、防潮、防止框架变形和漆面受损等措施，必要时应将怕震和易损元件拆下单独包装运输，当产品有特殊要求时，应符合产品技术文件的规定。

（2）运输前应了解屏柜的组合，包装箱的大小、尺寸、重量，以配备必要的起重机具及运输车辆。

（3）运输前应了解道路的走径、路面的路况等做详细的勘探，并对不符合运输要求的路段做必要的修整，以保证屏柜设备的安全运输。

（4）运输前应了解天气的变化，避开雨、雪天，否则应采取措施以免影响施工进度的安排。

（5）利用起重机具吊装盘柜时，应有专职的起重人员，吊绳应设在制造厂规定的吊装点。

（6）屏柜在运输机具上应摆放平稳、合理，不得超重。并将屏柜用绳索固定牢靠，避免运输中盘柜翻倒。

（7）运输过程中运输车辆应平稳行驶，避免车辆行驶中紧急制动，遇有道路狭窄，车辆拥挤时，应有专人引导车辆。

4.2.1.4 运行安全技术

1. 线路保护装置运行

（1）保护装置在运行时，值班员不允许随意按动插件面板上的键盘。

（2）值班员禁止下列操作：修改整定值；随意改动运行定值区。

（3）检查保护装置面板正常。

（4）检查保护汉字显示屏上实时时钟正确，显示实时电流、电压、相角正确，无报警信号。

（5）检查打印机数据线、电源线完好，其处于"热备用"状态，有足够的打印纸。

（6）检查压板在投入位置，接触良好，无积灰或蜘蛛网，无接地短路现象，压板牢固无松脱。

（7）检查插件无异常声音，无发热现象，无冒烟、无烧焦味，插件牢固无松脱或掉出。

（8）检查柜门完好，关闭严密无损坏，各设备标志清楚完整齐全。

（9）检查保护柜背后的各空气开关位置正确。

2．线路保护装置检修

（1）在保护装置上工作，需要退出保护装置前，值班员应向主管调度汇报并申请退出相应线路的保护装置后，方可办理工作票允许检修人员进行工作。

（2）参加检修工作的所有人员必须听从检修负责人的统一指挥，严禁擅离岗位，进入施工现场，检修人员必须穿戴齐全合格的劳动保护用品。

（2）需要更改保护装置的定值时，必须核实另两套保护运行正常并在投入位置，再申请将该套保护装置的保护压板全部退出后方可进行该保护装置定值按调度更改，保护装置定值更改后，检查该保护无跳闸信号后再申请将其恢复投入运行。

3．事故及异常处理

（1）值班员发现保护装置有下列情况之一者，应立即汇报汇报主管调度，按照调度命令将保护退出：

1）保护装置引接的 TA 二次回路开路或 TV 二次回路短路。

2）保护装置插件内部短路冒烟。

3）保护装置直流电源消失。

4）保护装置进行检修、试验，更改定值工作。

5）在保护装置的电压、电流回路上进行工作。

6）保护装置告警，确实存在故障而故障没消除。

（2）值班员发现保护装置有下列情况之一者，应立即汇报有关领导并设法消除，不能消除的，做好缺陷记录：

1）保护装置告警。

2）保护装置直流电压消失或有接地现象。

3）保护装置交流电压消失。

4）保护装置插件、压板、切换把手损坏。

5）保护装置有灰尘、蜘蛛网或潮湿现象。

4.2.2　变压器保护装置

变压器保护装置是集保护、监视、控制、通信等多种功能于一体的电力自动化产品，是构成智能化开关柜的电器单元。装置多个标准保护程序构成的保护库，具有对变压器模拟量和开关量的完整的采集功能。变压器保护装置能反应被保护变压器的故障和不正常工作状态并自动迅速地、有选择地动作于断路器将故障设备从系统中切除，保证不故障设备继续正常运行，将事故限制在最小范围，提高系统运行的可靠性，最大限度地保证向用户安全、连续供电。变压器保护装置如图 4.8 所示。

图 4.8 变压器保护装置

4.2.2.1 类型和技术特性

变压器保护主要分为电气量保护和非电量保护两种。

（1）电气量保护。电气量保护是指通过电气量来反映的故障动作或发信的保护，保护的判据是电气量，如电流、电压、频率、阻抗等。该类保护主要有差动保护、零序过流保护、过激磁保护、失磁保护、闪络、断路器非全相等。

（2）非电气量保护。非电气量保护是指由非电气量反映的故障动作或发信的保护，一般是指保护的判据不是电气量（电流、电压、频率、阻抗等），而是非电气量，如瓦斯保护（油速整定）、温度保护（温度高低）、防暴保护（通过压力）等。

4.2.2.2 标准依据

变压器保护装置施工及运行必须遵照的相关标准及规范见表 4.8。

表 4.8 变压器保护装置的标准依据

序号	标 准 名 称	标准编号或计划号
1	电气装置安装工程电气设备交接试验标准	GB 50150—2016
2	电气装置安装工程盘、柜及二次回路接线施工及验收规范	GB 50171—2012
3	继电保护和安全自动装置技术规程	GB/T 14285—2006
4	微机继电保护装置运行管理规程	DL 587—2007
5	变压器保护装置通用技术条件	DL/T 770—2012
6	电力系统微机继电保护技术导则	DL/T 769—2001
7	电力系统安全自动装置设计技术规定	DL/T 5147—2001

4.2.2.3 施工安全技术

1. 变压器保护装置安装

（1）开箱检查，所有保护屏柜均应开箱检查。开箱前检验符合下列要求：

1）包装及密封是否良好，有无外观损伤、进水、受潮等现象。

2）设备是否损伤，附件、备件是否齐全。

3）产品的技术文件是否齐全，并交保管员登记保管。

4）做好开箱检查记录，并由有关人员签字认可。要求接线工整。

（2）保护屏柜的接地应牢固良好，装有供检修用的接地装置。

（3）保护屏柜的前后应留有足够的空间以便于日后开展维护工作。

（4）当使用导线需要屏蔽时，必须用 360°的全屏蔽，并确保屏蔽层可靠接地，同一信号回路需安排在同一电缆中，避免同一电缆混用不同的信号线，控制信号和测量信号的电缆要分开。

（5）安装时注意，电流互感器二次回路禁止开路。

（6）保护装置地与变电站地之间的阻抗应满足相关国家标准，使用截面不小于 $4mm^2$ 的黄绿交替导线将保护装置的电源插件背板的接地端子连接到保护屏柜的接地铜牌上，特别要注意接点的可靠性和防腐蚀能力。

（7）光纤电缆应小心处理，不能过度弯曲。对于塑料光纤，最低曲率半径必须大于 15cm。对于玻璃光纤，最低曲率半径不得小于 25cm。如果使用电缆扎带，要保持适度松散，避免损坏光缆。

（8）保护屏柜及屏柜内设备与各构件间连接应牢固。

（9）基础型钢的找平应采用垫铁找平，分段找平采用点焊，待整体找平后再进行最后焊接。

2．变压器保护装置的运输

（1）保护屏柜在搬运时应采取防震、防潮、防止框架变形和漆面受损等措施，必要时应将怕震和易损元件拆下单独包装运输，当产品有特殊要求时，应符合产品技术文件的规定。

（2）运输前应了解屏柜的组合，包装箱的大小、尺寸、重量，以配备必要的起重机具及运输车辆。

（3）运输前应了解道路的走径、路面的路况等做详细的勘探，并对不符合运输要求的路段做必要的修整，以保证屏柜设备的安全运输。

（4）运输前应了解天气的变化，避开雨、雪天，否则应采取措施以免影响施工进度的安排。

（5）利用起重机具吊装盘柜时，应有专职的起重人员，吊绳应设在制造厂规定的吊装点。

（6）屏柜在运输机具上应摆放平稳、合理，不得超重。并将屏柜用绳索固定牢靠，避免运输中盘柜翻倒。

（7）运输过程中运输车辆应平稳行驶，避免车辆行驶中紧急制动，遇有道路狭窄，车辆拥挤时，应有专人引导车辆。

4.2.2.4　运行安全技术

1．变压器保护装置运行

（1）保护装置在运行时，值班员不允许随意按动插件面板上的键盘。

（2）值班员禁止下列操作：修改整定值；随意改动运行定值区。

（3）检查保护装置面板正常。

（4）检查保护汉字显示屏上实时时钟正确，显示实时电流、电压、相角正确，无报警信号。

（5）检查打印机数据线、电源线完好，其处于"热备用"状态，有足够的打印纸。

（6）检查压板在投入位置，接触良好，无积灰或蜘蛛网，无接地短路现象，压板牢固无松脱。

（7）检查插件无异常声音，无发热现象，无冒烟、无烧焦味，插件牢固无松脱或掉出。

（8）检查柜门完好，关闭严密无损坏，各设备标志清楚完整齐全。

（9）检查保护柜背后的各空气开关位置正确。

2. 变压器保护装置检修

（1）工作需要拆开的线头，需在监护人的监护下应核对无误后逐个拆除，用绝缘胶布包好，并做好记录；恢复时履行同样的手续。

（2）参加检修工作的所有人员必须听从检修负责人的统一指挥，严禁擅离岗位，进入施工现场，检修人员必须穿戴齐全合格的劳动保护用品。

（3）工作时若必须短路 TA 二次绕组，应使用短路片或短路线进行短路，严禁用导线缠绕；工作时必须有专人监护，使用绝缘工具并站在绝缘垫上；严禁在电流互感器与短路端子之间的回路和导线上进行任何工作。

3. 事故及异常处理

（1）值班员发现保护装置有下列情况之一者，应立即汇报汇报主管调度，按照调度命令将保护退出：

1）保护装置引接的 TA 二次回路开路或 TV 二次回路短路。

2）保护装置插件内部短路冒烟。

3）保护装置直流电源消失。

4）保护装置进行检修、试验，更改定值工作。

5）在保护装置的电压、电流回路上进行工作。

6）保护装置告警，确实存在故障而故障没消除。

（2）值班员发现保护装置有下列情况之一者，应立即汇报有关领导并设法消除，不能消除的，做好缺陷记录：

1）保护装置告警。

2）保护装置直流电压消失或有接地现象。

3）保护装置交流电压消失。

4）保护装置插件、压板、切换把手损坏。

5）保护装置有灰尘、蜘蛛网或潮湿现象。

4.2.3 母差保护装置

母差保护装置是指将母线差动保护、母联充电（过流）保护、母联非全相保护、断路器失灵保护等多功能综合为一体的微机型保护装置。微机型母线保护中的各个功能共享数据信息和跳闸出口。它能反应被保护母线的故障和不正常工作状态并自动迅速地、有选择地动作于断路器将故障设备从系统中切除，保证不故障设备继续正常运行，将事故限制在最小范围，提高系统运行的可靠性，最大限度地保证向用户安全、连续供电。母差保护装置如图 4.9 所示。

图 4.9　母差保护装置

4.2.3.1　类型和技术特性

1. 母差保护类型

母差保护主要分为：微机母差保护和比率制动母差保护。

（1）微机母差保护。微机母差保护由能够反映单相故障和相间故障的分相式比率差动元件构成。双母线接线差动回路包括母线大差回路和各段母线小差回路。大差是除母联开关和分段开关外所有支路电流所构成的差回路，某段母线的小差指该段所连接的包括母联和分段断路器的所有支路电流构成的差动回路。大差用于判别母线区内和区外故障，小差用于故障母线的选择。

（2）比率制动母差保护。比率制动母差保护的原理是采用被保护母线各支路（含母联）电流的矢量和作为动作量，以各分路电流的绝对值之和附以小于 1 的制动系数作为制动量。在区外故障时可靠不动，区内故障时则具有相当的灵敏度。算法简单但自适应能力差，二次负载大，易受回路的复杂程度的影响。

2. 技术特性

（1）微机母差保护特点。

1）数字采样，并用数学模型分析构成自适应阻抗加权抗 TA 饱和判据。

2）允许 TA 变比不同，具备调整系数可以整定，可适应以后扩建时的任何变比情况。

3）适应不同的母线运行方式。

4）TA 回路和跳闸出口回路无触点切换，增加动作的可靠性，避免因触点接触不可靠带来的一系列问题。

5）同一装置内用软件逻辑可实现母差保护、充电保护、死区保护、失灵保护等，结构紧凑，回路简单。

6）可进行不同的配置，满足主接线形式不同的需要。

7）人机对话友善，后台接口通信方式灵活，与监控系统通信具备完善的装置状态报文。

8）支持电力行业标准 IEC 608705103 规约，兼容 COMTRADE 输出的故障录波数据格式。

（2）比率制动母差保护特点。

1）对于外部故障，完全饱和 TA 的二次回路可以只用它的全部直流回路的电阻等值表示，即忽略电抗。某一支路 TA 饱和后，大部分不平衡电流被饱和 TA 的二次阻抗所旁路，差动继电器可靠不动作。

2）对于内部故障，TA 至少过 1/4 周波才会出现饱和，差继电器可快速动作并保持。

4.2.3.2 标准依据

母差保护装置施工及运行必须遵照的相关标准及规范见表 4.9。

表 4.9 母差保护装置施工及运行的标准依据

序号	标 准 名 称	标准编号或计划号
1	电气装置安装工程盘、柜及二次回路接线施工及验收规范	GB 50171—2012
2	电气装置安装工程电气设备交接试验标准	GB 50150—2016
3	继电保护和安全自动装置技术规程	GB/T 14285—2006
4	电力系统安全自动装置设计规范	GB/T 50703—2011
5	微机继电保护装置运行管理规程	DL 587—2007
6	母线保护装置通用技术条件	DL/T 670—2010
7	电力系统微机继电保护技术导则	DL/T 769—2001
8	电力系统安全自动装置设计技术规定	DL/T 5147—2001

4.2.3.3 施工安全技术

1. 母差保护装置安装

（1）开箱检查，所有保护屏柜均应开箱检查。开箱前检验符合下列要求：

1）包装及密封是否良好，有无外观损伤、进水、受潮等现象。

2）设备是否损伤，附件、备件是否齐全。

3）产品的技术文件是否齐全，并交保管员登记保管。

4）做好开箱检查记录，并由有关人员签字认可。要求接线工整。

（2）保护屏柜的接地应牢固良好，装有供检修用的接地装置。

（3）保护屏柜的前后应留有足够的空间以便于日后开展维护工作。

（4）当使用导线需要屏蔽时，必须用 360°的全屏蔽，并确保屏蔽层可靠接地，同一信号回路需安排在同一电缆中，避免同一电缆混用不同的信号线，控制信号和测量信号的电缆要分开。

（5）安装时注意，电流互感器二次回路禁止开路。

（6）保护装置地与变电站地之间的阻抗应满足相关国家标准，使用截面不小于 4mm² 的黄绿交替导线将保护装置的电源插件背板的接地端子连接到保护屏柜的接地铜牌上，特别要注意接点的可靠性和防腐蚀能力。

（7）光纤电缆应小心处理，不能过度弯曲。对于塑料光纤，最低曲率半径必须大于 15cm。对于玻璃光纤，最低曲率半径不得小于 25cm。如果使用电缆扎带，要保持适度松散，避免损坏光缆。

（8）保护屏柜及屏柜内设备与各构件间连接应牢固。

（9）基础型钢的找平应采用垫铁找平，分段找平采用点焊，待整体找平后再进行最后焊接。

2. 母差保护装置的运输

(1) 保护屏柜在搬运时应采取防震、防潮、防止框架变形和漆面受损等措施,必要时应将怕震和易损元件拆下单独包装运输,当产品有特殊要求时,应符合产品技术文件的规定。

(2) 运输前应了解屏柜的组合,包装箱的大小、尺寸、重量,以配备必要的起重机具及运输车辆。

(3) 运输前应了解道路的走径、路面的路况等做详细的勘探,并对不符合运输要求的路段做必要的修整,以保证屏柜设备的安全运输。

(4) 运输前应了解天气的变化,避开雨、雪天,否则应采取措施以免影响施工进度的安排。

(5) 利用起重机具吊装盘柜时,应有专职的起重人员,吊绳应设在制造厂规定的吊装点。

(6) 屏柜在运输机具上应摆放平稳、合理,不得超重。并将屏柜用绳索固定牢靠,避免运输中盘柜翻倒。

(7) 运输过程中运输车辆应平稳行驶,避免车辆行驶中紧急制动,遇有道路狭窄,车辆拥挤时,应有专人引导车辆。

4.2.3.4　运行安全技术

1. 母差保护装置运行

(1) 保护装置在运行时,值班员不允许随意按动插件面板上的键盘。

(2) 值班员禁止下列操作:修改整定值;随意改动运行定值区。

(3) 检查保护装置面板正常。

(4) 检查保护汉字显示屏上实时时钟正确,显示实时电流、电压、相角正确,无报警信号。

(5) 检查打印机数据线、电源线完好,其处于"热备用"状态,有足够的打印纸。

(6) 检查压板在投入位置,接触良好,无积灰或蜘蛛网,无接地短路现象,压板牢固无松脱。

(7) 检查插件无异常声音,无发热现象,无冒烟、无烧焦味,插件牢固无松脱或掉出。

(8) 检查柜门完好,关闭严密无损坏,各设备标志清楚完整齐全。

(9) 检查保护柜背后的各空气开关位置正确。

2. 母差保护装置检修

(1) 工作需要拆开的线头,需在监护人的监护下应核对无误后逐个拆除,用绝缘胶布包好,并做好记录;恢复时履行同样的手续。

(2) 参加检修工作的所有人员必须听从检修负责人的统一指挥,严禁擅离岗位,进入施工现场,检修人员必须穿戴齐全合格的劳动保护用品。

(3) 工作时若必须短路电流互感器二次绕组,应使用短路片或短路线进行短路,严禁用导线缠绕;工作时必须有专人监护,使用绝缘工具并站在绝缘垫上;严禁在电流互感器与短路端子之间的回路和导线上进行任何工作。

3. 事故及异常处理

(1) 值班员发现保护装置有下列情况之一者,应立即汇报汇报主管调度,按照调度命令将保护退出:

1）保护装置引接的 TA 二次回路开路或 TV 二次回路短路。

2）保护装置插件内部短路冒烟。

3）保护装置直流电源消失。

4）保护装置进行检修、试验，更改定值工作。

5）在保护装置的电压、电流回路上进行工作。

6）保护装置告警，确实存在故障而故障没消除。

（2）值班员发现保护装置有下列情况之一者，应立即汇报有关领导并设法消除，不能消除的，做好缺陷记录：

1）保护装置告警。

2）保护装置直流电压消失或有接地现象。

3）保护装置交流电压消失。

4）保护装置插件、压板、切换把手损坏。

5）保护装置有灰尘、蜘蛛网或潮湿现象。

4.2.4 海缆在线监测系统

海缆在线监测系统是电力系统发生故障及振荡时能自动记录的一种装置，它可以记录因短路故障、系统振荡、频率崩溃、电压崩溃等大扰动引起的系统电流、电压及其导出量，如有功、无功及系统频率的全过程变化现象。海缆在线监测系统如图 4.10 所示。

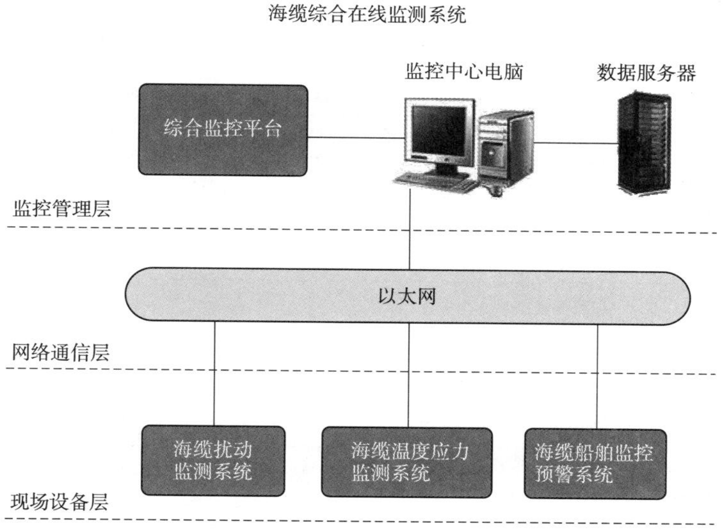

海缆综合在线监测系统

图 4.10　海缆在线监测系统

4.2.4.1　启动方式和技术特性

1. 海缆在线监测系统启动方式

启动方式的选择，应保证在系统发生任何类型故障时，海缆在线监测系统都能可靠的启动。一般包括负序电压、低电压、过电流、零序电流、零序电压等启动方式。

2. 技术特性

（1）在数据采集方面，当判定为故障后，保护在取得足够的数据后可以短时停止对数据的采集转去作保护运算而故障录波则不允许数据采集的任何中断；海缆在线监测系统为保持数据的真实性，应尽可能减少滤波，保护为判明故障则要消除各次谐波，因此在硬件上和软件上都要采取措施，特别是软件滤波在保护的 CPU 时间分配中占有较大比重。

（2）在启动判据方面，保护要求在故障当时即刻准确判定，所以对启动判据的准确性和快速性要求很高；海缆在线监测系统不需执行跳重合闸，对启动判据的准确性和快速性要求不高，较之保护其判据可大大简化。海缆在线监测系统不仅记录故障过程还要记录故障前的波形和数据，所以在海缆在线监测系统中要开辟一定容量的环行内存缓存区，不断地以采取最新数据刷新这个环行缓存区，一旦判明故障，就首先将缓存区中的内容（包括故障前和故障过程的数据）保存起来，直到故障结束。

（3）与发电厂变电站自动化监控系统中的事件顺序记录功能相比，故障录波装置一般可取代前者，因此在既有自动化监控系统又有录波装置的场合，希望录波装置提供与监控系统的通信接口。录波装置还要配备相应的通信软件，以便将录制的数据和分析结果及时传送给监控系统。

（4）和远动中的开关量相比，故障录波中的开关量着眼于事故分析的需要，局限于故障时短时的记录，而远动中的开关量偏重于整个系统的正常运行，虽然也有故障时的开关量信息，但它是着眼于宏观系统的需要。

4.2.4.2　标准依据

海缆在线监测系统施工及运行必须遵照的相关标准及规范见表 4.10。

表 4.10　海缆在线监测系统施工及运行的标准依据

序号	标　准　名　称	标准编号或计划号
1	电气装置安装工程电气设备交接试验标准	GB 50150—2016
2	电气装置安装工程盘、柜及二次回路接线施工及验收规范	GB 50171—2012
3	继电保护和安全自动装置技术规程	GB/T 14285—2006
4	电力系统安全自动装置设计规范	GB/T 50703—2011
5	微机继电保护装置运行管理规程	DL 587—2007
6	电力系统安全自动装置设计技术规定	DL/T 5147—2001
7	电力系统微机继电保护技术导则	DL/T 769—2001

4.2.4.3　施工安全技术

1. 海缆在线监测系统安装

（1）开箱检查，所有保护屏柜均应开箱检查。开箱前检验符合下列要求：

1）包装及密封是否良好，有无外观损伤、进水、受潮等现象。

2）设备是否损伤，附件、备件是否齐全。

3）产品的技术文件是否齐全，并交保管员登记保管。

4）做好开箱检查记录，并由有关人员签字认可。要求接线工整。

（2）保护屏柜的接地应牢固良好，装有供检修用的接地装置。

（3）保护屏柜的前后应留有足够的空间以便于日后开展维护工作。

（4）当使用导线需要屏蔽时，必须用360°的全屏蔽，并确保屏蔽层可靠接地，同一信号回路需安排在同一电缆中，避免同一电缆混用不同的信号线，控制信号和测量信号的电缆要分开。

（5）安装时注意，电流互感器二次回路禁止开路。

（6）保护装置地与变电站地之间的阻抗应满足相关国家标准，使用截面不小于 4mm² 的黄绿交替导线将保护装置的电源插件背板的接地端子连接到保护屏柜的接地铜牌上，特别要注意接点的可靠性和防腐蚀能力。

（7）光纤电缆应小心处理，不能过度弯曲。对于塑料光纤，最低曲率半径必须大于15cm。对于玻璃光纤，最低曲率半径不得小于 25cm。如果使用电缆扎带，要保持适度松散，避免损坏光缆。

（8）保护屏柜及屏柜内设备与各构件间连接应牢固。

（9）基础型钢的找平应采用垫铁找平，分段找平采用点焊，待整体找平后再进行最后焊接。

2．海缆在线监测系统的运输

（1）保护屏柜在搬运时应采取防震、防潮、防止框架变形和漆面受损等措施，必要时应将怕震和易损元件拆下单独包装运输，当产品有特殊要求时，应符合产品技术文件的规定。

（2）运输前应了解屏柜的组合，包装箱的大小、尺寸、重量，以配备必要的起重机具及运输车辆。

（3）运输前应了解道路的走径、路面的路况等做详细的勘探，并对不符合运输要求的路段做必要的修整，以保证屏柜设备的安全运输。

（4）运输前应了解天气的变化，避开雨、雪天，否则应采取措施以免影响施工进度的安排。

（5）利用起重机具吊装盘柜时，应有专职的起重人员，吊绳应设在制造厂规定的吊装点。

（6）屏柜在运输机具上应摆放平稳、合理，不得超重。并将屏柜用绳索固定牢靠，避免运输中盘柜翻倒。

（7）运输过程中运输车辆应平稳行驶，避免车辆行驶中紧急制动，遇有道路狭窄，车辆拥挤时，应有专人引导车辆。

4.2.4.4 运行安全技术

1．海缆在线监测系统运行

（1）检查故障录波装置各状态指示灯指示正常。电源灯正常时红灯亮，运行/调试灯正常运行时红灯亮，GPS 同步灯正常时绿灯亮，启动录波灯正常时不亮，处于录波状态时绿灯亮，告警 1 和告警 2 灯正常时不亮。

（2）检查故障录波装置柜后各电源开关投入正常。

（3）检查故障录波装置正面液晶显示器各监视窗口正常，无故障信息显示。

（4）检查故障录波装置打印机各部正常，无缺纸现象。

2. 海缆在线监测系统检修

（1）工作需要拆开的线头，需在监护人的监护下应核对无误后逐个拆除，用绝缘胶布包好，并做好记录；恢复时履行同样的手续。

（2）参加检修工作的所有人员必须听从检修负责人的统一指挥，严禁擅离岗位，进入施工现场，检修人员必须穿戴齐全合格的劳动保护用品。

（3）海缆在线监测系统属于调管设备，装置的投退应严格按照按调度命令进行操作。

（4）设备出现故障时，运行人员应及时填写设备缺陷单，并及时联系检查处理。

（5）设备装有手动录波和手动复归按钮。按下手动录波按钮时（正常运行中一般不使用），装置按照设定的录波参数录波，按下手动复归按钮可熄灭告警灯。

3. 事故及异常处理

（1）当发现有异常（如通信故障、自检故障、装置异常）指示灯亮时，或者发现电源指示灯灭、主机死机等情况，应及时联系检修检查处理。

（2）常见的故障类型及原因。

1）微机海缆在线监测系统死机原因包括：电源故障；录波器内直流绝缘下降；硬盘损坏；程序运行出错。

2）微机海缆在线监测系统频繁误启动原因包括：接线错误；系统故障；定值整定错误。

3）微机海缆在线监测系统故障告警原因包括：打印机故障或未联机；打印机缺纸或卡纸；程序运行出错。

4.2.5 故障录波器

故障录波器是电力系统发生故障及振荡时能自动记录的一种装置，它可以记录因短路故障、系统振荡、频率崩溃、电压崩溃等大扰动引起的系统电流、电压及其导出量，如有功、无功及系统频率的全过程变化现象。故障录波器如图 4.11 所示。

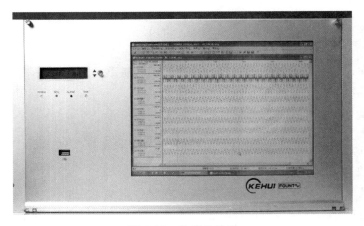

图 4.11　故障录波器

4.2.5.1　启动方式和技术特性

1. 故障录波器启动方式

启动方式的选择，应保证在系统发生任何类型故障时，故障录波器都能可靠的启动。

一般包括：负序电压、低电压、过电流、零序电流、零序电压等启动方式。

2．技术特性

（1）在数据采集方面，当判定为故障后，保护在取得足够的数据后可以短时停止对数据的采集转去作保护运算，而故障录波则不允许数据采集的任何中断；故障录波器为保持数据的真实性，应尽可能减少滤波，保护为判明故障则要消除各次谐波，因此在硬件上和软件上都要采取措施，特别是软件滤波在保护的 CPU 时间分配中占有较大比重。

（2）在启动判据方面，保护要求在故障当时即刻准确判定，所以对启动判据的准确性和快速性要求很高；故障录波器不需执行跳重合闸，对启动判据的准确性和快速性要求不高，较之保护其判据可大大简化。故障录波器不仅记录故障过程还要记录故障前的波形和数据，所以在故障录波器中要开辟一定容量的环行内存缓存区，不断地以采取最新数据刷新这个环行缓存区，一旦判明故障，就首先将缓存区中的内容（包括故障前和故障过程的数据）保存起来，直到故障结束。

（3）与变电站自动化监控系统中的事件顺序记录功能相比，故障录波装置一般可取代前者，因此在既有自动化监控系统又有录波装置的场合，希望录波装置提供与监控系统的通信接口。录波装置还要配备相应的通信软件，以便将录制的数据和分析结果及时传送给监控系统。

（4）和远动中的开关量相比，故障录波中的开关量着眼于事故分析的需要，局限于故障时短时的记录，而远动中的开关量偏重于整个系统的正常运行，虽然也有故障时的开关量信息，但它是着眼于宏观系统的需要。

4.2.5.2 标准依据

故障录波器施工及运行必须遵照的相关标准及规范见表 4.11。

表 4.11 故障录波器施工及运行的标准依据

序号	标 准 名 称	标准编号或计划号
1	电气装置安装工程电气设备交接试验标准	GB 50150—2006
2	电气装置安装工程盘、柜及二次回路接线施工及验收规范	GB 50171—2012
3	电力系统安全自动装置设计规范	GB/T 50703—2011
4	继电保护和安全自动装置技术规程	GB/T 14285—2006
5	微机继电保护装置运行管理规程	DL 587—2007
6	电力系统微机继电保护技术导则	DL/T 769—2001
7	电力系统安全自动装置设计技术规定	DL/T 5147—2001

4.2.5.3 施工安全技术

1．故障录波器安装

（1）开箱检查，所有保护屏柜均应开箱检查。开箱前检验符合下列要求：

1）包装及密封是否良好，有无外观损伤、进水、受潮等现象。

2）设备是否损伤，附件、备件是否齐全。

3）产品的技术文件是否齐全，并交保管员登记保管。

　　4）做好开箱检查记录，并由有关人员签字认可。要求接线工整。

　　（2）保护屏柜的接地应牢固良好，装有供检修用的接地装置。

　　（3）保护屏柜的前后应留有足够的空间以便于日后开展维护工作。

　　（4）当使用导线需要屏蔽时，必须用 360°的全屏蔽，并确保屏蔽层可靠接地，同一信号回路需安排在同一电缆中，避免同一电缆混用不同的信号线，控制信号和测量信号的电缆要分开。

　　（5）安装时注意，电流互感器二次回路禁止开路。

　　（6）保护装置地与变电站地之间的阻抗应满足相关国家标准，使用截面不小于 4mm² 的黄绿交替导线将保护装置的电源插件背板的接地端子连接到保护屏柜的接地铜牌上，特别要注意接点的可靠性和防腐蚀能力。

　　（7）光纤电缆应小心处理，不能过度弯曲。对于塑料光纤，最低曲率半径必须大于 15cm。对于玻璃光纤，最低曲率半径不得小于 25cm。如果使用电缆扎带，要保持适度松散，避免损坏光缆。

　　（8）保护屏柜及屏柜内设备与各构件间连接应牢固。

　　（9）基础型钢的找平应采用垫铁找平，分段找平采用点焊，待整体找平后再进行最后焊接。

　　2. 故障录波器的运输

　　（1）保护屏柜在搬运时应采取防震、防潮、防止框架变形和漆面受损等措施，必要时应将怕震和易损元件拆下单独包装运输，当产品有特殊要求时，应符合产品技术文件的规定。

　　（2）运输前应了解屏柜的组合，包装箱的大小、尺寸、重量，以配备必要的起重机具及运输车辆。

　　（3）运输前应了解道路的走径、路面的路况等做详细的勘探，并对不符合运输要求的路段做必要的修整，以保证屏柜设备的安全运输。

　　（4）运输前应了解天气的变化，避开雨、雪天，否则应采取措施以免影响施工进度的安排。

　　（5）利用起重机具吊装盘柜时，应有专职的起重人员，吊绳应设在制造厂规定的吊装点。

　　（6）屏柜在运输机具上应摆放平稳、合理，不得超重。并将屏柜用绳索固定牢靠，避免运输中盘柜翻倒。

　　（7）运输过程中运输车辆应平稳行驶，避免车辆行驶中紧急制动，遇有道路狭窄，车辆拥挤时，应有专人引导车辆。

4.2.5.4　运行安全技术

　　1. 故障录波器运行

　　（1）检查故障录波装置各状态指示灯指示正常。电源灯正常时红灯亮，运行/调试灯正常运行时红灯亮，GPS 同步灯正常时绿灯亮，启动录波灯正常时不亮，处于录波状态时绿灯亮，告警 1 和告警 2 灯正常时不亮。

（2）检查故障录波装置柜后各电源开关投入正常。

（3）检查故障录波装置正面液晶显示器各监视窗口正常，无故障信息显示。

（4）检查故障录波装置打印机各部正常，无缺纸现象。

2．故障录波器检修

（1）工作需要拆开的线头，需在监护人的监护下应核对无误后逐个拆除，用绝缘胶布包好，并做好记录；恢复时履行同样的手续。

（2）参加检修工作的所有人员必须听从检修负责人的统一指挥，严禁擅离岗位，进入施工现场，检修人员必须穿戴齐全合格的劳动保护用品。

（3）故障录波器属于调管设备，装置的投退应严格按照按调度命令进行操作。

（4）设备出现故障时，运行人员应及时填写设备缺陷单，并及时联系检查处理。

（5）设备装有手动录波和手动复归按钮。按下手动录波按钮时（正常运行中一般不使用），装置按照设定的录波参数录波，按下手动复归按钮可熄灭告警灯。

3．事故及异常处理

（1）当发现有异常（如通信故障、自检故障、装置异常）指示灯亮时，或者发现电源指示灯灭、主机死机等情况，应及时联系检修检查处理。

（2）常见的故障类型及原因。

1）微机故障录波器死机原因包括：电源故障；录波器内直流绝缘下降；硬盘损坏；程序运行出错。

2）微机故障录波器频繁误启动原因包括：接线错误；系统故障；定值整定错误。

3）微机故障录波器故障告警原因包括：打印机故障或未联机；打印机缺纸或卡纸；程序运行出错。

4.2.6 保护信息子站

继电保护故障及信息系统作为一个信息收集、整理和分析的平台，可以快速、简便、全面地获取故障信息。该系统的建设，有利于生产运行部门快速作出事故处理方案，优化生产调度与管理决策，防止信息不全误判断造成的事故扩大，减少电网的事故损失。保护信息子站如图4.12所示。

图 4.12　保护信息子站

4.2.6.1　功能与构成

1. 保护信息子站主要功能

（1）设备巡检与自检。发现设备有故障或有事件记录报告，自动整理并保存，重要事件自动上传至规定的调度中心。当发现自检故障时，发出告警信号。

（2）数据查询与检索。用户可以通过管理计算机随时查询厂站内任一台故障录波器的设备参数和录波数据，并以图形化进行显示和打印。

（3）数据格式转换。在数据上传调度端之前，应将不同的数据格式转换为标准格式。

（4）保护通信管理机连接厂站内的各种保护装置，完成通信转接和规约转换，并完成数据采集和分类检出等工作，通过网络直接传送至调度端。

（5）子站系统在增加、减少、调整保护装置时，系统不应修改任何软硬件，用户可自行完成。

（6）子站软件应具有编辑功能，可方便地生成电气主接线图，在主接线图上可定义相关的保护单元及开关量信息。其主接线图和相关的保护单元及开关量信息应能传送调度端，做到设备原始参数的唯一性。

（7）子站正常运行时显示主接线图及开关状态。

（8）子站系统应配置硬件防病毒措施，防止病毒通过电力数据专用网感染子站。

（9）远程通信。通过局域网与调度端进行双向通信，自动或人工上传报告，并接受调度端的访问直至调度端对某一设备的管理。

（10）时钟同步。子站系统采用接收厂站时间同步系统卫星时钟硬对时和监控系统（NCS）软件对时两种对时方式。

（11）信息发布。子站信息发布采用 WEB 技术，实现主站及相关系统对子站各种查询和操作。

2. 保护信息子站系统构成

（1）子站系统是连接站内设备包括故障录波装置、微机保护装置或保护管理机、安全控制装置，具有数据的采集、处理、存储、转发等基本功能，以及监控分析等后台功能。

（2）子站系统与保护装置和录波装置连接时应有光电隔离，连接采用插拔式接口。子站系统硬件设备单独组一面屏，组屏后不能影响故障录波装置和保护装置的独立运行性能。

4.2.6.2　标准依据

保护信息子站施工及运行必须遵照的相关标准及规范见表 4.12。

表 4.12　保护信息子站施工及运行的标准依据

序号	标　准　名　称	标准编号或计划号
1	电气装置安装工程盘、柜及二次回路接线施工及验收规范	GB 50171—2012
2	电气装置安装工程电气设备交接试验标准	GB 50150—2016
3	继电保护和安全自动装置技术规程	GB/T 14285—2006
4	电力系统安全自动装置设计规范	GB/T 50703—2011
5	地区电网调度自动化系统	GB/T 13730—2002

序号	标 准 名 称	标准编号或计划号
6	微机继电保护装置运行管理规程	DL 587—2007
7	电力系统微机继电保护技术导则	DL/T 769—2001
8	电力系统安全自动装置设计技术规定	DL/T 5147—2001

4.2.6.3 施工安全技术

1. 保护信息子站安装

（1）开箱检查，所有保护屏柜均应开箱检查。开箱前检验符合下列要求：

1）包装及密封是否良好，有无外观损伤、进水、受潮等现象。

2）设备是否损伤，附件、备件是否齐全。

3）产品的技术文件是否齐全，并交保管员登记保管。

4）做好开箱检查记录，并由有关人员签字认可。要求接线工整。

（2）保护屏柜的接地应牢固良好，装有供检修用的接地装置。

（3）保护屏柜的前后应留有足够的空间以便于日后开展维护工作。

（4）柜上设备应采用嵌入式或半嵌入式安装和背后接线。

（5）屏面上信号灯和复归按钮的安装位置应便于维护、运行监视和操作。

（6）屏上电源回路应采用能接 4mm² 截面电缆芯的端子，并且要求正、负极之间应有端子隔开。

（7）屏柜所有空气开关应设在门外。

（8）保护屏柜及屏柜内设备与各构件间连接应牢固。

（9）基础型钢的找平应采用垫铁找平，分段找平采用点焊，待整体找平后再进行最后焊接。

2. 保护信息子站的运输

（1）保护屏柜在搬运时应采取防震、防潮、防止框架变形和漆面受损等措施，必要时应将怕震和易损元件拆下单独包装运输，当产品有特殊要求时，应符合产品技术文件的规定。

（2）运输前应了解屏柜的组合，包装箱的大小、尺寸、重量，以配备必要的起重机具及运输车辆。

（3）运输前应了解道路的走径、路面的路况等做详细的勘探，并对不符合运输要求的路段做必要的修整，以保证屏柜设备的安全运输。

（4）运输前应了解天气的变化，避开雨、雪天，否则应采取措施以免影响施工进度的安排。

（5）利用起重机具吊装盘柜时，应有专职的起重人员，吊绳应设在制造厂规定的吊装点。

（6）屏柜在运输机具上应摆放平稳、合理，不得超重。并将屏柜用绳索固定牢靠，避免运输中盘柜翻倒。

（7）运输过程中运输车辆应平稳行驶，避免车辆行驶中紧急制动，遇有道路狭窄，车辆拥挤时，应有专人引导车辆。

4.2.6.4　运行安全技术

1. 保护信息子站运行

（1）检查子站各状态指示灯指示正常。

（2）检查子站柜后各电源开关投入正常。

（3）检查子站正面液晶显示器各监视窗口正常，无故障信息显示。

（4）检查子站打印机各部正常，无缺纸现象。

2. 保护信息子站检修

（1）工作需要拆开的线头，需在监护人的监护下应核对无误后逐个拆除，用绝缘胶布包好，并做好记录；恢复时履行同样的手续。

（2）参加检修工作的所有人员必须听从检修负责人的统一指挥，严禁擅离岗位，进入施工现场，检修人员必须穿戴齐全合格的劳动保护用品。

（3）保护信息子站属于调管设备，装置的投退应严格按照按调度命令进行操作。

（4）设备出现故障时，运行人员应及时填写设备缺陷单，并及时联系检查处理。

3. 事故及异常处理

（1）当发现有异常（如通信故障、自检故障、装置异常）指示灯亮时，或者发现电源指示灯灭、主机死机等情况，应及时联系检修检查处理。

（2）常见的故障类型及原因。

1）子站死机原因包括：电源故障；硬盘损坏；程序运行出错。

2）子站频繁误起动原因包括：接线错误；系统故障；

4.2.7　电能质量在线监测装置

电能质量在线监测设备主要是用电变电站或新能源发电领域，实施监测所测点的电能质量，包括电压、电流、频率、谐波、波动、闪变、功率等电能质量数据。特点是要一直运行在现场，进行"在线监测"，并把数据上传到后台软件进行分析。电能质量在线监测装置如图 4.13 所示。

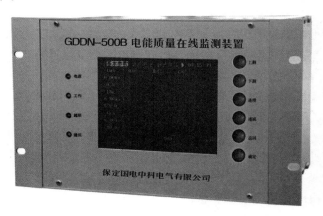

图 4.13　电能质量在线监测装置

4.2.7.1 功能与构成

1. 电能质量在线监测装置主要功能

（1）数据采集和分析。系统对在线电能质量监测装置及小电流接地装置数据进行采集、计算和过滤，并存储在中心数据库，供计算中心处理或用户查看。

（2）评估标准化。设备能够针对中国国家电能质量的系列标准，可以对设备的测量数据根据国标自动进行分析评估，可生成所有参数的历史曲线图、电能质量总览图、电压电流谐波频谱图以及电能质量的综合统计报表等。

（3）报表自动生成。报表格式和内容依据设定时间或事件触发生成，可根据报表诊断报表内容包括电能质量越限、电能质量标准满足情况等。

（4）自定义报警。可以灵活设定报警条件（单条件或复合条件），包括发电量、累计输出电量和设备故障等。报警信息历史记录可查询统计，并支持实时打印。

（5）专业化界面。专业化显示界面，提供整个系统同一时刻不同检测点的电能质量状态数据，并可以历史曲线图、电能质量总览图、电压电流谐波频谱图以及电能质量的综合统计报表等方式显示。

（6）保密权限。用于查看数据的权限限制，使数据不能随意查看，防止数据丢失。

（7）多通信方式。可使用以太网、RS232、RS485、电话线、光纤方式等连接到任意电脑。

2. 电能质量在线监测装置系统构成

系统总体结构包括电能质量监测装置和一个主站。主站将定时（可设置）召唤电能质量监测装置里的数据，并存储于主站数据库。电能质量监测系统应能提供对变电站的监测信息进行实时访问，同时对中心数据库的电能质量历史信息进行维护。一般包括：电能质量检测装置、通信服务子系统、数据库服务子系统、检测与分析平台系统、WEB 服务器子系统。

4.2.7.2 标准依据

电能质量在线监测装置必须遵照的相关标准及规范见表 4.13。

表 4.13 电能质量在线监测装置施工及运行的标准依据

序号	标 准 名 称	标准编号或计划号
1	电气装置安装工程电气设备交接试验标准	GB 50150—2016
2	继电保护和安全自动装置技术规程	GB/T 14285—2006
3	电能质量监测设备通用要求	GB/T 19862—2016
4	电力系统安全自动装置设计规范	GB/T 50703—2011
5	地区电网调度自动化系统	GB/T 13730—2002
6	微机继电保护装置运行管理规程	DL 587—2007
7	电能质量监测装置技术规范	DL/T 1227—2013
8	电力系统安全自动装置设计技术规定	DL/T 5147—2001

4.2.7.3　施工安全技术

1. 电能质量在线监测装置安装

（1）监测装置安装时，电压互感器二次回路线不应短路，电流互感器二次回路线不应开路，电压、电流互感器信号对应关系和相序应正确。

（2）监测装置的工作电源应配置熔断器或空气开关。

（3）监测装置的电压、电流输入回路应接入独立端子，电压回路应配置熔断器或空气开关。

（4）当电压互感器和配电变压器的二次侧采用 Y 接线方式时，应把中性线引出到监测装置的相应接线端子。

（5）当监测装置需经二次回路接引测量信号时，宜从测量回路接引测量信号，必要时需校核二次回路的负荷。

（6）应做好安装记录和信号电缆号码标记。

2. 电能质量在线监测装置的运输

（1）装置屏柜在搬运时应采取防震、防潮、防止框架变形和漆面受损等措施，必要时应将怕震和易损元件拆下单独包装运输，当产品有特殊要求时，应符合产品技术文件的规定。

（2）运输前应了解屏柜的组合，包装箱的大小、尺寸、重量，以配备必要的起重机具及运输车辆。

（3）运输前应了解道路的走径、路面的路况等做详细的勘探，并对不符合运输要求的路段做必要的修整，以保证屏柜设备的安全运输。

（4）运输前应了解天气的变化，避开雨、雪天，否则应采取措施以免影响施工进度的安排。

（5）利用起重机具吊装盘柜时，应有专职的起重人员，吊绳应设在制造厂规定的吊装点。

（6）屏柜在运输机具上应摆放平稳、合理，不得超重。并将屏柜用绳索固定牢靠，避免运输中盘柜翻倒。

（7）运输过程中运输车辆应平稳行驶，避免车辆行驶中紧急制动，遇有道路狭窄，车辆拥挤时，应有专人引导车辆。

4.2.7.4　运行安全技术

1. 电能质量在线监测装置运行

（1）检查装置温度、声音无异常，无异味。

（2）检查装置柜后各电源开关投入正常。

（3）检查装置正面液晶显示器各监视窗口正常，无故障信息显示。

（4）检查装置二次端子无松动、脱落、发热现象。

2. 电能质量在线监测装置检修

（1）需现场操作的监测装置，应严格按照运行规程和设备使用说明书进行操作，禁止对测量回路进行任意操作。

（2）互感器的变比变更后，应重新设定监测装置，并记录存档。

（3）运行人员应结合监测装置周期检定对相关二次回路进行清扫、端子紧固等。

（4）检修、维护时电压互感器二次回路不应短路，电流互感器二次回路不应开路。

（5）监测装置停用与拆除时应履行审批手续。

3. 事故及异常处理

（1）有下列情况之一者应按运行规程采取紧急措施，并上报：

1）装置声响明显增大。

2）装置冒烟或着火。

3）信号接入电缆有严重破损和放电现象。

4）危及到设备安全运行的其他故障。

（2）运行人员应对发生异常的设备及时进行维护和处理，并做详细记录。

（3）远程监视发现异常时，通知相关责任人检查处理。

4.2.8 同步向量测量装置（PMU）

同步向量测量装置用于进行同步相量的测量和输出以及进行动态记录的装置。核心特征包括基于标准时钟信号的同步相量沙量失去标准时钟信号的守时能力、与主站之间能够实时通信并遵循有关通信协议，是保障电网安全运行的重要设备。同步向量测量装置如图4.14 所示。

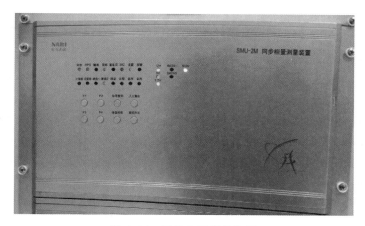

图 4.14　同步向量测量装置

4.2.8.1　类型和技术特性

1. 同步向量测量装置类别

同步向量测量装置分为集中式和分布式组合方式。

（1）集中式子站。集中式子站一般集中组屏，通信方式简单，通信电缆较少。适用于集中主控式的变电站及发电厂和电厂开关站，可以直接与多个主站通信。

（2）分布式子站。分布式子站能显著减少二次系统电缆长度，大大降低二次系统负载，工程设计灵活，降低安装工作量，提高测量精度。适用于规模很大或测量信号分散的发电厂和变电站。

2．技术特性

（1）同步性。相量测量装置必须以精确的同步时钟信号（如 GPS）作为采样过程的基准，使各个远方节点的相量之间存在着确定统一的相位关系。

（2）实时性。相量测量装置在高速通信系统的支撑下，能实时地将各种数据传送至多个主站，并接收各主站的相应命令。

（3）高速度。相量测量装置必须具有高速的内部数据总线和对外通信接口，以满足大量实时数据的测量、存贮和对外发送。

（4）高精度。相量测量装置必须具有足够高的测量精度，一般 A/D 需在 16 位及以上，装置测量环节产生的信号相移必须要进行补偿，装置的测量精度包括幅值和相角的精度。

（5）高可靠性。相量测量装置必须具备很高的可靠性，以满足未来的动态监控系统的可靠性要求。可靠性体现在两方面，一是装置运行的稳定性；二是记录数据的安全可靠性。

（6）大容量。相量测量装置必须具备足够大的存储容量，以保证能长期记录和保存相量数据、暂态数据。

4.2.8.2　标准依据

同步向量测量装置施工及运行必须遵照的相关标准及规范见表 4.14。

表 4.14　同步向量测量装置施工及运行的标准依据

序号	标 准 名 称	标准编号或计划号
1	电气装置安装工程盘、柜及二次回路结线施工及验收规范	GB 50171—2012
2	电气装置安装工程电气设备交接试验标准	GB 50150—2016
3	地区电网调度自动化系统	GB 13730—2002
4	继电保护和安全自动装置技术规程	GB/T 14285—2006
5	微机继电保护装置运行管理规程	DL/T 587—2007
6	继电保护和电网安全自动装置检验规程	DL/T 995—2016
7	电力系统微机继电保护技术导则	DL/T 769—2001
8	电力系统同步相量测量装置通用技术条件	DL/T 280—2012
9	电力系统安全自动装置设计技术规定	DL/T 5147—2001

4.2.8.3　施工安全技术

1．同步向量测量装置安装

（1）GPS 天线应尽量安置在空旷地带，周围 30m 内应没有高层建筑物，天线头与地面保持垂直。铺设天线电缆时应尽量避开强电磁场，以免对 GPS 信号造成干扰。

（2）装置的工作电源应配置熔断器或空气开关。

（3）装置的接地端子必须可靠接地。

（4）屏柜及屏柜内设备与各构件间连接应牢固。

（5）柜体的基础型钢的找平应采用垫铁找平，分段找平采用点焊，待整体找平后再进行最后焊接。

（6）应做好安装记录和信号电缆号码标记。

2. 同步向量测量装置的运输

（1）装置屏柜在搬运时应采取防震、防潮、防止框架变形和漆面受损等措施，必要时应将怕震和易损元件拆下单独包装运输，当产品有特殊要求时，应符合产品技术文件的规定。

（2）运输前应了解屏柜的组合，包装箱的大小、尺寸、重量，以配备必要的起重机具及运输车辆。

（3）运输前应了解道路的走径、路面的路况等做详细的勘探，并对不符合运输要求的路段做必要的修整，以保证屏柜设备的安全运输。

（4）运输前应了解天气的变化，避开雨、雪天，否则应采取措施以免影响施工进度的安排。

（5）利用起重机具吊装盘柜时，应有专职的起重人员，吊绳应设在制造厂规定的吊装点。

（6）屏柜在运输机具上应摆放平稳、合理，不得超重。并将屏柜用绳索固定牢靠，避免运输中盘柜翻倒。

（7）运输过程中运输车辆应平稳行驶，避免车辆行驶中紧急制动，遇有道路狭窄，车辆拥挤时，应有专人引导车辆。

4.2.8.4 运行安全技术

1. 同步向量测量装置运行

（1）检查装置温度、声音无异常，无异味。

（2）检查装置柜后各电源开关投入正常。

（3）检查装置正面液晶显示器各监视窗口正常，无故障信息显示。

（4）检查装置二次端子无松动、脱落、发热现象。

2. 同步向量测量装置检修

（1）在装置带电时，不允许插入或拔出印刷电路板，否则可能导致装置不正确动作。

（2）当把装置输出的接点连接到外部回路时，须仔细检查所用的外部电源电压，以防止所连接的回路过热。

（3）运行人员应结合装置周期检定对相关二次回路进行清扫、端子紧固等。

（4）检修、维护时电压互感器二次回路不应短路，电流互感器二次回路不应开路。

（5）装置停用与拆除时应履行审批手续。

3. 事故及异常处理

（1）有下列情况之一者应按运行规程采取紧急措施，并上报：

1）装置声响明显增大。

2）装置冒烟或着火。

3）信号接入电缆有严重破损和放电现象。

4）危及到设备安全运行的其他故障。

（2）运行人员应对发生异常的设备及时进行维护和处理，并做详细记录。

（3）远程监视发现异常时，通知相关责任人检查处理。

4.2.9　时钟对时系统

时钟同步系统是一种能接收外部时间基准信号，并按照要求的时间精度向外输出时间同步信号和时间信息的系统，它能使网络内其他时钟对准并同步。时钟对时系统如图4.15 所示。

图 4.15　时钟对时系统

4.2.9.1　类型与应用

1. 时钟对时系统类型

目前我国电力系统采用的基准时钟源主要分为两种：一种是高精度的原子钟，另一种是全球定位系统导航卫星（GPS）发送的无线标准时间信号。对时方式主要有 3 种。

（1）脉冲对时方式。它主要有秒脉冲信号（每秒一个脉冲）和分脉冲信号（每分钟一个脉冲）硬对时方式。其中，秒脉冲是利用 GPS 所输出的每秒一个脉冲方式进行时间同步校准，获得与世界标准时（UTC）同步的时间精度，上升沿时刻的误差不大于 $1\mu s$。分脉冲是利用 GPS 所输出的每分钟一个脉冲的方式进行时间同步校准，获得与 UTC 同步的时间精度，上升沿时刻的误差不大于 $3\mu s$。

（2）编码对时方式。目前国内变电站自动化系统中普遍采用的编码对时信号为美国靶场仪器组码 IRIG（Inter Range Instrumentation Group，简称 IRI）。IRIG 串行时间码共有 6 种格式，即 A、B、D、E、G、H，其中 B 码应用最为广泛，有调制和非调制两种。调制美国靶场仪器组码 IRIG - B 输出的帧格式是每秒输出 1 帧。每帧有 100 个代码，包含秒段、分段、小时段、日期段等信号。非调制美国靶场仪器组码 IRIG - B 信号是一种标准的 TTL 电平，适合传输距离不长的场合。

（3）网络对时方式。网络对时是依赖变电站自动化系统的数据网络提供的通信信道，以监控时钟或 GPS 为主时钟，将时钟信息以数据帧的形式发送给各个授时装置。被授时装置接收到报文后，通过解析帧获得当时的时刻信息，以校正自己的时间，达到与主时钟时间同步的目的。

2. 时钟对时系统应用

目前智能变电站配置一套公用的时间同步系统，主时钟双重化配置，支持北斗系统和GPS 系统单向标准授时信号，优先采用北斗系统，时钟同步精度和守时精度满足站内所有设备的对时精度要求，站控层设备采用 SNTP 网络对时方式，间隔层和过程层设备采用 IRIG - B（DC）码对时方式，预留 IEC 61588 接口。

4.2.9.2 标准依据

时钟对时系统施工及运行必须遵照的相关标准及规范见表4.15。

表 4.15 时钟对时系统施工及运行的标准依据

序号	标 准 名 称	标准编号或计划号
1	电气装置安装工程盘、柜及二次回路接线施工及验收规范	GB 50171—2012
2	电气装置安装工程电气设备交接试验标准	GB 50150—2016
3	继电保护和安全自动装置技术规程	GB/T 14285—2006
4	电力系统安全自动装置设计规范	GB/T 50703—2011
5	地区电网调度自动化系统	GB/T 13730—2002
6	微机继电保护装置运行管理规程	DL 587—2007
7	继电保护和电网安全自动装置检验规程	DL/T 995—2016
8	电力系统微机继电保护技术导则	DL/T 769—2001
9	电力系统的时间同步系统 第1部分：技术规范	DL/T 1100.1—2009
10	电力系统安全自动装置设计技术规定	DL/T 5147—2001

4.2.9.3 施工安全技术

1. 时钟对时系统安装

（1）天线的安装位置必须有利于收到卫星的无线信号。选择室外的一个相对于圆视野无阻挡的位置，比较理想的位置是自身建筑物的楼顶或者一个专业的天线塔。

（2）对时装置安装时需要考虑天线馈线的长度因素。

（3）装置的接地端子必须可靠接地。

（4）保护屏柜及屏柜内设备与各构件间连接应牢固。

（5）对时装置的柜体的基础型钢的找平应采用垫铁找平，分段找平采用点焊，待整体找平后再进行最后焊接。

（6）天线的安装需要考虑防雷问题。

2. 时钟对时系统的运输

（1）对时装置屏柜在搬运时应采取防震、防潮、防止框架变形和漆面受损等措施，必要时应将怕震和易损元件拆下单独包装运输，当产品有特殊要求时，应符合产品技术文件的规定。

（2）运输前应了解屏柜的组合，包装箱的大小、尺寸、重量，以配备必要的起重机具及运输车辆。

（3）运输前应了解道路的走径、路面的路况等做详细的勘探，并对不符合运输要求的路段做必要的修整，以保证屏柜设备的安全运输。

（4）运输前应了解天气的变化，避开雨、雪天，否则应采取措施以免影响施工进度的安排。

（5）利用起重机具吊装盘柜时，应有专职的起重人员，吊绳应设在制造厂规定的吊装点。

（6）屏柜在运输机具上应摆放平稳、合理，不得超重。并将屏柜用绳索固定牢靠，避免运输中盘柜翻倒。

（7）运输过程中运输车辆应平稳行驶，避免车辆行驶中紧急制动，遇有道路狭窄，车辆拥挤时，应有专人引导车辆。

4.2.9.4　运行安全技术

1. 时钟对时系统运行

（1）检查装置温度、声音无异常，无异味。

（2）检查装置电源开关投入正常。

（3）检查装置正面液晶显示器各监视窗口正常，无故障信息显示。

（4）检查装置面板指示灯指示正常。

（5）检查扩展时钟上显示接收信号正常，显示时间与主时钟同步。

2. 时钟对时系统检修

（1）定期对主时钟、卫星接收蘑菇头、扩展时钟装置以及装置内的插件进行卫生清扫。

（2）定期开展装置电源切换试验。

（3）检修工作开始前，确认主时钟和扩展时钟停电。所有工作人员都清楚作业内容、标准及安全注意事项。

（4）全部工作完毕，清扫、整理现场，清点工具及回收材料，对设备运行状态正确性检查。

3. 事故及异常处理

（1）当发现有异常（如通信故障、自检故障、装置异常）指示灯亮时，或者发现电源指示灯灭、主机死机等情况，应及时联系检修检查处理。

（2）对时不准确主要有如下原因：

1）CPU 板故障。

2）参数设置错误。

3）天线故障。

4.2.10　关口计量系统

关口计量系统电能量远方终端、电能表计、通信线路和电能量管理主站组成。用于变电站、发电厂等高压关口电能量数据的采集、处理、发送，配合主站端数据处理系统，完成电能量自动抄表，实现电能量远方计量。关口计量系统如图 4.16 所示。

图 4.16　关口计量系统

4.2.10.1　构成和技术特性

1. 电能量计量系统构成

电能量计量系统由 0 电能量远方终端、电能表计、通信线路和电能量管理主站构成。电能量远方终端安装在变电站内，采集各路电能表（数字智能电能表或脉冲电能表）电能量或开关变位等遥信量，并进行预处理、存储，经拨号电话、专线、网络、无线等方式传送给主站；主站可以随时或定时召唤、抄取终端数据，进行处理，形成各类报表、曲线和历史数据库等。

2. 技术特性

（1）电能量计量系统是一个独立完整的系统，保证电能量的采集、传送、处理过程的可靠性、唯一性、准确性和连续性。

（2）电能量采集精度要求高，由于电能量是一个累计值，因此即使是微小的误差日积月累后也会达到难以置信的程度，此累积值就是经济上的亏损，因此，计量精度的选择原则应是容量越大精度越高，大容量的电厂和输电线宜使用 0.2 级及以上的精度的电能表计。

（3）关口点的设置要遵循唯一性原则，不能出现多数据来源的情况。

4.2.10.2 标准依据

关口计量系统施工及运行必须遵照的相关标准及规范见表 4.16。

表 4.16 关口计量系统施工及运行的标准依据

序号	标 准 名 称	标准编号或计划号
1	电气装置安装工程盘、柜及二次回路接线施工及验收规范	GB 50171—2012
2	电气装置安装工程电气设备交接试验标准	GB 50150—2016
3	电力系统安全自动装置设计规范	GB/T 50703—2011
4	继电保护和安全自动装置技术规程	GB/T 14285—2006
5	微机继电保护装置运行管理规程	DL/T 587—2007
6	电能量远方终端	DL/T 743—2001
7	电力系统微机继电保护技术导则	DL/T 769—2001

4.2.10.3 施工安全技术

1. 关口计量设备安装

（1）互感器二次计量回路的连接导线应采用铜质单芯绝缘线。

（2）电流互感器二次端子与电能表之间的连接应采用分相独立回路的接线方式。

（3）互感器二次计量回路 L_1、L_2、L_3、N 相连接线应分别采用黄、绿、红、黑色线，接地线为黄与绿 双色线，并安装试验（联合）接线盒。接线盒的端盖应为在铅封后无法触及端子的结构。

（4）计量用二次导线由电压、电流互感器二次接线端子宜直接接至电能计量柜（屏）内的端子排后至联合接线盒，中间不得有任何辅助接点（除电压切换装置外）。

（5）电压互感器二次计量回路可经端子箱接至电能计量柜（屏）内的端子排，端子箱内可装设快速熔断器（或开关）。电能计量柜（屏）的选用应考虑到便于检验与维护。

2. 关口计量设备的运输

（1）装置在搬运时应采取防震、防潮、防止框架变形和漆面受损等措施，必要时应将怕震和易损元件拆下单独包装运输，当产品有特殊要求时，应符合产品技术文件的规定。

（2）运输前应了解装置的组合，包装箱的大小、尺寸、重量，以配备必要的起重机具及运输车辆。

（3）运输前应了解道路的走径、路面的路况等做详细的勘探，并对不符合运输要求的路段做必要的修整，以保证屏柜设备的安全运输。

（4）运输前应了解天气的变化，避开雨、雪天，否则应采取措施以免影响施工进度的安排。

（5）运输过程中运输车辆应平稳行驶，避免车辆行驶中紧急制动，遇有道路狭窄，车辆拥挤时，应有专人引导车辆。

4.2.10.4　运行安全技术

1．电能量计量系统运行

（1）电能量采集装置巡检内容。

1）检查装置装置交、直流电源开关投入。

2）检查装置电源开关投入。

3）检查各电源指示灯亮，运行灯指示灯闪烁。

4）查看装置当前时间应与系统主站一致。

5）查看采集通道信息应正确。

6）查看当前电表即时采集情况正常。

7）查看当前电表的即时数据信息完好。

8）检查标识齐全完整。

（2）关口电能表巡检内容。

1）检查电能表外观正常，无损坏现象。

2）检查电能表电流电压线接线牢固，无松动现象，无火花现象。

3）检查电能表中电流电压三相均显示正常。

2．电能量计量系统检修

（1）检修、维护人员应结合装置周期检定对相关二次回路进行清扫、端子紧固等。

（2）检修、维护时电压互感器二次回路不应短路，电流互感器二次回路不应开路。

（3）电能表计应按照有关标准定期开展校验。

3．事故及异常处理

（1）如果要查询电能量采集装置的数据只显示"——"或全"FF"，则表示数据没采到或通信出错，通知维护人员处理。

（2）电能量采集装置液晶屏幕无显示时的处理。

1）检查电源是否接入，电源电压是否正确。

2）如果电源工作正常，液晶屏幕无法显示通知维护人员处理。

（3）电能表的故障处理。

1）当发现电能表走得慢时，检查电压线是否松动，或空开断开，合上空气开关或经二次人员电压线处理正常后，同时向中调电能量管理部门汇报有关情况，并要求补偿电量。

2）检查 TA 回路是否存在开路现象，如有 TA 回路开路情况，对机组电能表进行检查，将机组有无功负荷将至零后，断开有关开关，恢复受影响的厂用电，汇报集控中心，同时向中调电能量管理部门汇报有关情况，并要求补偿电量。

4.2.11 GIS设备局放监测系统

GIS设备故障很少，但万一发生故障后果非常严重。GIS设备的检修工作比较繁杂，时间长，其停电范围有时涉及非故障元件，而且检修工艺要求十分精细，稍有不慎就可能会造成检修质量问题。因此，采用不解体的方法从外部对设备运行进行状态评估，即对GIS设备状态进行监测及检修很有相当重要和迫切的需求。GIS局放监测系统如图4.17所示。

图 4.17　GIS 设备局放监测系统

4.2.11.1 类型和技术特性

1. GIS 局放监测系统类型

（1）电测法。

1）耦合电容法，又称脉冲电流法，该法结构简单，便于实现。但现场测试时外壳上的电容电极耦合探测局放无法识别，该信号与多种噪声混杂在一起，因此此方法的使用推广受到限制。

2）超高频法，其主要优点是灵敏度高并通过放电源到不同传感器的时间差对放电源精确定位。但对传感器的要求很高，此法成本昂贵。

（2）非电测法。

1）超声波监测法。由于GIS内部产生局放时会产生冲击振动及声音，因此可用腔体外壁上安装的超声波传感器测量局放量 Q。它是目前除 UHF 法外最成熟的 PD 监测方法，抗电磁干扰性能好，但由于声音信号在 SF_6 气体中的传输速率很低（约 140m/s），信号通过不同物质时传播速率不同，不同材料的边界处还会产生反射，因此信号模式很复杂，且其高频部分衰减很快，要求操作人员须有丰富经验或受过良好的培训，另外，长期监测时需要的传感器较多现场使用很不方便。

2）化学监测法。通过分析 GIS 中局放所引起的气体生成物的含量变化来确定局放的程度，但 GIS 中的吸附剂和干燥剂会影响化学方法的测量；断路器正常开断时产生的电弧的气体生成物也会产生影响；脉冲放电产生的分解物被大量 SF_6 气体稀释，因此用化学方法监测 PD 的灵敏度很差。另外该方法不能作为长期监测的方法来使用。

3）光学监测法。内置的光电倍增器可监测到甚至一个光子的发射，但由于射线被 SF_6 气体和玻璃强烈地吸收，因此可能有"死角"出现。该法监测已知位置的放电源较有效，不具备完全定位优不故障能力，且由于 GIS 内壁光滑而引起反射带来的影响使灵敏度不高。

2．技术特性

（1）GIS 局放监测系统是一个独立完整的系统，保证电能量的采集、传送、处理过程的可靠性、唯一性、准确性和连续性。

（2）电能量采集精度要求高，由于电能量是一个累计值，因此即使是微小的误差日积月累后也会达到难以置信的程度，此累积值就是经济上的亏损，因此，计量精度的选择原则应是容量越大精度越高，大容量的电厂和输电线宜使用 0.2 级及以上的精度的电能表计。

（3）关口点的设置要遵循唯一性原则，不能出现多数据来源的情况。

4.2.11.2　标准依据

GIS 局放监测系统施工及运行必须遵照的相关标准及规范见表 4.17。

表 4.17　GIS 局放监测系统施工及运行的标准依据

序号	标 准 名 称	标准编号或计划号
1	电气装置安装工程盘、柜及二次回路结线施工及验收规范	GB 50171—2012
2	电气装置安装工程电气设备交接试验标准	GB 50150—2016
3	局部放电测量	GB/T 7354—2003
4	高电压试验技术第一部分一般试验要求	GB/T 16927—1997
5	高电压试验技术 第 2 部分：测量系统	GB/T 16927.2—2013
6	高电压试验技术 第 1 部分：一般定义及试验要求	GB/T 16927.1—2011
7	电力设备局部放电现场测量导则	DL 417—2006
8	电力系统微机继电保护技术导则	DL/T 769—2001

4.2.11.3　施工安全技术

1．GIS 局放监测系统安装

（1）监测单元机箱应采取必要的防静电及电磁辐射干扰的防护措施，机箱的不带电的金属部分应在电气上连成一体，并可靠接地。

（2）监测单元机箱表面不应有机械损伤、划痕、裂缝、变形，机箱应为不锈钢或铝合金材料。

（3）柜内各底板、挡板、零部件固定牢固，无毛刺，螺栓平整，键盘、按钮等控制部件应灵活，面板的显示和标志应清楚。

（4）电气及通信电缆线路连接牢固，走向合理、美观，各连接卡套贴有标记，各焊接点裸露部分套有热缩管；电源进线贴有强电标志。

（5）监测单元应有金属机箱保护，机箱开启灵活、匹配紧密，箱内无灰尘、杂物。机箱内部要求要防潮。

（6）外置式局放信号检测传感器尺寸大小与 GIS 相配套，不影响 GIS 的正常运行。

2. 关口计量设备的运输

（1）装置在搬运时应采取防震、防潮、防止框架变形和漆面受损等措施，必要时应将怕震和易损元件拆下单独包装运输，当产品有特殊要求时，应符合产品技术文件的规定。

（2）运输前应了解装置的组合，包装箱的大小、尺寸、重量，以配备必要的起重机具及运输车辆。

（3）运输前应了解道路的走径、路面的路况等做详细的勘探，并对不符合运输要求的路段做必要的修整，以保证屏柜设备的安全运输。

（4）运输前应了解天气的变化，避开雨、雪天，否则应采取措施以免影响施工进度的安排。

（5）运输过程中运输车辆应平稳行驶，避免车辆行驶中紧急制动，遇有道路狭窄，车辆拥挤时，应有专人引导车辆。

4.2.11.4 运行安全技术

1. GIS 局放监测系统运行

（1）运行人员经培训后方可对在线监测系统软件进行操作。应掌握软件操作相关术语以及传感器、集中器功能。

（2）运行人员在对在线监测系统进行操作过程中应严格按照使用说明书的要求来操作。不得随意删减系统内部的程序软件，这样会导致系统无法正常运行。

（3）运行人员应每天从远端记录调取的监测数据，并保存下来，每次操作结束后都做好记录。

（4）每天进行记录时要注意与前一天记录数据的比较，注意对数据变化趋势的分析、判断。

（5）对于数据不能刷新、不发生变化的变电站 GIS 局放在线监测设备要及时派检修人员进行原因的查找。

（6）运行人员应定期的检查巡视在线监测系统设备，及时发现问题，尽快处理。

（7）若发现在线监测系统报警，应及时查看报警点并做好记录，报告相关负责人。在做好一切记录后在系统上的实时监控界面清闪。

2. GIS 局放监测系统检修

（1）值班人员不得自行拆解在线监测系统相关装置，需由生产厂家派专业技术人员进行维护。

（2）在生产厂家进行维护的过程中，值班人员应做好安全监督，安全防范工作。

（3）检修人员应每半年对 GIS 局放在线监测系统的传感器、集中器、后台进行巡视，巡视可以采用打火器进行传感器、集中器是否正常的监测，在距离传感器一米的位置进行打火试验，后台工作站采集到的放电信号幅值应基本相同。

（4）检修人员应定期对 GIS 局放在线监测系统的传感器、集中器、后台进行校验，校验周期为 3 年一次，主要校验传感器、集中器、后合工作电源、连接线的接触是否良好等。

3. 事故及异常处理

（1）单个监测点数据长时间不变，可能的原因如下：

1）传感器失电。

2）集中器给传感器供电电源失电。

3）传感器与集中器之间的连接尾纤连接不好。

4）光纤板与主板之间的同轴线接触不良。

5）传感器损坏。

6）主板处理芯片损坏。

（2）多个监测点数据长时间不变，可能的原因如下：

1）通信中断。

2）集中器主板电源失电。

3）光电转换板失电。

4）光电转换板损坏。

5）光纤尾纤损坏。

6）光缆损坏。

7）后台处光电转换板或者以太网通信线接触不良。

（3）当某个通道报警时，判断是否为 GIS 设备内部局放信号应注意：

1）将传感器用具有屏蔽功能的屏蔽布包裹，看采集放电量幅值的数据是否变为零，如果变为零或者幅值很小证明是外部干扰。

2）将传感器包裹后幅值变化不大。原因有三个：一是集中器主板问题；二是真的有内部局放信号；三是外部干扰通过其他未屏蔽的盆式绝缘子进入到传感器。这种情况要采用便携式 GIS 局放检测仪进行甄别，判断是否是内部局放信号。

3）观察报警是否有一定的时间规律，如果有时间规律证明是外部干扰的可能性比较大。

4.2.12　SF$_6$微水在线监测系统

SF$_6$气体微水监测系统主要用于监测充气设备内部 SF$_6$气体的微水、密度、温度及其变化趋势，一般是将露点传感器和密度传感器集中到一个装置中，将装置和 SF$_6$气路连通后实现对微水、密度、压力等的测量，其传感器的测量精度一般都能满足分析要求。SF$_6$监测装置关键是使传感器的气体平衡周期更短和确保不影响一次设备的安全。因此，其装置结构和安装形式是非常重要的。SF$_6$微水在线监测系统如图 4.18 所示。

4.2.12.1　构成和技术特性

1. SF$_6$微水在线监测系统构成

系统由主机、采集单元、后台软件及扩展构件构成。主机和采集单元之间通过电缆连接。采集单元通过三通阀门与被监控的设备相连，同时提供设备补气口，采集单元内部的采样

图 4.18　SF$_6$微水在线监测系统

池也采用了内循环技术，可实时测量设备内 SF$_6$的微水、压力和温度等相关参数，实现实时显示及与主机的通信和数据交换。主机在分时提取了各个采集单元的数据后，将数据上

传至后台计算机处理，同时可接受后台的指令，实现实时采样等动作。

2. 技术特性

（1）无排放，环保，经济，安全，可靠。

（2）在线监测 SF_6 断路器或组合电器中微水、密度、温度等参数。

（3）实现微水的压力与温度补偿、密度的温度补偿，使微水与密度数据真实可靠。

（4）不影响主设备状态下投运退出，不影响主设备的工况。

（5）全封闭设计，防水防尘，抗高频干扰，适用于室内外。

（6）安装拆卸方便，节省维护费用。

4.2.12.2 标准依据

SF_6 微水在线监测系统施工及运行必须遵照的相关标准及规范见表 4.18。

表 4.18 SF_6 微水在线监测系统施工及运行的标准依据

序号	标 准 名 称	标准编号或计划号
1	电气装置安装工程电气设备交接试验标准	GB 50150—2016
2	电气装置安装工程盘、柜及二次回路结线施工及验收规范	GB 50171—2012
3	六氟化硫电气设备中气体管理和检验导则	GB/T 8905—2012
4	高电压试验技术第 2 部分测量系统	GB/T 16927.2—2013
5	高电压试验技术 第 1 部分：一般定义及试验要求	GB/T 16927.1—2011
6	电力系统微机继电保护技术导则	DL/T 769—2001
7	电力设备预防性试验规程	DL/T 596—2005

4.2.12.3 施工安全技术

1. GIS 局放监测设备安装

（1）SF_6 检测仪通过三通安装于 GIS、断路器气体监测口或原密度继电器补气口。安装时，检测仪首先应安装在选定的三通上。

（2）三通安装检查断路器气体监测口或原密度继电器补气口是否洁净无损，发现有缺损时，必须更换。用酒精棉球擦拭连接两面并吹干。检查三通阳头或阴头金属表面是否洁净无损。发现有缺损时，必须更换。

（3）三通与断路器气体监测口、三通与传感器连接处应严格检漏，发现有漏气时应拆下，检查原因。

（4）电气及通信电缆线路连接牢固，走向合理、美观，各连接卡套贴有标记。

2. GIS 局放监测设备的运输

（1）装置在搬运时应采取防震、防潮、防止框架变形和漆面受损等措施，必要时应将怕震和易损元件拆下单独包装运输，当产品有特殊要求时，应符合产品技术文件的规定。

（2）运输前应了解装置的组合，包装箱的大小、尺寸、重量，以配备必要的起重机具及运输车辆。

（3）运输前应了解道路的走径、路面的路况等做详细的勘探，并对不符合运输要求的路段做必要的修整，以保证屏柜设备的安全运输。

（4）运输前应了解天气的变化，避开雨、雪天，否则应采取措施以免影响施工进度的安排。

（5）运输过程中运输车辆应平稳行驶，避免车辆行驶中紧急制动，遇有道路狭窄，车辆拥挤时，应有专人引导车辆。

4.2.12.4　运行安全技术

1. SF_6 微水在线监测系统运行

（1）运行人员经培训后方可对在线监测系统软件进行操作。应掌握软件操作相关术语以及传感器、集中器功能。

（2）运行人员在对在线监测系统进行操作过程中应严格按照使用说明书的要求来操作。不得随意删减系统内部的程序软件，这样会导致系统无法正常运行。

（3）对于数据不能刷新、不发生变化的在线监测设备要及时派检修人员进行原因的查找。

（4）运行人员应定期的检查巡视在线监测系统设备，及时发现问题，尽快处理。

（5）若发现在线监测系统报警，应及时查看报警点并做好记录，报告相关负责人。在做好一切记录后在系统上的实时监控界面清闪。

2. SF_6 微水在线监测系统检修

（1）值班人员不得自行拆解在线监测系统相关装置，需由生产厂家派专业技术人员进行维护。

（2）在生产厂家进行维护的过程中，值班人员应做好安全监督，安全防范工作。

（3）若发生 SF_6 气体泄漏时，检修人员应做好相应防护措施，防止中毒。

（4）检修时，人员应与运行设备保持安全距离，不得随意进入与工作无关的区域。

（5）检修结束后应做到工完料尽场地清，保持施工前原貌，恢复现场。

3. 事故及异常处理

（1）显示屏不亮的原因如下：

1）电源线接触不良。

2）显示屏故障。

（2）仪器安装完毕后，微水长期不下降的原因如下：

1）三通与气室连接管路长短和管路通径。管路越长，通径越小，动态平衡的时间就越长。

2）变送器在安装前是否长时间暴露在空气中，暴露的时间越长，空气湿度越大，动态平衡的时间就越长。

3）抽真空未按要求进行，动态平衡的时间就越长。

4）三通和连接管路有微漏。

4.2.13　主变油在线监测系统

主变油在线监测系统可以实现对主变设备状态的连续监测，其检验周期可以短到数分钟一次，利于及早发现故障征兆，并及早采取纠正措施，这样即可测量人工测量所需的工作量，又可减少了故障漏报的风险和损失，为变压器的运行提供保障。利用气相色谱分析变压器油中溶解气体组分及含量来判断变压器潜在性故障，已作为变压器维护、监督的有效手段而得到应用和推广。通过变压器油中气体的色谱分析这种化学监测的方法，在不停电的情况下，对发现变压器内部的某些潜伏性故障及其发展程度的早期诊断非常灵敏而有效。主变油在线监测系统如图4.19所示。

图 4.19　主变油在线监测系统

4.2.13.1　构成和技术特性

1. 主变油在线监测系统构成

变压器油色谱在线监测系统由在线色谱监测柜（内带 10 L 载气钢瓶）、后台监控主机、油色谱在线分析及故障诊断专家系统软件、变压器阀门接口组件以及不锈钢油管几部分构成，主要包含了气体采集模块、气体分离模块、气体检测及数据采集模块、图谱分析模块等。

2. 技术特性

（1）全微机化操作。实现了监测器控制、监测周期自动设置等全微机操作，使操作极为方便。

（2）高灵敏度的气体传感器。采用性能优秀的高灵敏度的电化学传感器，使分析结果的灵敏度大大提高。

（3）自诊断功能。根据国标提供的监测标准，实现了在线故障诊断功能。

（4）操作使用简单。

4.2.13.2　标准依据

主变油在线监测系统施工及运行必须遵照的相关标准及规范见表4.19。

表 4.19　主变油在线监测系统施工及运行的标准依据

序号	标　准　名　称	标准编号或计划号
1	电气装置安装工程盘、柜及二次回路结线施工及验收规范	GB 50171—2012
2	电气装置安装工程电气设备交接试验标准	GB 50150—2016
3	变压器油中溶解气体分析和判断导则	GB 7252—2001
4	运行中变压器油的维护管理规定	GB/T 14542—2005
5	高电压试验技术第一部分：一般试验要求	GB/T 16927.1—2011
6	电力系统微机继电保护技术导则	DL/T 769—2001
7	电力设备预防性试验规程	DL/T 596—2005
8	变压器油中溶解气体分析和判断导则	DL/T 722—2014

4.2.13.3　施工安全技术

1. 主变油在线监测设备安装

（1）系统的弱电信号或控制回路宜选用专用的阻燃型铠装屏蔽电缆，电缆屏蔽层的型式宜为铜带屏蔽。电缆截面宜符合以下要求：

1）模拟量及脉冲量弱电信号输入回路电缆应选用对绞屏蔽电缆，芯线截面不小于 $1.0mm^2$。

2）开关量信号输入电缆可选用外部总屏蔽电缆，输入回路芯线截面不小于 $1.0mm^2$。

（2）系统的户外通信介质应选用光缆。光缆芯数应满足状态监测系统通信要求，并留有备用芯，传输速率应满足状态监测系统实时性要求。光端设备应具有光缆检测故障及告警功能。当采用铠装光缆时，应对其抗扰性能进行测试。

（3）光缆宜与其他电缆分层敷设。

（4）设备的安排及端子排的布置，应保证各套装置的独立性，在一套装置检修时不影响其他任何一套装置的正常运行。

（5）系统配置一面现地控制柜，在主变油箱回油管路上安装主变油色谱在线监测系统取样装置，油信号经分离处理后接入本柜 IED 装置进行数据采集和处理，并由此柜通信接口装置接入继保室状态监测系统站控层设备柜，柜内二次设备配置应保证能正常转接、检修调试、试验等功能。

2. 主变油在线监测设备的运输

（1）装置在搬运时应采取防震、防潮、防止框架变形和漆面受损等措施，必要时应将怕震和易损元件拆下单独包装运输，当产品有特殊要求时，应符合产品技术文件的规定。

（2）运输前应了解装置的组合，包装箱的大小、尺寸、重量，以配备必要的起重机具及运输车辆。

（3）运输前应了解道路的走径、路面的路况等做详细的勘探，并对不符合运输要求的路段做必要的修整，以保证屏柜设备的安全运输。

（4）运输前应了解天气的变化，避开雨、雪天，否则应采取措施以免影响施工进度的安排。

（5）运输过程中运输车辆应平稳行驶，避免车辆行驶中紧急制动，遇有道路狭窄，车辆拥挤时，应有专人引导车辆。

4.2.13.4 运行安全技术

1. 主变油在线监测系统运行

（1）运行人员相关人员应定期巡检，根据采样方式与时间定期查看数据是否正常。

（2）运行人员在进行电源切换时应及时检查系统工作是否正常。

（3）定期巡检载气使用情况是否正常。

（4）检查气路油路密封性。

（5）检查进出油口阀门处于常开状态。

2. 主变油在线监测系统检修

（1）值班人员不得自行拆解在线监测系统相关装置，需由生产厂家派专业技术人员进行维护。

（2）在生产厂家进行维护的过程中，值班人员应做好安全监督，安全防范工作。

（3）检修时，人员应与运行设备保持安全距离，不得随意进入与工作无关的区域。

（4）检修结束后应做到工完料尽场地清，保持施工前原貌，恢复现场。

3. 事故及异常处理

（1）如发现输油管路严重漏油或油管处有破裂，请及时关闭在变压器上进出两个阀门并切断数据采集器电源，通知检修人员。

（2）如气瓶内压力突然下降的很快则有可能是某处漏气，也请及时通知检修人员；如气瓶内压力表指示低于1MPa，需关闭数据采集器电源，通知检修人员更换载气。

（3）系统死机、断电后的处理。现场设备在数据采集发生死机、断电等问题时，需重新启动系统，并运行监控系统，一般即可恢复检测，基本对系统没有影响。

4.2.14 远动系统

远动系统是为了完成调度与变电站之间各种信息的采集并实时进行自动传输和交换的自动装置系统。它是电力系统调度综合自动化的基础。变电站的远动装置在远动系统中称为发送（执行）端。远动系统如图 4.20 所示。

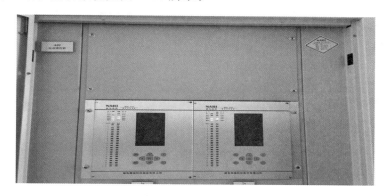

图 4.20　远动系统

4.2.14.1 功能和技术特性

1. 远动系统功能

（1）遥测（YC）。远动终端将采集到的厂站运行参数按规约上传给调度中心。包括有功、无功、电压、电流、温度等，容量达几十到上百路。

（2）遥信（YX）。远动终端将采集到厂站运行状态按规约上传给调度中心。包括：断路器和刀闸的位置信号、继电保护和自动装置的位置信号、发电机和远动装置的运行状态。容量达几十到上百路。

（3）遥控（YK）。调度中心发给远动终端的改变设备运行状态的命令。包括：操作厂站各电压等级的断路器、投切 SVG、发电机组的启停等。容量可达几十个设备。

（4）遥调（YT）。调度中心发给远动终端的调整设备运行参数的命令。包括：改变变压器分接头位置（调压）、改变发电机组有功或无功的整定值（调节出力）、自动装置整定值的设定等。容量可达几个到十几个设备。

2. 技术特性

（1）多 CPU 结构，强大的处理能力，丰富的资源。

（2）设计可靠、经济、有效。

（3）通信配置灵活多样。

（4）支持网络方式与主计算机通信。

（5）每一通信接口都可灵活选择各种通信协议。

（6）功能强大的使用维护工具，细致的信息提示，多种维护和监测手段。

（7）信息合成。

（8）支持顺序控制功能。

4.2.14.2　标准依据

远动系统施工及运行必须遵照的相关标准及规范见表 4.20。

表 4.20　远动系统施工及运行的标准依据

序号	标 准 名 称	标准编号或计划号
1	电气装置安装工程盘、柜及二次回路结线施工及验收规范	GB 50171—2012
2	电气装置安装工程电气设备交接试验标准	GB 50150—2016
3	远动设备及系统　第 1-3 部分：总则　术语	GB/Z 14429—2005
4	远动终端设备	GB/T 13729—2002
5	远动设备及系统　第 2 部分：工作条件　第 2 篇：环境条件（气候、机械和其他非电影响因素）	GB/T 15153.2—2000
6	微机继电保护装置运行管理规程	DL/T 587—2007
7	电力系统微机继电保护技术导则	DL/T 769—2001
8	电力系统安全自动装置设计技术规定	DL/T 5147—2001

4.2.14.3　施工安全技术

1. 远动系统装置安装

（1）远动系统装置屏柜及屏柜内设备与各构件间连接应牢固。

（2）远动系统装置屏柜的接地应牢固良好，装有供检修用的接地装置。

（3）远动系统装置屏柜的前后应留有足够的空间以便于日后开展维护工作。

（4）基础型钢的找平应采用垫铁找平，分段找平采用点焊，待整体找平后再进行最后焊接。

2. 远动系统装置的运输

（1）屏柜在搬运时应采取防震、防潮、防止框架变形和漆面受损等措施，必要时应将怕震和易损元件拆下单独包装运输，当产品有特殊要求时，应符合产品技术文件的规定。

（2）运输前应了解屏柜的组合，包装箱的大小、尺寸、重量，以配备必要的起重机具及运输车辆。

（3）运输前应了解道路的走径、路面的路况等做详细的勘探，并对不符合运输要求的路段做必要的修整，以保证屏柜设备的安全运输。

（4）运输前应了解天气的变化，避开雨、雪天，否则应采取措施以免影响施工进度的安排。

（5）利用起重机具吊装盘柜时，应有专职的起重人员，吊绳应设在制造厂规定的吊装点。

（6）屏柜在运输机具上应摆放平稳、合理，不得超重。并将屏柜用绳索固定牢靠，避免运输中盘柜翻倒。

（7）运输过程中运输车辆应平稳行驶，避免车辆行驶中紧急制动，遇有道路狭窄，车辆拥挤时，应有专人引导车辆。

4.2.14.4 运行安全技术

1. 远动装置运行

（1）运行维护人员必须按照现场运行规程及有关规定，对远动装置进行定期巡视，并做好巡视记录，发现缺陷应及时处理。

（2）运行中远动装置的退出运行及双机切换操作必须经相应调度机构自动化值班员的许可，未经相应调度机构自动化值班员许可，不得擅自改变远动装置的运行状态。

（3）装置出现异常告警、故障时，运行值长应立即向相应调度机构自动化值班员报告。

（4）定期记录远动装置接收电平，发现问题应及时处理。

（5）建立运行日志、设备缺陷、测试数据等记录簿，建立设备台账。

（6）保持设备和周围环境的整齐清洁。

（7）未经远动专业人员同意，不得在远动装置及其二次回路上工作的操作，但按规定由运行人员操作的开关、按钮及保险等不受限。

2. 远动装置检修

（1）行维护人员在接到远动终端异常告警或故障通知后应及时赶到现场，尽快查明原因、消除缺陷。现场检查处理完毕、具备投入条件后，运行维护人员应向相应调度机构自动化值班员和运行值长汇报，并向相应调度机构自动化值班员申请将装置重新投入，事后运行维护人员应按要求向相应调度机构自动化部门提供故障经过及处理情况的书面报告。

（2）参加检修工作的所有人员必须听从检修负责人的统一指挥，严禁擅离岗位，进入施工现场，检修人员必须穿戴齐全合格的劳动保护用品。

（3）装置现场工作结束后，设备运行维护人员应报告相应调度机构自动化值班员，经自动化值班员同意后方可离开现场。

（4）如在远动装置上开展的有关工作影响其他专业设备，或其他专业设备工作影响RTU 装置（如 TA 变比调整，或在共用 TA 回路上进行试验等，以及影响远动信息采集通道正常使用的有关工作），设备运行维护单位必须在工作申请及方案中明确提出，说明工作影响范围，并制定相应安全措施。

3. 事故及异常处理

（1）经调度和远动主管单位同意后允许远动装置退出运行的情况如下：

1）装置故障或异常需停下检修。

2）定期检修的远动设备。

3）因通信设备检修致使远动装置停运。

4）其他特殊情况需停用的远动装置。

5）当情况紧急时，可先断开电源，然后再报告。

（2）若远动装置的异常现象不能及时消除，汇报值长，申请装置退出运行。

（3）远动装置出现故障时，到达故障装置处首先应注意观察装置的指示灯的状况，通过指示灯的运行状态初步判断可能出现的故障，一般可从电源、通信和三遥方面进行排查。当确认故障板件且无法进行现场维修时，关机，替换故障模块。特别注意在替换时，绝对禁止碰模模块背部的插头，以防静电损坏模块内部器件。

4.2.15　风功率预测系统设备

风功率预测系统设备是指以高精度数值气象预报为基础，搭建完备的数据库系统，利用各种通信接口采集风电场集控和 EMS 数据，采用人工智能神经网络及数据挖掘算法对各个风电场进行建模，提供人性化的人机交互界面，对风电场进行功率预测，为风电场管理工作提供辅助手段的设备。风功率预测系统如图 4.21 所示。

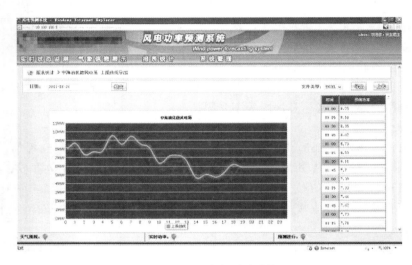

图 4.21　风功率预测系统

4.2.15.1　结构和技术特性

1. 风功率预测系统设备结构

（1）预测系统硬件设备包含：系统服务器、数据库服务器、PC 工作站、网络交换机及网络通信附件、物理隔离装置、机柜与附件等。

（2）预测系统软件部分包含：预测系统软件平台、短期预测软件、超短期预测软件、通信接口开发软件等。

（3）自动遥测站（即测风塔，包括其数据采集、传输）包含数字适配器、数据采集器、模拟适配器、电源稳压器、机箱、GPRS 通信终端、蓄电池、太阳能板、气压计、超声波测风计、温湿度计。

2. 技术特性

应根据风电场所处地理位置的气候特征和风电场历史数据情况，采用适当的预测方法构建特定的预测模型进行风电场的功率预测。根据预测时间尺度的不同和实际应用的具体需求，宜采用多种方法及模型，形成最优预测策略。

（1）预测的空间要求。

1）预测的基本单位为单个风电场。

2）风电场的风电功率预测系统应能预测本风电场的输出功率。

（2）预测的时间要求。

1）短期风电功率预测应能预测次门零时起 72h 的风电输出功率，时间分辨率为 15min。

2）超短期风电功率预测应能预测 15min 至 4h 的风电输出功率，时间分辨率不小于 15min。

（3）预测执行方式。

1）短期风电功率预测应能够设置每日预测的启动时间及次数。

2）短期风电功率预测应支持自动启动预测和手动启动预测。

3）超短期风电功率预测应每 15min 自动执行一次。

（4）其他要求。

1）应支持设备故障、检修等出力受限情况下的功率预测。

2）应支持风电场扩建情况下的功率预测。

3）应支持多源数值天气预报数据的集合预报。

4.2.15.2 标准依据

风功率预测系统设备施工及运行必须遵照的相关标准及规范见表 4.21。

表 4.21　风功率预测系统设备施工及运行的标准依据

序号	标 准 名 称	标准编号或计划号
1	电气装置安装工程盘、柜及二次回路结线施工及验收规范	GB 50171—2012
2	电气装置安装工程电气设备交接试验标准	GB 50150—2016
3	微机继电保护装置运行管理规程	DL/T 587—2007
4	电力系统微机继电保护技术导则	DL/T 769—2001
5	电力系统安全自动装置设计技术规定	DL/T 5147—2001

4.2.15.3 施工安全技术

1. 风功率预测系统设备安装

（1）风功率预测系统屏柜及屏柜内设备与各构件间连接应牢固。

（2）风功率预测系统屏柜的接地应牢固良好，装有供检修用的接地装置。

（3）风功率预测系统屏柜的前后应留有足够的空间以便于日后开展维护工作。

（4）测风塔接地电阻应小于 4Ω。

（5）测风塔附近应无高大建筑物、地形较陡、树木等障碍物，与单个障碍物距离应大于障碍物高度的 3 倍，与成排障碍物距离应保持在障碍物最大高度的 10 倍以上。

2. 风功率预测设备的运输

（1）设备在搬运时应采取防震、防潮、防止框架变形和漆面受损等措施，必要时应将怕震和易损元件拆下单独包装运输，当产品有特殊要求时，应符合产品技术文件的规定。

（2）运输前应了解屏柜的组合，包装箱的大小、尺寸、重量，以配备必要的起重机具及运输车辆。

（3）运输前应了解道路的走径、路面的路况等做详细的勘探，并对不符合运输要求的路段做必要的修整，以保证屏柜设备的安全运输。

（4）运输前应了解天气的变化，避开雨、雪天，否则应采取措施以免影响施工进度的安排。

（5）设备在运输机具上应摆放平稳、合理，不得超重。

（6）运输过程中运输车辆应平稳行驶，避免车辆行驶中紧急制动，遇有道路狭窄，车辆拥挤时，应有专人引导车辆。

4.2.15.4　运行安全技术

1．风功率预测系统设备运行

（1）每天应对风功率预测系统柜设备至少巡回检查一次。

（2）检查柜内交互机、路由器、加密装置是否有异音或过热现象。

（3）检查网络接口是否插好或紧固，各信道指示灯是否正常，各引线是否有脱落或螺丝松动。

（4）检查柜内设备指示灯是否熄灭或不对应。

（5）检查装置内风扇是否运转正常。

（6）检查系统数据生成是否准确，预测曲线是否符合要求。

（7）检查测风塔整体有无歪斜现象，基础有无松动现象，拉锚有无锈蚀、松动现象。

（8）巡回检查中发现异常或故障，立即汇报值班负责人。

2．风功率预测系统设备检修

（1）每年在雷雨季节之前，检查测风塔接地防雷，是否合格，是否有破坏。

（2）测风塔每年至少进行一次保养，如调整拉线平衡、进行除锈防覆冰处理、调整紧固信号线等工作。

（3）检修测风塔蓄电池时作业人员穿绝缘鞋、戴干燥的线手套，接线前认真核对极性，确认正确无误。

3．事故及异常处理

（1）风功率预测系统界面中预测功率曲线不显示。

1）检查气象服务器外网是否正常，如无法上网，表明网络不正常。

2）如网络正常，检查是否能正常下载气象建模数据文件。

3）如能下载气象建模数据，检查反向隔离器传输软件是否开启，是否能传输气象建模数据文件。

（2）风功率预测系统界面中实发功率曲线不显示。

1）首先 ping IP（风电机组厂家服务器网络地址），如果 ping 不通，请检查网络连接是否正常。

2）如果网络连接没问题，请检查风功率预测服务器中采集服务是否正常运行。

（3）风功率预测后台工作站界面无法正常打开。

1）首先 ping IP（风功率预测服务器网络地址），ping 不通，请检查防火墙是否开启或者杀毒软件禁止运行。

2）如果防火墙关闭或杀毒软件未禁止运行，请检查风功率预测服务器是否正常运行，风功率预测系统界面是否能打开；无法打开的话，重新启动电脑即可。

4.2.16　AGC 和 AVC 系统设备

风电场自动发电控制（Automatic Generation Conrtol，AGC）系统是调度可远程调节风电场的有功功率；自动电压控制（Automatic Voltage Control，AVC）系统，是调度远程调节风电场的无功功率。AGC 和 AVC 系统如图 4.22 所示。

图 4.22　AGC 和 AVC 系统

4.2.16.1　功能及特性

1. AGC 和 AVC 功能

（1）AGC 功能。

1）能够自动接收调度主站系统下发的有功控制指令或调度计划曲线，根据计算的可调裕度，优化分配调节风机的有功功率，使整个风电场的有功出力，不超过调度指令值。

2）具备人工设定、调度控制、预定曲线等不同的运行模式、具备切换功能。正常情况下采用调度控制模式，异常时可按照预先形成的预定曲线进行控制。

3）向调度实时上传当前 AGC 系统投入状态、增力闭锁、减力闭锁状态、运行模式、电场生产数据等信息。

4）能够对电场出力变化率进行限制，具备 1min、10min 调节速率设定能力，具备风电机组调节上限、调节下限、调节速率、调节时间间隔等约束条件限制，以防止功率变化波动较大时对风电机组和电网的影响。

5）确获取调节裕度、控制策略算法合理，保障风电机组少调、微调。

（2）AVC 功能。

1）能够自动接收调度主站系统下发的电压控制指令，控制电场电压在调度要求的指标范围内，满足控制及考核指标要求。

2）具备人工设定、调度控制、预定曲线等不同的运行模式，具备切换功能。正常情况下采用调度控制模式，异常时可按照预先形成的预定曲线进行控制。

3）向调度实时上传当前 AVC 系统投入状态、增闭锁、减闭锁状态、运行模式、电场生产数据等信息。

4）为了保证在事故情况下电场具备快速调节能力，对电场动态无功补偿装置预留一定的调节容量，即电场额定运行时功率因数 0.97（超前）~0.97（滞后）所确定的无功功率容量范围。电场的无功电压控制考虑了电场动态无功补偿装置与其他无功源的协调置换。

5）能够对电场无功调节变化率进行限制，具备风电机组、无功补偿装置调节上限、调节下限、调节速率、调节时间间隔等约束条件限制，具备主变压器分接头单次调节档位数、调节范围及调节时间间隔约束限制。

2. 技术特性

（1）AGC 具备有功的调节功能，根据调度中心的调度指令，限制整个风电场的有功出力，将整个风场的功率稳定在计划值附近。负荷控制速度范围在 30～120s 内，最大负荷控制偏差为 2000kW。具备在特定情况下对每分钟调节速率进行人为设定，以达到调度对负荷调节速度的要求。

（2）AVC 控制风电机组具备无功调节功能时，无功调节应调节每台风电机组可发无功，调节速率 10kvar/s 以上。该平台应可设定每台风机无功给定模式，可设定无功自动模式。

4.2.16.2 标准依据

AGC 和 AVC 系统设备施工及运行必须遵照的相关标准及规范见表 4.22。

表 4.22 AGC 和 AVC 系统设备施工及运行的标准依据

序号	标 准 名 称	标准编号或计划号
1	继电保护和安全自动装置基本试验方法	GB 7261—2016
2	电气装置安装工程盘、柜及二次回路结线施工及验收规范	GB 50171—2012
3	电气装置安装工程电气设备交接试验标准	GB 50150—2016
4	电力装置的继电保护和自动装置设计规范	GB 50062—2008
5	远动终端设备	GB/T 13729—2002
6	风电场接入电力系统技术规定	GB/T 19963—2011
7	微机继电保护装置运行管理规程	DL/T 587—2007
8	电力系统微机继电保护技术导则	DL/T 769—2001
9	电力系统安全自动装置设计技术规定	DL/T 5147—2001

4.2.16.3 施工安全技术

1. AGC 和 AVC 系统设备安装

（1）AGC 和 AVC 系统屏柜及屏柜内设备与各构件间连接应牢固。

（2）AGC 和 AVC 系统屏柜的接地应牢固良好，装有供检修用的接地装置。

（3）AGC 和 AVC 系统屏柜的前后应留有足够的空间以便于日后开展维护工作。

2. AGC 和 AVC 系统设备的运输

（1）设备在搬运时应采取防震、防潮、防止框架变形和漆面受损等措施，必要时应将怕震和易损元件拆下单独包装运输，当产品有特殊要求时，应符合产品技术文件的规定。

（2）运输前应了解屏柜的组合，包装箱的大小、尺寸、重量，以配备必要的起重机具及运输车辆。

（3）运输前应了解道路的走径、路面的路况等做详细的勘探，并对不符合运输要求的路段做必要的修整，以保证屏柜设备的安全运输。

（4）运输前应了解天气的变化，避开雨、雪天，否则应采取措施以免影响施工进度的安排。

（5）设备在运输机具上应摆放平稳、合理，不得超重。

（6）运输过程中运输车辆应平稳行驶，避免车辆行驶中紧急制动，遇有道路狭窄，车辆拥挤时，应有专人引导车辆。

4.2.16.4 运行安全技术

1. AGC 和 AVC 系统设备运行

（1）每天应对 AGC 和 AVC 系统柜至少巡回检查一次。

（2）检查网络接口是否插好或紧固，各信道指示灯是否正常，各引线是否有脱落或螺丝松动。

（3）检查柜内设备指示灯是否熄灭或不对应。

（4）检查装置内风扇是否运转正常。

（5）巡回检查中发现异常或故障，立即汇报值班负责人。

2. AGC 和 AVC 系统设备检修

（1）设备检修前，应请示主管调度将设备退出运行。

（2）检修前应将设备各方面电源断开。

（3）检修人员应认真核对设备名称，严禁触碰与工作无关的设备。

（4）工作时，严禁吸烟、使用明火、使用无线通信设备。

（5）检修工作结束后，设备投入运行后应及时向主管调度汇报。

3. 事故及异常处理

发生以下紧急情况时，电厂运行值班员可不经省调值班调度员许可，先行退出 AGC 或 AVC 省调控制，再向省调值班调度员汇报：

（1）AGC、AVC 所在的监控系统故障。

（2）AVC 有关的自动化数据异常。

（3）AGC、AVC 异常。

（4）程序自动退出。

（5）其他紧急情况。

4.2.17 直流系统

直流系统是给信号及远动设备、保护及自动装置、事故照明、断路器（隔离开关）分合闸操作提供直流电源的电源设备。直流系统是一个独立的电源，在外部交流电中断的情况下，由后备电源——蓄电池提供直流电源，保障系统设备正常运行。直流系统的用电负荷极为重要、对供电的可靠性要求较高。直流系统的可靠性是保障变电站安全运行的决定性条件之一。直流系统如图 4.23 所示。

4.2.17.1 组成及运行方式

1. 直流系统组成

直流系统由充电屏和蓄电池两个部分

图 4.23　直流系统

组成。

（1）充电屏包括整流模块、监控系统、绝缘检测单元、电池巡检单元、配电单元、交流配电、直流馈电等。

1）整流模块就是把交流电整流成直流电的单机模块，通常是以通过电流大小来标称（如 2A 模块、5A 模块、10A 模块、20A 模块等），按设计理念的不同也可以分为：风冷模块、独立风道模块、自冷模块、自能风冷模块和自能自冷模块。

2）监控系统是整个直流系统的控制、管理核心，其主要任务是：对系统中各功能单元和蓄电池进行长期自动监测，获取系统中的各种运行参数和状态，根据测量数据及运行状态及时进行处理，并以此为依据对系统进行控制，实现电源系统的全自动管理，保证其工作的连续性、可靠性和安全性。

3）绝缘监测单元是监视直流系统绝缘情况的一种装置，可实时监测线路对地漏电阻，此数值可根据具体情况设定。当线路对地绝缘能力降低到设定值时，就会发出告警信号。

4）电池巡检单元是对蓄电池在线电压情况巡环检测的一种设备。

5）配电单元主要是直流屏中为实现交流输入、直流输出、电压显示、电流显示等功能所使用的器件，如电源线、接线端子、交流断路器、直流断路器、接触器、防雷器、分流器、熔断器、转换开关、按钮开关、指示灯以及电流、电压表等。

6）交流配电是将交流电源引入分配给各个充电模块，扩展功能为实现两路交流输入的自动切换。

7）直流馈电是将直流输出电源分配到每一路直流负荷。

（2）蓄电池既能够把电能转换为化学能储能起来，又能把化学能转变为电能供给负载。蓄电池可分为酸性蓄电池和碱性蓄电池。

1）酸性蓄电池端电压高、冲击电流大，适合于断路器合分闸的冲击负荷，但其寿命短，运行维护复杂。

2）碱性蓄电池体积小、受命长，维护方便，但事故时放电电流较小。

2．直流系统运行方式

系统正常运行在浮充电状态，控制母线电压保持在 220V＋2.5％（或 110V＋2.5％），由整流模块或整流模块通过自动调压装置（降压硅链）供电；合闸母线电压保持在蓄电池组的浮充电压（阀控密封铅酸蓄电池的浮充电压取 2.23V/格），有大电流合闸操作时，整流模块提供（110％～130％）I_e 的电流（I_e 为整流模块的额定输出电流），其余电流由电池提供。

4.2.17.2　标准依据

直流系统施工及运行必须遵照的相关标准及规范见表 4.23。

表 4.23　直流系统施工及运行的标准依据

序号	标　准　名　称	标准编号或计划号
1	固定型防酸式铅酸蓄电池技术条件	GB 13337—1991
2	电气装置安装工程盘、柜及二次回路结线施工及验收规范	GB 50171—2012
3	电气装置安装工程电气设备交接试验标准	GB 50150—2016

序号	标 准 名 称	标准编号或计划号
4	电气装置安装工程 蓄电池施工及验收规范	GB 50172—1992
5	阀控式密封铅酸蓄电池订货技术条件	DL/T 637—1997
6	电力系统用蓄电池直流电源装置运行与维护技术规程	DL/T 724—2000
7	电力工程直流电源系统设计技术规范	DL/T 5044—2014

4.2.17.3 施工安全技术

1. 直流系统安装

（1）直流屏的安装包括直流屏盘底座安装、直流屏安装、验收、系统调试。

（2）蓄电池的安装包括蓄电池支架安装、蓄电池安装、系统调试。

（3）蓄电池支架安装合格后，将蓄电池运到现场，开箱后用运盘车运到室内，进行安装。

（4）待所有蓄电池连接之后，检查连接牢固，符合要求。

（5）充电屏屏柜及屏柜内设备与各构件间连接应牢固。

（6）屏柜的接地应牢固良好，装有供检修用的接地装置。

（7）基础型钢的找平应采用垫铁找平，分段找平采用点焊，待整体找平后再进行最后焊接。

2. 直流系统的运输

（1）蓄电池运输过程中应轻搬轻放，不得倒置，搬运时应轻拿轻放，防止撞击。

（2）运输前应了解屏柜的组合，包装箱的大小、尺寸、重量，以配备必要的起重机具及运输车辆。

（3）运输前应了解道路的走径、路面的路况等做详细的勘探，并对不符合运输要求的路段做必要的修整，以保证屏柜设备的安全运输。

（4）运输前应了解天气的变化，避开雨、雪天，否则应采取措施以免影响施工进度的安排。

（5）设备在运输机具上应摆放平稳、合理，不得超重。

（6）运输过程中运输车辆应平稳行驶，避免车辆行驶中紧急制动，遇有道路狭窄，车辆拥挤时，应有专人引导车辆。

4.2.17.4 运行安全技术

1. 直流系统运行检查事项

（1）检查充电柜内各开关是否在相应位置，相应信号灯指示是否正常。

（2）检查微机控制单元和充电模块有无故障信号显示。

（3）检查绝缘检测装置有无接地告警或其他异常信号。

（4）检查馈电屏内各负荷开关位置是否正确，指示灯指示正常。

（5）检查交流输入电压，直流系统电压是否正常。

（6）检查充电模块电压是否正常，浮充电流是否合适。

（7）检查电池巡检单元工作正常，指示灯指示是否正常。

（8）检查装置各元件有无发热、异音、异味。

（9）检查蓄电池是否清洁，通风是否良好，温度是否正常，各蓄电池外观是否有发热、爬酸、漏液、变形现象。

2. 直流系统检修

（1）直流电源系统设备检修应以"加强运行维护、定期检查检测为主，以故障处理、设备更换为辅"的原则，加强对直流电源系统的检修监督管理工作。

（2）直流设备检修应纳入季度或月度检修计划，落实责任限期完成。

（3）要加强检修前的设备和回路检查以及检修过程中工艺、质量的控制，特别防止检修工作造成运行设备的直流电源消失、直流电压值等指标超出允许范围、直流回路短路、接地等故障发生而影响安全运行。

（4）蓄电池组的核对性充放电周期应执行相关标准的规定，如阀控蓄电池核对性放电周期新安装或大修后的阀控蓄电池组，必须进行全核对性放电试验，其中运行的 1～6 年内，每隔 2～3 年进行一次核对性试验；运行了 6 年以后，应每年进行一次核对性放电试验。

（5）当直流电源系统采用两组蓄电池时，则一组运行，另一组退出运行，进行全核对性放电。

（6）当直流电源系统只有一组蓄电池时，为了安全起见，运行单位应配置便携式充放电装置，以便于日常维护工作需要。

（7）直流屏主要元器件故障频繁，空气断路器、熔断器级差无法配合且无法修复时，应及时更换。

3. 事故及异常处理

（1）监控单元不能正常运行。

1）监控单元上的电源输入电压是否正常。

2）电源开关是否打开。

3）检查各插件是否插接牢固，拨码开关或跳线是否正确。

（2）蓄电池管理故障。蓄电池管理故障包含蓄电池电压已低于正常电压而无告警信号、无法进行正常的均浮充，首先仔细检查蓄电池参数设置是否正确，如欠压电压的设置值、均浮充电压以及恒流电流设置值等，其次检查相应监控端子、采样线是否有接触不牢和断开的情况。

（3）整流模块无输出。整流模块无输出有两种情况：第一种是面板上所有灯都不亮；第二种是电源灯亮而运行灯不亮。对于第一种情况，首先检查有无交流电压、交流电压是否过低；其次检查导槽有无问题、整流模块是否可靠插入，否则为整流模块故障。对于第二种情况，可首先检测此相电压是否过低；如不是，可用万用表笔试按前面板的复位按钮，如能启动，为整流模块产生了过流或过压保护；如不能，可重新插拔一下看是否插靠；如情况依旧，为整流模块内部故障，需更换。

（4）直流系统接地的故障处理。查找直流接地故障的一般顺序和方法：

1）分清接地故障的极性，分析故障发生的原因。

2）若站内二次回路有工作，或有设备检修试验，应立即停止。拉开其工作电源，看信号是否消除。

3）用分网法缩小查找范围，将直流系统分成几个不相联系的部分。注意不能使保护失去电源，操作电源尽量用蓄电池。

4）对于不太重要的直流负荷及不能转移的分路，利用"瞬时停电"的方法，查该分路中所带回路有无接地故障。

5）对于重要的直流负荷，用转移负荷法，查该分路而带回路有无接地故障。

6）查找直流系统接地故障，后随时与调度联系，并由两人及以上配合进行，其中一人操作，一人监护并监视表计指示及信号的变化。利用瞬时停电的方法选择直流接地时，应按照下列顺序进行：断开现场临时工作电源；断合事故照明回路；断合同信电源；断合附属设备；同断合充电回路；断合合闸回路；断合信号回路；断合操作回路；断合蓄电池回路。在进行各项检查选择后仍未查出故障点，则应考虑同极性两点接地。当发现接地在某一回路后，有环路的应先解环，再进一步采用取保险及拆端子的办法，直至找到故障点并消除。

4.2.18 UPS 设备

UPS（Uninterruptible Power System）即不间断电源，是一种含有储能装置，以逆变器为主要组成部分的恒压频的不间断电源。UPS 不间断电源与电力直流操作电源系统一起，组成发电厂，变电站的专用不间断电源，向微机、通信、载波、事故照明及其他不能停电的设备供电。UPS 设备如图 4.24 所示。

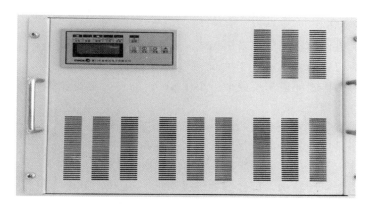

图 4.24 UPS 设备

4.2.18.1 组成和技术特性

1. UPS 设备组成

UPS 主机柜由主输入开关、隔离变压器、滤波器、整流器、逆变器、输出隔离变压器、静态开关、输出开关、旁路输入开关、手动维护旁路开关、直流输入开关、逆止二极管、控制与信号面板等元件组成。

2. 技术特性

（1）正常运行方式。由主电源经整流器和逆变器、静态开关向负荷供电。

（2）直流运行方式。当主电源或整流器故障时，UPS 自动切换为"直流运行"方式，由 220V 直流馈电屏经隔离二极管和逆变器、静态开关向负荷供电。

（3）自动旁路运行方式。如果交流、直流主电源故障、逆变器故障或过载时，UPS 自动转换为"自动旁路运行"方式。此时静态逆变开关自动断开而静态旁路开关闭合，由旁路电源通过静态开关向负荷供电。

（4）维修旁路运行方式。在 UPS 维护或检修期间，应切至"维修旁路运行"方式。此时旁路电源通过手动旁路开关直接向负载供电。

4.2.18.2 标准依据

UPS 设备施工及运行必须遵照的相关标准及规范见表 4.24。

表 4.24 UPS 设备施工及运行的标准依据

序号	标 准 名 称	标准编号或计划号
1	电气装置安装工程盘、柜及二次回路结线施工及验收规范	GB 50171—2012
2	电气装置安装工程电气设备交接试验标准	GB 50150—2016
3	低压直流电源设备的特性	GB 17478—2004
4	继电保护和安全置动装置基本实验方法	GB/T 7261—2008
5	半导体变流器基本要求的规定	GB/T 3859.1—1993
6	电力用直流和交流一体化不间断电源设备	DL/T 1074—2016
7	电力工程直流电源系统设计技术规范	DL/T 5044—2014

4.2.18.3 施工安全技术

1. UPS 设备安装

（1）安装在继电保护室的屏柜采用柜式，正面应采用带玻璃的防护门，门轴在屏正面左侧，背面设钢板防护门。

（2）屏柜门与柜体之间应采用截面不小于 6mm² 的多股绝缘软铜线可靠连接。新建变电站应采用前后开门结构。

（3）外引接线端子排置于柜内两侧，端子排距屏后框架距离不得小于 150mm²。端子排应有序号，端子排应便于更换且接线方便；离地高度宜大于 350mm²。

（4）为了提高运行的可靠性，设备应采用成套插入式结构。

（5）屏柜采用全封闭结构，屏体防护等级不低于 IP30。柜体选用高强度钢组合结构，应能承受所安装元件及短路时所产生的动、热稳定，同时不因设备的吊装、运输等情况而影响设备的性能。

（6）屏柜的底面应有安装用的支撑板，柜体必须完全矩形，对角线误差符合国家标准，与相邻屏柜在安装尺寸上能很好配合。

（7）屏柜内所有设备、元件应排列整齐，层次分明，便于运行、调试、维修和拆装。

2. UPS 设备的运输

（1）所有部件经妥善包装或装箱后，在运输过程中尚应采取其他防护措施，以免散失损坏或被盗。

（2）各种包装应能确保各零部件在运输过程中不致遭到损坏、丢失、变形、受潮和腐蚀。

（3）运输前应了解道路的走径、路面的路况等做详细的勘探，并对不符合运输要求的路段做必要的修整，以保证屏柜设备的安全运输。

（4）运输前应了解天气的变化，避开雨、雪天，否则应采取措施以免影响施工进度的安排。

（5）设备在运输机具上应摆放平稳、合理，不得超重。

（6）运输过程中运输车辆应平稳行驶，避免车辆行驶中紧急制动，遇有道路狭窄，车辆拥挤时，应有专人引导车辆。

4.2.18.4 运行安全技术

1. UPS 设备运行

（1）运行人员每班应对 UPS 设备进行检查，设备应无异音，无振动，无异味，指示灯与测量仪表指示正确，风扇运行正常。

（2）运行人员可通过屏上选择按钮测量输入交流电压、频率和输出电压、频率，注意选测时，同一组按钮不得同时按下两个或两个以上。

（3）在正常运行方式及直流运行方式时，手动旁路开关必须置"自动"位置。

（4）各电源开关均在合位，输入电压正常。

（5）控制面板上指示灯指示正确，与运行方式相符，无报警信号。

（6）UPS 设备输出电流、电压、频率正常。

（7）屏柜内各元件清洁干燥无异常电磁声、无异味，接头处无过热现象。

2. UPS 设备检修

（1）装卸导电连接条及输出线时应用安全保障，工具应采用绝缘措施，特别是输出接点应有防触摸措施。

（2）UPS 在旁路输出状态时，不能对旁路的各个部分进行操作，否则系统会失电。即对旁路各个部分的操作一定要在 UPS 在逆变输出状态下。

（3）如果 UPS 已经中止了供电，此时应断开所有开关，只将维修开关闭合。

（4）开展需要更换保险丝的工作时，应更换同样型式与规格的保险丝。

（5）当 UPS 的输出断路器跳闸时，不要直接接上电，有可能是用电设备短路或者 UPS 本身故障。

（6）检修工作前，将 UPS 电源置于完全停机状态，还应完全切断输入电源、交流旁路电源和蓄电池等输入电源的供电通道。

（7）工作结束应进行全面检查和清扫，清除屏（柜）内杂物，用吸尘器吸尽屏（柜）内装置、端子排等处灰尘，使屏（柜）内无积灰。

3. 事故及异常处理

（1）UPS 运行中，若发"UPS 故障""UPS 处于旁路""UPS 直流供电"信号，应立即汇报值长，结合就地面板上所发信号，判断故障原因：

1）检查 UPS 输出电压是否正常，输出电流有无明显变化。

2）根据主控制板信号指示情况，判断 UPS 运行方式。

3）若由于一路电源回路故障，应查明掉闸原因后，试送一次。

4）若由于逆变器故障，检查装置是否自动切换至"自动旁路方式"运行。

5）及时通知检修人员。

6）只有确认主电源和直流电源失电时，且拉开主电源和直流电源输入开关后，才能操作手动旁路开关。

（2）发生下列故障之一逆变器将停止，此时 UPS 设备自动切换为由旁路供电的运行方式：

1）逆变器低电压。

2）逆变器过电压。

3）逆变器故障。

4）直流电压故障。

5）风扇故障。

4.2.19　五防系统

五防系统是变电站防止误操作的主要设备，确保变电站安全运行，防止人为误操作的重要设备，任何正常倒闸操作都必须经过五防系统的模拟预演和逻辑判断。五防系统如图4.25 所示。

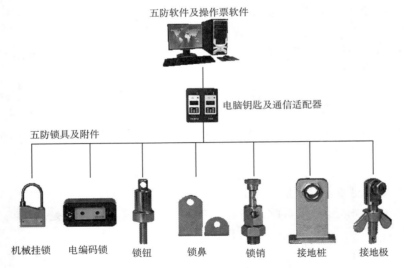

图 4.25　五防系统

4.2.19.1　组成和技术特性

1. 五防系统组成

五防系统由三个部件组成，防误主机（集成于监控系统中）、电脑钥匙、编码锁（分机械编码锁和电编码锁，机械编码锁又分固定锁和挂锁）。

2. 技术特性

（1）防止误分、合断路器。

（2）防止带负荷分、合隔离开关。

（3）防止带电挂（合）接地线（接地开关）。

（4）防止带接地线（接地开关）合断路器（隔离开关）。

（5）防止误入带电间隔。

4.2.19.2 标准依据

五防系统施工及运行必须遵照的相关标准及规范见表 4.25。

表 4.25 五防系统施工及运行的标准依据

序号	标 准 名 称	标准编号或计划号
1	电气装置安装工程盘、柜及二次回路结线施工及验收规范	GB 50171—2012
2	电气装置安装工程电气设备交接试验标准	GB 50150—2016
3	微机型防止电气误操作系统通用技术条件	DL/T 687—2010
4	电气操作导则	Q/CSG 10006—2004

4.2.19.3 施工安全技术

1. 五防系统设备安装

（1）五防系统设备中的设备编码应与现场设备一致。

（2）五防系统电源应为不间断电源。

（3）五防系统机械锁编码应清晰、规范，与现场设备保持一致。

（4）五防系统主接线图应于现场形式相同。

2. 五防系统设备的运输

（1）所有部件经妥善包装或装箱后，在运输过程中尚应采取其他防护措施，以免散失损坏或被盗。

（2）各种包装应能确保各零部件在运输过程中不致遭到损坏、丢失、变形、受潮和腐蚀。

（3）运输前应了解道路的走径、路面的路况等做详细的勘探，并对不符合运输要求的路段做必要的修整，以保证屏柜设备的安全运输。

（4）运输前应了解天气的变化，避开雨、雪天，否则应采取措施以免影响施工进度的安排。

（5）运输过程中运输车辆应平稳行驶，避免车辆行驶中紧急制动，遇有道路狭窄，车辆拥挤时，应有专人引导车辆。

4.2.19.4 运行安全技术

1. 五防系统运行

（1）正常情况下，每班应对检查五防系统巡检一次。

（2）检查五防系统显示和监控系统显示一致。

（3）检查防误综合操作系统无异常，台式通信适配器电源正常，无告警，电脑钥匙充电显示正常，通信正常。

（4）微机五防主机电源指示灯亮，配电箱内无异味，接线无脱落。

（5）机械锁、万能解锁钥匙齐全，无损坏。

（6）巡回检查中发现的缺陷，必须录入设备缺陷本中。

2．五防系统检修

（1）工作人员禁止使用无线通信设备。

（2）进行机械锁更换的工作后，应对机械锁的编码设置进行核对。

（3）软件维护工作后，应核对五防主机图形和监控系统图形一致。

3．事故及异常处理

（1）五防主机死机。

1）重启一次计算机，检查是否正常。

2）无法恢复正常，联系维护人员及相关领导。

（2）五防主机各设备位置显示和监控系统不一致。

1）使用设备对位一次，检查是否正常。

2）对位前应检查设备实际情况并得到值长许可，对位不成功，联系设备管理部人员检查处理。

（3）五防主机图形系统和监控系统通信中断。

1）检查通信接口松动，紧固通信接口。

2）操作员工作站（厂内通信站）死机，联系设备管理部人员处理。

4.2.20　通信系统

通信系统是为了保证电力系统的安全稳定运行而应运而生的。它同电力系统的安全稳定控制系统、调度自动化系统被人们合称为电力系统安全稳定运行的三大支柱。目前，它更是电网调度自动化、网络运营市场化和管理现代化的基础，是确保电网安全、稳定、经济运行的重要手段，是电力系统的重要基础设施。由于通信系统对通信的可靠性、保护控制信息传送的快速性和准确性具有及严格的要求，并且电力部门拥有发展通信的特殊资源优势，因此，世界上大多数国家的电力公司都以自建为主的方式建立了电力系统专用通信网。通信系统如图 4.26 所示。

图 4.26　通信系统

4.2.20.1　组成与特性

1．通信系统组成

通信系统由通信光端机、PCM、调度电话系统、ATM 交换机、各类配线设备、通信常用线缆、通信电源系统组成。

2. 技术特性

（1）通信光端机是光通信系统中的传输设备，主要是进行光电转换及传输功用。

（2）脉冲编码调制（Pulse-Code Modulation，PCM）是一种类比信号的数位化方法。PCM 将信号的强度依照同样的间距分成数段，然后用独特的数位记号（通常是二进）来量化。

（3）异步传输模式（Asynchronous Transfer Mode，ATM），是一种面向连接的快速分组交换技术，建立在异步时分复用基础上，并使用固定长度的信元，支持包括数据、语音、图像在内的各种业务的传送。

（4）调度电话系统以数字程控交换设备为核心，同时配备按键式调度台、维护终端及录音系统等。具有容量可大可小、组网灵活、可靠性高等优点。

（5）配线设备保护包括：光纤配线架、音频配线架、数字配线架。

（6）通信常用线缆包括架空地线复合光缆（OPGW）、全介质自承式光缆（ADSS）、束管式光缆（GYXTW）。

（7）通信电源系统，也叫 48V 高频开关电源，有两层含义：一是电源等级为 48V，通常给直流电压等级为 48V 的直流负载供电；二是电源工作在高频状态，由以前的几千赫兹向几百兆千赫兹发展，现在已发展到兆赫兹级。

4.2.20.2 标准依据

通信系统施工及运行必须遵照的相关标准及规范见表 4.26。

表 4.26 通信系统施工及运行的标准依据

序号	标 准 名 称	标准编号或计划号
1	电气装置安装工程盘、柜及二次回路结线施工及验收规范	GB 50171—2012
2	电气装置安装工程电气设备交接试验标准	GB 50150—2016
3	电力通信运行管理规程	DL/T 544—2012
4	智能变电站一体化监控系统建设技术规范	Q/GDW 679—2011
5	智能变电站继电保护技术规范	Q/GDW 441—2010

4.2.20.3 施工安全技术

1. 通信系统设备安装

（1）利用螺栓将屏柜和地面牢固连接，其垂直和水平偏差应满足规范要求：垂直度小于 1.5mm，盘间接缝小于 2mm；对水平偏差，相邻屏小于 2mm，成列小于 5；对盘面偏差，相邻屏小于 1mm，成列小于 5mm。

（2）屏柜安装结束，将各屏柜内的设备进行检查、安装。按照各屏柜的设备布置图安装子架、插件、网管等，插件安装位置正确、接触良好、排列整齐。

（3）屏柜上的各种零件下得脱落或碰坏，漆面不应有脱落及划痕，各种标志应完整、清晰。

（4）各类配线面板布置应符合设计，位置正确，排列整齐，标志齐全。安装在墙上配线盒的安装螺丝必须拧紧，面板应保持在一个平面上，平整美观。

（5）电力电缆、信号缆线应分隔布放。

（6）光缆在光配架、门型构架的接续盒内的熔接可靠，光缆固定牢固。光缆终端的芯线应放置在光纤盒内或用软质的保护管引入光纤盒。光纤应顺直，无扭绞现象。

（7）电缆的敷设应平直、整齐、美观，尽量避免交叉，电缆或非金属保护管应固定牢固。

（8）音频电缆在音频配线架上利用专用工具按照规定的颜色顺序接入，接线可靠。其芯线和屏内跳线均绑扎整齐，走向符合要求，松紧适度。音频接口的保护器接触良好。音频电缆在设备侧接线应通过端子或专用的转接盒进行转接，然后接入电话机或保护设备等。

（9）线缆两端应贴有标签，应标明编号，标签书写应清晰、端正和正确。标签应选用不易损坏的材料。

（10）蓄电池应排列一致、整齐、放置平稳，蓄电池需进行编号，编号清晰、齐全。蓄电池间连接线连接可靠，参齐、美观。

2. 通信系统设备的运输

（1）所有部件经妥善包装或装箱后，在运输过程中尚应采取其他防护措施，以免散失损坏或被盗。

（2）各种包装应能确保各零部件在运输过程中不致遭到损坏、丢失、变形、受潮和腐蚀。

（3）运输前应了解道路的走径、路面的路况等做详细的勘探，并对不符合运输要求的路段做必要的修整，以保证屏柜设备的安全运输。

（4）运输前应了解天气的变化，避开雨、雪天，否则应采取措施以免影响施工进度的安排。

（5）运输过程中运输车辆应平稳行驶，避免车辆行驶中紧急制动，遇有道路狭窄，车辆拥挤时，应有专人引导车辆。

（6）蓄电池运输和安装过程中可能出现电池倾倒而损坏，因此在运输和安装过程中，要设专人扶稳蓄电池，人力足够，轻抬轻放。

4.2.20.4　运行安全技术

1. 通信系统运行

（1）正常情况下，每班应对检查通信系统巡检一次。

（2）检查各屏柜门关闭良好。

（3）检查通信直流电源系统运行正常，高频开关电源模块风扇运转正常，各信号指示灯指示正常。

（4）检查通信系统协议转换器、路由器、交换机、防火墙和各类服务器以及光传输设备运行正常，无异常报警指示。

（5）检查电话录音系统微机工作正常。

（6）检查通信系统蓄电池外观正常、接线牢固。

（7）通信设备所处房间，要保证空调良好，环境温度应在 10～28℃，不满足温度时，应开启空调。

（8）通信光缆日常巡视主要对通信线缆、金具、余缆架、引下线夹、接头盒和标牌等进行全面检查。

2．通信系统检修

（1）通信检修工作实行检修票制度，应禁止无票操作。

（2）影响调度通信的检修工作，开工前、后应向主管调度汇报。

（3）通信检修应按照工作票批准的时间进行。

（4）通信检修工作完成后，现场运维人员应检查通信设备运行正常，空气开关位置正确，无异常告警信号和声音，站内保护设备通信正常，如有通信停电申请单的，应先汇报通信调度，得到许可后方可终结工作。

3．事故及异常处理

（1）电力通信故障的处理原则是先生产运行，后行政管理；先干线，后支线；先抢通，后调整。在规定时间内不能完成故障处理时，应主动向电力通信调度和相关部门说明情况。

（2）发生所用交流电源失电或交流电源切换后，变电运维人员应检查 48V 通信电源情况，如有异常应立即联系设备厂家并联系检修人员同时到场处理。

4.2.21　综合自动化监控系统

综合自动化监控系统是将升压站的二次设备（包括测量仪表、信号系统、继电保护、自动装置和远动装置等）经过功能组合和优化设计，利用先进的计算机技术、现代电子技术、通信技术和信号处理技术，实现对升压站的主要设备和输、配电线路的自动监视、测量、自动控制和微机护，以及与调度通信等综合性的自动化功能。综合自动化监控系统如图 4.27 所示。

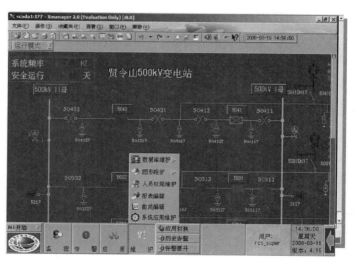

图 4.27　综合自动化监控系统

4.2.21.1　组成和技术特性

1．综合自动化监控系统组成

变电站自动化监控系统的结构组成分类有很多种，一般分为间隔层、通信层、站控层。

（1）间隔层。就是在现场运行的那些设备的数据采集，保护和控制装置。如综保继电器、保护控制柜、多功能电能表等。他们是和一次设备联系最紧密的部门，实际的数据采集，设备控制都是由它们来完成。

（2）通信层。间隔层和站控层的数据需要通过一些通信电缆/光缆进行传输，中间还得有一些通信设备比如通信管理机，交换机之类的，用来负责数据的分发和传输，以及原始数据的存储等。

（3）站控层。通常指后台，包括电脑、打印机、监控屏幕等。在这一层要对搜集上来的数据进行一些应用开发，以便显示在终端屏幕上；一些遥控指令也从这一层发出去，通过通信层最后送到间隔层去执行。

2．技术特性

（1）遥测是将变电站内的交流电流、电压、功率、频率，直流电压，主变温度、档位等信号进行采集，上从到监控后台，便于运行人员进行工况监视。

（2）遥信即状态量，是为了将开关、隔离开关、中央信号等位置信号上送到监控后台。综自系统应采集的遥信包括：开关状态、隔离开关状态、变压器分接头信号、一次设备告警信号、保护跳闸信号、预告信号等。

（3）远程控制是指接受并执行遥控命令，主要是分合闸，对远程的一些开关控制设备进行远程控制。

（4）遥调即远程调节，是指接受并执行遥调命令，对远程的控制量设备进行远程调试，如调节发电机输出功率。

4.2.21.2　标准依据

综合自动化监控系统施工及运行必须遵照的相关标准及规范见表 4.27。

表 4.27　综合自动化监控系统施工及运行的标准依据

序号	标准名称	标准编号或计划号
1	电气装置安装工程盘、柜及二次回路结线施工及验收规范	GB 50171—2012
2	电气装置安装工程电气设备交接试验标准	GB 50150—2016
3	地区电网调度自动化系统	GB/T 13730—2002
4	电力系统调度自动化设计技术规程	DL/T 5003—2017
5	电力系统实时数据通信应用层协议	DL/T 476—2012
6	地区电网调度自动化设计技术规程	DL/T 5002—2005

4.2.21.3　施工安全技术

1．升压站综合自动化监控系统设备安装

（1）升压站综合自动化监控后台设备编码应与现场设备一致，主接线图应与现场实际接线图保持一致。

（2）装置电源应接入不间断电源。

（3）升压站综合自动化监控后台主机、从机应做明显标识进行标注。

（4）各类配线面板布置应符合设计，位置正确，排列整齐，标志齐全。安装在墙上配线盒的安装螺丝必须拧紧，面板应保持在一个平面上，平整美观。

（5）电缆的敷设应平直、整齐、美观，尽量避免交叉，电缆或非金属保护管应固定牢固。

2. 升压站综合自动化监控系统设备的运输

（1）所有部件经妥善包装或装箱后，在运输过程中尚应采取其他防护措施，以免散失损坏或被盗。

（2）各种包装应能确保各零部件在运输过程中不致遭到损坏、丢失、变形、受潮和腐蚀。

（3）运输前应了解道路的走径、路面的路况等做详细的勘探，并对不符合运输要求的路段做必要的修整，以保证屏柜设备的安全运输。

（4）运输前应了解天气的变化，避开雨、雪天，否则应采取措施以免影响施工进度的安排。

（5）运输过程中运输车辆应平稳行驶，避免车辆行驶中紧急制动，遇有道路狭窄，车辆拥挤时，应有专人引导车辆。

4.2.21.4 运行安全技术

1. 升压站综合自动化监控系统运行

（1）监控后台一次主接线图与设备实际运行状态是否一致，命名编号是否正确，有无设备状态异常闪烁。

（2）监控后台有无异常告警信息及未复归告警信息。

（3）监控后台各电压量、电流量、潮流及主变油温等实时数据显示应正确，无越限信号。

（4）检各测控装置电源及信号指示正常，装置上"运行"灯应亮，液晶屏显示信息正常，装置无异常信号。

（5）检查主变、电抗器等绕组温度、油温后台指示与现场指示不大于5℃。

（6）运维人员应严格控制开机密码，防止其他人员随意开启、关闭计算机。

（7）严禁在当地监控系统中进行其他无关操作；严禁将其他无关软盘、光盘插入 PC 机中使用，以防病毒的侵入。

（8）监控后台操作人员用户名应及时更新，保证与有权操作人员一致，操作人员密码应由本人掌握，不得采用通用密码，不得向他人泄露密码。

2. 升压站综合自动化监控系统检修

（1）升压站综合自动化监控检修工作实行检修票制度，应禁止无票操作。

（2）一次设备结线发生变更、设备命名等改变时，应根据调度信息接入流程提出书面申请修改调度系统主接线，应通知二次人员对站端自动化系统后台接线等进行相应修改。

（3）当设备检修时，应将相应的保护、测控等装置的"检修位置"压板投入，此操作应列入安全措施票。

（4）对设备位置的状态信息采集不全的情况，应保证后台计算机与独立独立微机防误计算机的通信，保证隔离开关等位置信息及时更新，如不能通信、通信失败或解锁操作后，在倒闸操作后须将监控系统中设备状态人工置位至对应位置。

3. 事故及异常处理

（1）运维人员在巡视、检修中发现升压站监控后台系统缺陷，或接到调控人员的故障通知，应立即汇报本单位领导，并配合调控人员检查判断故障性质。

（2）如整个综合自动化系统与调度通信中断，应判断是调度主站端故障、通信故障还是站端故障，由调度部门、通信部门与运检单位分别处理。

（3）如综合自动化系统单个间隔通信中断，应联系检修人员进行检查处理，及时恢复通信。

（4）为了提高缺陷处理速度，缩短处理时间，保证系统安全，运维人员在检修人员未到场前，应在检修人员的指导下，作如下检查：

1）综合自动化系统通信中断时，应检查主控单元（通信单元、远动管理机、通信管理机）电源是否正常，运行指示灯、通信指示灯是否正常。

2）综合自动化系统单个间隔通信中断，应检查相应测控装置电源是否正常，运行指示灯、通信指示灯是否正常。

3）综合自动化系统指示某个保护、自动化装置通信中断，应检查保护、自动化装置通信指示灯是否正常。

4）装置电源中断应及时恢复供电，如测控装置运行指示灯不亮，可退出遥控压板后重新启动装置；如通信指示灯不亮，可试拔插网络插头。

（5）全场综合自动化监控系统通信中断并在短时间内不能恢复的应按规定加强现场有人值守运维。

4.2.22　风电机组远程监控系统

风电机组远程监控系统又叫风电机组 SCADA（Supervisory Control And Data Acquisition）系统，是对风电场中的风力发电机组进行远程控制、监测的自动化系统。风电机组 SCADA 系统如图 4.28 所示。

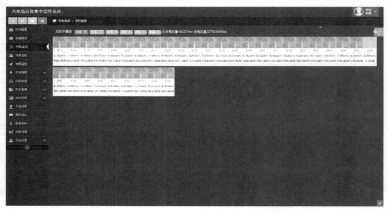

图 4.28　风电机组 SCADA 系统

4.2.22.1 组成与特性

1. 风力发电机组 SCADA 系统的组成

SCADA 系统由中央监控系统和远程监视系统（可以多个）组成。中央监控系统安装在主控室的操作站和服务器中，是风电机组的控制、监测中心。实时监控风电机组的运行并完成数据库的管理工作。主要包括：风电机组的自动控制、人机对话、实时数据处理、故障报警、历史数据管理、网络通信、报表打印等功能。中央监控系统与风电机组之间采用光缆连接。单台或多台风电机组故障不会影响中央监控系统的运行，中央监控系统故障也不会影响各个风电机组的运行。远程监视系统通过因特网或专网与中央监控系统相连接，可实现风电机组的远程监视等功能。

2. 技术特性

（1）系统应具有友好的控制界面。监控软件应充分考虑到风电场运行管理的要求，使用汉语菜单，使操作简单，尽可能为风电场的管理提供方便。

（2）系统应显示各台风电机组的运行数据，如每台风电机组的瞬时发电功率、累计发电量、发电小时数、风轮及发电机的转速和风速、风向等，将下位机的这些数据调入上位机，在显示器上显示出来，必要时还可以用曲线或图表的形式直观地显示出来。

（3）系统应能够及时显示各风电机组运行过程中发生的故障。在显示故障时，能显示出故障的类型及发生时间，以便运行人员及时处理及消除故障，保证风电机组的安全和持续运行。

（4）系统应能够对风电机组实现集中控制。值班员在集中控制室内，只需对标明某种功能的相应键进行操作，就能对下位机进行改变设置状态和对其实施控制。

（5）监控软件应具有运行数据的定时打印和人工即时打印以及故障自动记录的功能，以便随时查看风电场运行状况的历史记录情况。

4.2.22.2 标准依据

风电机组 SCADA 系统施工及运行必须遵照的相关标准及规范见表 4.28。

表 4.28　风电机组 SCADA 系统施工及运行的标准依据

序号	标 准 名 称	标准编号或计划号
1	电气装置安装工程盘、柜及二次回路结线施工及验收规范	GB 50171—2012
2	电气装置安装工程电气设备交接试验标准	GB 50150—2016
3	地区电网调度自动化系统	GB/T 13730—2002
4	地区电网调度自动化设计技术规程	DL/T 5002—2005

4.2.22.3 施工安全技术

1. 风电机组 SCADA 系统设备安装

（1）装置电源应接入不间断电源。

（2）风电机组远程监控后台主机、从机应做明显标识进行标注。

（3）各类配线面板布置应符合设计，位置正确，排列整齐，标志齐全。安装在墙上配线盒的安装螺丝必须拧紧，面板应保持在一个平面上，平整美观。

（4）电缆的敷设应平直、整齐、美观，尽量避免交叉，电缆或非金属保护管应固定牢固。

（5）光缆转弯时，其转弯半径要大于光缆自身直径的 20 倍。

2. 风电机组 SCADA 系统设备的运输

（1）所有部件经妥善包装或装箱后，在运输过程中尚应采取其他防护措施，以免散失损坏或被盗。

（2）各种包装应能确保各零部件在运输过程中不致遭到损坏、丢失、变形、受潮和腐蚀。光缆在搬运及储存时应保持缆盘竖立，严禁将缆盘平放或叠放，以免造成光缆排线混乱或受损。

（3）运输前应了解道路的走径、路面的路况等做详细的勘探，并对不符合运输要求的路段做必要的修整，以保证屏柜设备的安全运输。

（4）运输前应了解天气的变化，避开雨、雪天，否则应采取措施以免影响施工进度的安排。

（5）运输过程中运输车辆应平稳行驶，避免车辆行驶中紧急制动，遇有道路狭窄，车辆拥挤时，应有专人引导车辆。

4.2.22.4　运行安全技术

1. 风电机组 SCADA 系统运行

（1）为保证系统不受病毒侵害，严禁在本系统任何一台电脑上随意使用 U 盘、光盘、软盘等存储介质。

（2）值班人员应密切关注监控后台的运行状态，发现告警信息应及时查看并进行处理。

（3）正常运行时，任何人员不得随意使用监控后台对系统定值进行更改。

（4）外来人员不得使用监控后台进行任何操作。

（5）值班人员通过监控后台进行数据查询、故障复位等操作时应严格按照操作手册进行。

（6）运维人员应严格控制开机密码，防止其他人员随意开启、关闭计算机。

（7）监控后台操作人员用户名应及时更新，保证与有权操作人员一致，操作人员密码应由本人掌握，不得采用通用密码，不得向他人泄露密码。

2. 风电机组 SCADA 系统检修

（1）风电机组 SCADA 检修工作实行检修票制度，应禁止无票操作。

（2）系统内设备检修时不得擅自改动任何系统配置文件，不对原程序做任何修改。

（3）进行服务器设备检修维护时，严禁随意触碰与本工作无关的设备。

（4）服务器设备检修时，严禁随意将设备进行网络连接，严禁随意更改防火墙设置。

3. 事故及异常处理

（1）服务器死机，导致机组无法采集或者导出数据及风电机组通信中断等。当风电机组无通信时，应检查在服务器是否停止运行，如果是，可以重启服务器，再进行观察。否则应对监控后台至服务器的通信系统进行检查。

（2）服务器突然失电。服务器在断电后全部会自启动，运行人员在遇到这种情况时应在恢复送电后及时检查服务器，最好登录服务器内进行检查，以保证数据的上传及保存完整。

（3）后台监控机无法导出机组记录数据或显示无法连接服务内容等。在服务器处通过显示屏选择所要进入的后台监控机所对应的服务器界面，进入后检查磁盘是否已满，此问题大多由磁盘满造成，将已满磁盘中类似于操作记录类（log）的文件删除，或者将不能确定的文件拷出该磁盘，做好标记，此问题即可解决。

4.2.23 视频监控系统

视频监控（Cameras and Surveillance）系统是安全防范系统的重要组成部分，传统的监控系统包括前端摄像机、传输线缆、视频监控平台。视频监控系统能够全天，多角度地进行风电机组、电气设备及生产场区的影像查看工作，节省了很多的人力物力，有利于管理者的多方位工作查看便于生产工作提高工作效率。视频监控系统如图4.29所示。

图 4.29　视频监控系统

4.2.23.1 组成和技术特性

1. 视频监控系统的组成

视频监控系统产品包含光端机，光缆终端盒，云台，云台解码器，视频矩阵，硬盘录像机，监控摄像机，镜头，支架。视频监控系统组成部分包括监控前端、管理中心、监控中心、PC客户端及无线网桥。

2. 技术特性

（1）数字化。视频监控的数字化首先应该是系统中信息流（包括视频、音频、控制等）从模拟状态转为数字状态，这将彻底打破"经典闭路电视系统是以摄像机成像技术为中心"的结构，根本上改变视频监控系统从信息采集、数据处理、传输、系统控制等的方式和结构形式。

（2）网络化。视频监控的网络化将以这系统的结构将由集成式向集散式系统过渡，集散式系统采用多层分级的结构形式，具有微内核技术的事时多任务、多用户、分布式操作系统以实现抢先任务调度算法的快速响应，组成集散式视频监控系统的硬件和软件采用标准化、模块化和系统化设计，视频监控系统设备的配置具有通用性强，开放性好，系统组态灵活，控制功能完善，数据处理方便，人机界面友好以及系统安装、调试和维修简单化，系统安全，容错可靠等功能。

（3）系统集成化。视频监控的网络化在某种程度上打破了布控区域和设备扩展的地域和数量界限。系统网络化将使整个网络系统硬件和软件资源的共享以及任务和负载的共享，这就是系统集成的一个重要概念。

4.2.23.2　标准依据

视频监控系统施工及运行必须遵照的相关标准及规范见表 4.29。

表 4.29　视频监控系统施工及运行的标准依据

序号	标　准　名　称	标准编号或计划号
1	视频安防监控系统工程设计规范	GB 50395—2007
2	电气装置安装工程盘、柜及二次回路结线施工及验收规范	GB 50171—2012
3	电气装置安装工程电气设备交接试验标准	GB 50150—2016
4	安全防范工程技术规范	GB 50348—2018

4.2.23.3　施工安全技术

1．视频监控系统设备安装

（1）控制台与机柜。安装应平稳牢固，高度适当，便于操作维护。机柜架的背面、侧面，离墙距离，考虑到便于维修。

（2）控制显示设备。安装应便于操作、牢靠，监视器应避免"外来光"直射，设备应有"通风散热"措施。

（3）设置线槽线孔。机柜内所有线缆，依位置，设备电缆槽和进线孔，捆扎整齐、编号、标志。

（4）设备散热通风。控制设备的工作环境，要在空调室内，并要清洁，设备间要留的空间，可加装风扇通风。

（5）检测对地电压。机柜电源的火线、零线、地线，按照规范连接。检测量各设备"外壳"和"视频电缆"对地电压，电压越高，越易造成"摄像机"的损坏，避免"带电拔插"视频线。

（6）监控安装高度。室内摄像机的安装高度以 2.5～5m 为宜，室外以 3.5～10m 为宜。

（7）防雷绝缘。强电磁干扰下，摄像机安装，应与地绝缘；室外安装，要采取防雷措施。

（8）红外注意。红外灯避免直射光源、避免照射"全黑物、空旷处、水"等，容易吸收红外光，使红外效果大大减弱。

（9）云台安装。要牢固，转动时无晃动，检查"云台的转动范围"，是否正常，解码器安装在云台附近。

2．视频监控系统设备的运输

（1）所有部件经妥善包装或装箱后，在运输过程中尚应采取其他防护措施，以免散失损坏或被盗。

（2）各种包装应能确保各零部件在运输过程中不致遭到损坏、丢失、变形、受潮和腐蚀。光缆在搬运及储存时应保持缆盘竖立，严禁将缆盘平放或叠放，以免造成光缆排线混乱或受损。

（3）运输前应了解道路的走径、路面的路况等做详细的勘探，并对不符合运输要求的路段做必要的修整，以保证屏柜设备的安全运输。

（4）运输前应了解天气的变化，避开雨、雪天，否则应采取措施以免影响施工进度的安排。

（5）运输过程中运输车辆应平稳行驶，避免车辆行驶中紧急制动，遇有道路狭窄，车辆拥挤时，应有专人引导车辆。

4.2.23.4 运行安全技术

1. 视频监控系统运行

（1）视频监控系统，应做到定期巡检。内容包括：实时监测功能、回放功能、存储功能、传输功能、矩阵切换功能、字符叠加、网络上传等。

（2）监控系统图像实行自动保存，保存时间不低于 15 天，对特殊事件的图像永久保存，以便以后核对。

（3）任何人不得擅自复制、查询或者向其他单位和个人提供、传播图像信息。

（4）任何人不得擅自删除、修改监控系统的运行程序和记录。

（5）运行人员使用视频监控后台计算机要及时定期更改密码，并严禁将密码告知无关人员。

（6）运行人员应严格控制开机密码，防止其他人员随意开启、关闭计算机。

（7）严禁将视频监控系统软件关闭或将视频监控主机撤防和关闭。如遇设备故障应立即报修，严禁将视频监控设备系统断电。

2. 视频监控系统检修

（1）视频监控检修工作实行检修票制度，应禁止无票操作。

（2）对安装在高处摄像机进行检修作业时应遵守安全工作规程有关规定，正确采取防坠落措施。

（3）检修时严禁在监控系统中安装无关程序，删除系统任一程序，改变系统预先设置参数。

（4）检修工作结束后，应及时恢复监控系统至正常工作状态。

3. 事故及异常处理

（1）电源不正确引发的设备故障。电源不正确的原因可能有：供电线路或供电电压不正确；功率不够（或某一路供电线路的线径不够，降压过大等）；供电系统的传输线路出现短路、断路、瞬间过压等。特别是因供电错误或瞬间过压导致设备损坏的情况时有发生。因此，在系统调试中，供电之前，一定要认真严格地进行核对与检查。

（2）视频传输中，最常见的故障现象表现在监视器的画面上出现一条黑杠或白杠，并且或向上或向下慢慢滚动。在分析这类故障现象时，要分清产生故障的两种不同原因。要分清是电源的问题还是地环路的问题，一种简易的方法是，在控制主机上，就近只接入一台电源没有问题的摄像机输出信号，如果在监视器上没有出现上述的干扰现象，则说明控制主机无问题。接下来可用一台便携式监视器就近接在前端摄像机的视频输出端，并逐个检查每台摄像机。如有干扰，则进行处理。如无干扰，则该故障是由地环路等其他原因造成的。

（3）由于视频电缆线的芯线与屏蔽网短路、断路造成的故障。这种故障的表现形式是在监视器上产生较深较乱的大面积网纹干扰，以至图像全部被破坏，形不成图像和同步信号。这种情况多出现在 BNC 接头或其他类型的视频接头上。即这种故障现象出现时，往往不会是整个系统的各路信号均出问题，而仅仅出现在那些接头不好的路数上。只要认真逐个检查这些接头，就可以解决。

（4）由于传输线的特性阻抗不匹配引起的故障现象。这种现象的表现形式是在监视器的画面上产生若干条间距相等的竖条干扰，干扰信号的频率基本上是行频的整数倍。这是由于视频传输线的特性阻抗不是 75Ω 而导致阻抗失配造成的。也可以说，产生这种干扰现象是由视频电缆的特性阻抗和分布参数都不符合要求综合引起的。解决的方法一般靠"始端串接电阻"或"终端并接电阻"的方法去解决。

（5）云台的故障。一个云台在使用后不久就运转不灵或根本不能转动，是云台常见故障。这种情况的出现除去产品质量的因素外，可能存在如下原因：

1）只允许将摄像机正装的云台，在使用时采用了吊装的方式。在这种情况下，吊装方式导致了云台运转负荷加大，故使用不久就会导致云台的转动机构损坏，甚至烧毁电机。

2）摄像机及其防护罩等总重量超过云台的承重。特别是室外使用的云台，往往防护罩的重量过大，常会出现云台转不动（特别是垂直方向转不动）的问题。

3）室外云台因环境温度过高、过低、防水、防冻措施不良而出现故障甚至损坏。

第5章 安全工器具

5.1 海上备用设备

海上备用设备包括海上救生防护用品、海上通信设备等。海上救生防护用品包括救生衣、救生圈、救生艇、救生筏、保温救生服等；海上通信设备包括卫星电话、VHF 无线电通信等。

5.1.1 救生衣

救生衣因其款式类似背心，又被称为救生背心，一般采用尼龙面料或氯丁橡胶，浮力材料或可充气的材料，反光材料等制作而成。救生衣一般由口哨、带及口哨带、扣件、缚带、反光带、包布、浮材、定位带、提环、浮绳及袋、衣灯、带及衣灯袋等制成。一般使用年限为 5～7 年，是水上作业的救生设备之一。浮材一般采用泡沫塑料或软木，亦有充气式，依靠气体提供浮力，穿在身上具有足够浮力，使落水者头部能露出水面。救生衣如图 5.1 所示。

图 5.1　救生衣

5.1.1.1　类型和技术特性

1. 救生衣类型

（1）船用救生衣，主要用于远洋沿海、内河各类人员在遇有突发情况下救生使用。

（2）船用工作救生衣，尺寸较小，穿着方便，适合水上作业人员在作业时使用，具有良好的工效性。

2. 技术特性

救生衣作为个体救生装备，体积小，便于携带，易于存储，稳定性高。能使落水者仰浮，保持面部、口鼻高出水面而不致灌水。可以减少使用人员体力消耗，同时减少体热散失。

5.1.1.2　标准依据

救生衣执行的相关标准及规范见表 5.1。

表 5.1　救生衣标准依据

序号	标 准 名 称	标准编号或计划号
1	船用救生衣	GB 4303—2008
2	船用工作救生衣	GB/T 32227—2015

序号	标 准 名 称	标准编号或计划号
3	船用气胀式救生衣	JT 346—2004
4	船用保温救生服标准	JT/T 662—2006

5.1.1.3 使用注意事项

1. 储存要求

（1）救生衣应放在易于取用的地方，其存放位置应有明显的标志。

（2）救生衣不得存放在潮湿、油垢或温度过高的地方。

（3）不得随意将救生衣做枕头或坐垫使用，以免受压后浮力减小。

（4）为值班人员配备的救生衣应直接存放在驾驶室，机舱控制室及其他有人值班的地点。

2. 使用前检查

穿着救生衣前，应先检查浮力袋、领口带、腰带等是否有损坏、缺失，若是充气式救生衣，应检查救生衣外罩有无破损处，检查充气装置是否正常。

3. 救生衣配备

（1）船上人员每人配备一件符合相关要求的救生衣。

（2）驾驶室和机舱各值班人员每人增设一件。

5.1.2 救生圈

救生圈是海上救生的必需品，一般由软木、泡沫塑料或其他比重较小的轻型材料制成，外面报上帆布、塑料等。通常由本体、把手索、反光带组成。救生圈如图 5.2 所示。

图 5.2 救生圈

5.1.2.1 类型和技术特性

1. 救生圈类型

按照制造工艺分类，救生圈可分为：

（1）整体式救生圈（integral life buoy），由圈体一次整体成型工艺制造而成。

（2）外壳内充式救生圈（stuffing life buoy），由圈体外壳整体成型、内部填充材料的工艺制造而成。

2. 技术特性

救生圈由于尺寸较小，重量轻，便于携带，可与可浮救生索、自亮浮灯或自发烟雾信号等属具搭配使用。救生圈受海水及油类的不利影响较小，在海上温度或气候变化时，能保持其浮性及耐久性。

5.1.2.2 标准依据

救生圈执行的相关标准及规范见表 5.2。

表 5.2　救 生 圈 标 准 依 据

序号	标 准 名 称	标准编号或计划号
1	救生圈用自亮浮灯及自发烟雾组合信号	GB 3107—2008
2	救生圈	GB 4302—2008
3	救生圈架	CB 640—2005

5.1.2.3　使用注意事项

（1）救生圈应合理分散布置在船舶两舷和作业人员应容易到达的地方，尽量分放在所有延伸至船舷的露天甲班上，且至少有一只应放在船尾附近，存放位置处有明显的标志。其悬挂装置应能保障在船舶沉没时，救生圈能浮离。带有救生浮索的救生圈应悬挂在驾驶室外的两舷，并能被迅速取用，切勿将救生圈绑在悬挂装置上。

（2）定期检查救生圈及其属具，始终保持他们处于随时可用的状态。

（3）为方便使用和管理，救生圈需配有反光带。

（4）每艘船舶至少总数一半的救生圈应配备符合要求的自亮浮灯，以便在夜间能显示救生圈及其使用者的位置，便于搜寻救助。

（5）每艘船驾驶室附件的救生圈至少有两个设有符合要求的自发烟雾信号，烟雾信号罐平时用小绳与救生圈相连接，他的拉环则用小绳系固在船上，当抛投救生圈时，拉环随之被拉掉，烟雾罐随救生圈漂浮在水面上，并发出橙黄色烟雾。

5.1.3　救生艇

救生艇是指供船舶遇险时救护乘员用的专用救生小艇。利用划桨、驶帆、动力机等推进。艇内一般装有空气箱，使艇在进水后仍有足够浮力以保证艇及艇上人员的安全。海船的救生艇上还备有一定量的淡水、食物和生活用品等。救生艇如图 5.3 所示。

5.1.3.1　类型和技术特性

1. 救生艇类型

按照结构型式可分为部分封闭式救生艇、开敞式救生艇、全封闭式救生艇。

（1）部分封闭式救生艇是指在艇首和艇尾各有不少于艇长 20% 的固定的刚性顶盖、中间设有可折叠式顶篷的救生艇。

图 5.3　救生艇

（2）开敞式救生艇是指一种在艇缘以上部分没有固定刚性顶篷装置的救生艇。

（3）全封闭式救生艇是指一种在救生艇的上部设有封闭的固定刚性顶篷装置的救生艇。

2. 技术特性

部分封闭式救生艇主要用于巡航船、渡船和客船；开敞式救生艇仅用于沿海小型船舶及内陆水域船舶；全封闭式救生艇具有良好的水密性和艇内隔热保温性，可使人员在艇内免遭风雨、海水的侵袭和烈日的曝晒，并具有自行扶正功能。

5.1.3.2　标准依据

救生艇执行的相关标准及规范见表 5.3。

表 5.3　救 生 艇 标 准 依 据

序号	标　准　名　称	标准编号或计划号
1	开敞式救生艇技术条件	GB/T 14355—2009
2	封闭救生艇技术条件	GB/T 20842—2007
3	船舶与海上技术 气胀式救生装置用充气系统	GB/T 23298—2009
4	船舶与海上技术 救生艇筏和救助艇用救生属具	GB/T 32081—2015
5	船舶与海上技术　自由降落式救生艇降放装置	GB/T 16303—2009
6	封闭式救生艇试验方法	CB/T 3960—2004

5.1.3.3　使用注意事项

（1）一般在船舶的两侧或船尾设置救生艇，不应妨碍存放其他任何位置的救生设备的使用，应尽量靠近船舶的起居处，以便于满足人员迅速、安全登乘。同时应在救生艇放置处附近设有集合点，集合点应能容纳指定在该集合点的所有人员。在集合点以及通往集合点的通道、楼梯和出入口处设有应急照明灯和指引标志。

（2）应按时对救生艇的释放装置、艇内属具、应急物品等进行检查。

5.1.4　救生筏

救生筏供海上求生人员逃生及求生使用的一种专门筏体。它能够被迅速的施展开，漂浮在水面之上，供人员登乘，等待救援。救生筏如图 5.4 所示。

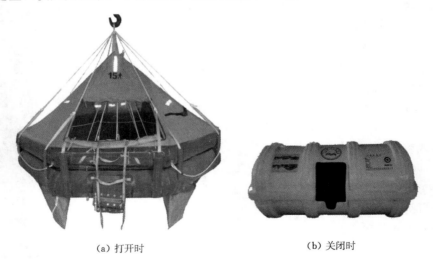

（a）打开时　　　　　　　　　　　　　（b）关闭时

图 5.4　救生筏

5.1.4.1　类型和技术特性

1. 救生筏类型

（1）气胀式救生筏。由采用橡胶材料制成的上下浮胎提供浮力，以双层防水尼龙布制成篷帐,用气体充胀成圆形、椭圆形或多边形等带有篷帐的小筏。根据施放方式不同,分为抛投式救生筏和吊放式救生筏。

(2)刚性救生筏。也称传统式救生筏,其结构是在救生筏的四周使用镀锌铁皮、铝合金板、不锈钢板或硬质塑料类材料制成若干个联体空气箱作为救生筏的主体浮力部分,然后外覆盖或不覆盖阻燃材料;筏的顶部设有固定式刚性顶篷和出入口,筏的底部为木质花格板。

2.技术特性

(1)气胀式救生筏体积小,重量轻,易于存放,使用方便,安全可靠,性能稳定。

(2)刚性救生筏结构简易,造价低廉,但其体积较大、笨重且载员少,存在占地面积大,施放、维护和登乘没有气胀式救生筏方便,因此目前已极少使用。

5.1.4.2 标准依据

救生筏执行的相关标准及规范见表5.4。

表5.4 救生筏标准依据

序 号	标 准 名 称	标准编号或计划号
1	救生艇筏和救助艇灯	GB/T 30488—2014
2	气胀救生筏 Y 型筏	HG 2714.3—1995

5.1.4.3 使用注意事项

(1)气胀式救生筏平时存放在玻璃钢制成的存放筒内,搁置在船舶两舷侧专用的筏架上。气胀式救生筏在使用时可将筏和存放筒一起直接抛入水中,救生筏即可自动充胀成形。如果船舶下沉太快,来不及将其抛入水中,当船舶沉到水下一定深度时,筏架上的静水压释放器会自动脱钩,释放出救生筏,救生筏会浮出水面并自动充胀成形。

(2)如救生筏存放在甲板距离水面高度小于11m时,或者筏抛入水中仍未胀开时,须继续拉出首缆,打开充气钢瓶的阀门,使筏充胀成形。

(3)救生筏入水后如呈翻覆状态,则应扶正。扶正人员应穿救生衣,爬上筏底,站在钢瓶一边,双手拉筏底扶正带,下蹲往后仰。注意须迎风扶正。

5.1.5 保温救生服

保温救生服又称浸水服,施工入水者在低温水中穿着以防止体热散失的保护服。保温救生服外表颜色为橙色或橙红色,一般制成上衣和裤子连在一起的"连身式"服装,保温救生服胸前配有水密拉链,方便穿着者迅速使用。为了使穿着者能执行一定的工作任务,还配备了连衣手套和带有防滑装置的连裤靴鞋;为了防治空气在救生服内流动散失热量,在救生服裤腿两侧还加装了限流拉链;为了便于直升机救助,有的救生服还设有一个带有弹簧开关的起吊环。保温救生服如图5.5所示

5.1.5.1 类型和技术特性

1.保温救生服类型

一般根据使用身高分为三种规格,即大号、中号、小号,大号适用范围(身高)为

图 5.5　保温救生服

1.80～1.95m，中号适用范围（身高）为 1.65～1.80m，小号适用范围（身高）为 1.65m
以下。

2. 技术特性

（1）保温服防水性能。穿着者在水中漂浮 1h 后，衣服内的进水量小于 200g（仅为
20～40g）；穿着者从足以使其身体全部没入水中的高度跳入水中，进水量少于 500g（仅
为 140～160g）。

（2）救生服浮力性能。穿着者能在 5s 内翻转至脸向上的姿势，口鼻部露出水面
120mm，在水中浸泡 24h 后，其浮力损失小于 5%。

（3）保温救生服保温特性。穿着者在 0～2℃的静水流中浸泡 6h，体温降低
不超过 2℃（仅降低 0.6℃），手、足皮肤温度不低于 10℃（最低温度保持在 18℃
以上）。

5.1.5.2　标准依据

保温救生服执行的标准及规范见表 5.5。

表 5.5　保温救生服标准依据

标 准 名 称	标准编号或计划号
船用保温救生服标准	JT/T 662—2006

5.1.5.3　使用注意事项

（1）保温救生服平时卷叠于专门的包内，应存放在易于取用的地点，通常存放在船舶
救生站和船员住舱内，并且存放位置应有明显的标志。

（2）保温救生服避免接触酸碱或其他有害物质。

（3）拉链部位应该用蜡或者无酸碱性油脂来涂抹，保持拉链拉舌移动时轻便灵活。

（4）穿着使用后用淡水冲洗干净，悬挂于阴凉、干燥的地方，避免高温或紫外线辐
射。晾干后应叠好并放回原处。

5.1.6 卫星电话

卫星电话是基于卫星通信系统来传输信息的通话器，也就是卫星中继通话器。卫星电话主要用于改善救援工作，提高船舶使用的效率和管理水平，增强海事通信业务和无线定位能力。卫星电话如图 5.6 所示。

5.1.6.1 类型特性

1. 卫星电话类型

按应用可分为海事卫星移动系统、航空卫星移动系统和陆地卫星移动系统。

2. 技术特性

卫星电话体积小，携带方便，通信距离远，可靠性高，适应性强，可实现船与船、船与陆地的通信。

5.1.6.2 使用注意事项

（1）使用卫星电话时，要选取看到天空的户外地方，尽量远离高的建筑物，将天线旋转及伸展至定位。

（2）使用时，请保持天线向上状态，和头部保持距离，以减少电磁波对头部的辐射。

（3）定期检查卫星电话，确保卫星电话保持随时可用状态。

5.1.7 船用甚高频（VHF）无线电通信

船用甚高频（VHF）无线电通信是指采用 VHF 专用频段进行船舶间、船舶内部、船岸间或经岸台与陆上通信转接的船与岸上用户间的无线电通信。VHF 通信是水上移动无线电通信中的一个重要系统，用于近距离通信。船用甚高频（VHF）无线电通信如图 5.7所示。

图 5.6 卫星电话　　　　图 5.7 船用甚高频（VHF）无线电通信

5.1.7.1 类型和技术特性

1. 船用甚高频（VHF）无线电通信类型

从通信工作方式上，分半双工通信工作和双工通信工作两种方式。

（1）半双工通信工作是指在同一时刻，发射和接收都工作在同一频率上，无线电信号只能单方向进行传输。

（2）双工通信是指在同一时刻信息可以进行双向传输，如打电话一样，边说边听。

2. 技术特性

设备体积小，其工作频段在 156MHz 到 174MHz，是 GMDSS 中 A1 海区（沿海海区）的主要通信设备，是完成现场通信的主要方式，也是完成驾驶台与驾驶台之间船舶安全业务的唯一通信方法，是所有船舶均应配备的设备之一。

5.1.7.2 使用注意事项

（1）当船舶进入一特定的港口水域前，必须认真学习、了解该港口水域的 VHF 通信规则。双方通信联系前一定要统一频道和模式；当遇到频道正确而联系不畅时，应换频道或对讲机；遇干扰或干扰别人时，应及时更换频道。

（2）说话简洁，尽量缩短每次发射的时间。

（3）便携式手持对讲机天线不能拧下，否则在发射时容易把功率管烧坏。

（4）在贴有"关闭对讲机"标识的场合或易燃易爆场所，应关闭对讲机或使用防爆对讲机，如油码头、危险品码头、石油气天然气码头等场所；应注意在易燃易爆场所的危险环境中不能更换电池、拆卸或插拔对讲机的附件，如耳机话筒，以免因拆卸或插拔时产生的摩擦接触火花会引起爆炸或火灾。

（5）16 频道是为遇险和安全呼叫预留的频道，在日常业务通信中，只能用于建立通信联系的呼叫。在通信开始时，除有约定外均应首先用 16 频道呼叫，一旦通信联系建立，应立即转入其他工作频道。

5.2 常用安全工器具

安全工器具通常专指电力安全工器具，是指防止触电、灼伤、坠落、摔跌等事故，保障工作人员人身安全的各种专用工具和器具。在电力系统中，为了顺利完成任务而又不发生人身事故，操作者必须携带和使用各种安全工器具。如对运行过程中的电气设备进行巡视、改变运行方式、检修试验时，需要采用电气安全用具；在线路施工中，需要使用登高安全用具；在带电的电气设备上或邻近带电设备的地方工作时，为了防止触电或被电弧灼伤，需使用绝缘安全工器具等。常用安全工器具主要包括验电器、接地线、个人保安线、绝缘杆、核相器、绝缘隔板、绝缘胶垫、绝缘鞋、绝缘夹钳、绝缘绳等。常用安全工器具如图 5.8 所示。

5.2.1 类型和技术特性

1. 安全工器具类型

（1）绝缘安全工器具通常又分为基本绝缘安全工器具和辅助绝缘安全工器具。

（2）一般防护安全工器具。

2. 技术特性

（1）绝缘安全工器具。

1）基本绝缘安全工器具：基本绝缘安全工器具是指能直接操作带电设备或接触及可能接触带电体的工器具，如电容型验电器、绝缘杆、核相器、绝缘罩、绝缘隔

图 5.8　常用安全工器具

板等，这类工器具和带电作业工器具的区别在于工作过程中为短时间接触带电体或非接触带电体。

2）辅助绝缘安全工器具：辅助绝缘安全工器具是指绝缘强度不是承受设备或线路的工作电压，只是用于加强基本绝缘安全工器具的保安作用，用以防止接触电压、跨步电压、泄漏电流电弧对操作人员的伤害，不能用辅助绝缘安全工器具直接接触高压设备带电部分。属于这一类的安全工器具有：绝缘手套、绝缘靴、绝缘胶垫等。

（2）一般防护安全工器具。

一般防护用具是指防护工作人员发生事故的工器具，如安全带、安全帽、导电鞋等，以及登高用的脚扣、升降板、梯子等也归入这个范畴。

5.2.2　标准依据

安全工器具执行的相关标准及规范见表 5.6。

表 5.6　安全工器具标准依据

序号	标　准　名　称	标准编号或计划号
1	用电安全导则	GB 13869—2017
2	起重机械安全规程 第 1 部分：总则	GB 6067.1—2010
3	固定式钢梯及平台安全要求	GB 4053—2009
4	风力发电机组设计要求	GB/T 18451.1—2012
5	职业健康安全管理体系规范	GB/T 28001—2011
6	风力发电场安全规程	DL/T 796—2012
7	电力安全工器具预防性试验规程	DL/T 1476—2015
8	电力安全工器具配置与存放技术要求	DL/T 1475—2015
9	安全工器具柜技术条件	DL/T 1692—2017

5.2.3　使用注意事项

5.2.3.1　验电器使用注意事项

以验电器（图 5.9）为例，验电器的使用要符合标准，使用要符合规定。如果使用不正确，就起不到充分的防护作用。一般应注意如下事项：

图 5.9　验电器

（1）在使用前，首先应检查一下验电笔的完好性，各大组成部分是否缺少，氖泡是否损坏，然后在有电的地方验证一下，只有确认验电笔完好后，才可进行验电。

（2）在使用时，一定要手握笔帽端金属挂钩或尾部螺丝，笔尖金属探头接触带电设备，湿手不要去验电，不要用手接触笔尖金属探头。

（3）通常氖泡发光者为火线，不亮者为零线；但中性点发生位移时要注意，此时，零线同样也会使氖泡发光；对于交流电通过氖泡时，氖泡两极均发光，直流电通过的，仅有一个电极附近发亮；当用来判断电压高低时，氖泡暗红轻微亮时，电压低；氖泡发黄红色，亮度强时电压高。

（4）在使用高压验电器进行验电时，首先必须认真执行操作监护制，一人操作，一人监护。操作者在前，监护人在后。

（5）使用验电器时，必须注意其额定电压要和被测电气设备的电压等级相适应，否则可能会危及操作人员的人身安全或造成错误判断。

（6）验电时，操作人员一定要戴绝缘手套，穿绝缘靴，防止跨步电压或接触电压对人体的伤害。操作者应手握罩护环以下的握手部分，先在有电设备上进行检验。

（7）检验时，应渐渐地移近带电设备至发光或发声止，以验证验电器的完好性。然后再在需要进行验电的设备上检测。同杆架设的多层线路验电时，应先验低压，后验高压，先验下层，后验上层。

（8）在使用高压验电笔验电前，一定要认真阅读使用说明书，检查一下试验是否超周期、外表是否损坏、破伤。例如，GDY 型高压电风验电器在从包中取出时，首先应观察电转指示器叶片是否有脱轴现象，警报是否发出音响，脱轴者不得使用，然后将电转指示器在手中轻轻摇晃，其叶片应稍有摆动，证明良好，然后检查报警部分，证明音响良好。对于 GSY 型系列高压声光型验电器在操作前应对指示器进行自检试验，才能将指示器旋转固定在操作杆上，并将操作杆拉伸至规定长度，再作一次自检后才能进行。

（9）在保管和运输中，不要使其强烈振动或受冲击，不准擅自调整拆装，凡有雨雪等影响绝缘性能的环境，一定不能使用。

（10）不要把它放在露天烈日下暴晒，应保存在干燥通风处，不要用带腐蚀性的化学溶剂和洗涤剂进行擦拭或接触。

5.2.3.2 绝缘杆使用注意事项

以绝缘杆（图 5.10）为例，绝缘杆的使用要符合标准，使用要符合规定。如果使用不正确，就起不到充分的防护作用。一般应注意下列事项：

（1）使用前检查。

1）观察绝缘杆无弯曲变形，表面光滑，无气泡，无皱纹，无裂缝，无脱落层。

2）绝缘杆各段间连接牢固可靠，空心管绝缘杆两端要封堵严密。

3）绝缘杆每年要进行一次耐压试验，杆上有试验合格证，并在有效期内。

4）绝缘杆上各节编号清晰、准确。

（2）正确使用方法。

1）使用绝缘杆前应检查绝缘杆的允许使用电压应与设备电压等级相符。

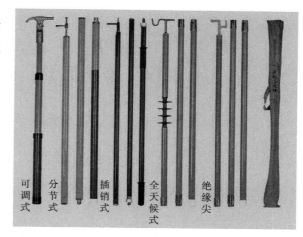

图 5.10 绝缘杆

2）使用绝缘杆前应检查绝缘杆的堵头完好如发现破损应禁止使用。

3）使用绝缘杆时人体应与带电设备保持足够的安全距离，并注意防止绝缘杆被人体或设备短接，以保持有效的绝缘长度。

4）雨天在户外操作电气设备时绝缘杆的绝缘部分应有防雨罩或使用带绝缘子的绝缘杆并戴绝缘手套。防雨罩的上端口应与绝缘部分紧密结合无渗漏现象。

5）不能将绝缘杆放在潮湿的地面上。

6）多节绝缘杆连接 要牢靠。注意插接式要卡到位，螺旋式要旋到位。

（3）正确保管维护的方法。

1）绝缘杆应贮存在干燥、清洁通风良好的室内，并架在支架上或悬挂存放不得斜靠及贴墙放置，有条件的应存放在恒温恒湿的安全工器具柜或恒温室。

2）要确认绝缘棒是否在试验有效期内。

3）要保证绝缘棒的安全长度足够。

附　　录

附录1　DL 5009.3—2013《电力建设安全工作规程　第3部分：变电站》节选

3　通　　则

3.1　基　本　规　定

3.1.1　为贯彻执行"安全第一、预防为主、综合治理"的安全生产方针，确保施工作业人员在施工中的人身安全和身体健康，制定本规程。

3.1.2　施工单位应根据本规程的规定，结合工程实际情况编制专项施工方案，严格执行编审批程序。

3.1.3　在试验和推广新技术、新工艺、新材料、新装备、新流程的同时，应制订相应的安全技术措施，经总工程师（具有资质的企业技术负责人）批准后方可执行。

3.1.4　施工作业人员基本要求。

1　施工作业人员应身体健康，无妨碍工作的生理和心理障碍。施工作业人员应定期进行体检，合格者方可上岗。特种作业人员体检周期不得超过一年，其他施工作业人员体检周期不得超过两年。

2　从事电工、焊接、高处作业等特种作业人员和起重机械等特种设备作业人员应经专门的安全技术培训并考核合格，取得相应的特种作业操作资格证书后，方可上岗作业。

3　施工作业人员及管理人员应具备所从事作业的基本知识和技能，熟悉并严格遵守本规程的有关规定，经安全知识教育和安全技能培训，并每年考试一次，考试合格方可上岗。

4　新进入施工现场的作业人员应经安全教育，在技能熟练人员指导下参加指定的工作，并且不得单独工作。

5　施工单位应组织全体施工作业人员学习和掌握现行行业标准 DL/T 692《电力行业紧急救护技术规范》所规定的现场紧急救护知识。

3.2　施　工　现　场

I　一　般　规　定

3.2.1　施工总平面布置应符合国家消防、环境保护、职业健康等有关规定。

3.2.2　施工现场的排水设施应全面规划。排水沟的截面积及坡度应经计算确定，其设置位置不得妨碍交通。凡有可能承载荷重的排水沟均应设盖板或敷设涵管，盖板的厚度或涵管的大小和埋设深度应经计算确定。排水沟及涵管应保持畅通。

3.2.3 施工现场敷设的力能管线不得随意切割或移动。如需切割或移动，应事先办理审批手续。

3.2.4 施工现场及周围的悬崖、陡坎、深坑、高压带电区等危险场所均应设防护设施及安全标志；坑、沟、孔洞等均应铺设与地面平齐的盖板或设可靠的围栏、挡板及安全标志。危险场所夜间应设警示灯。

3.2.5 施工现场设置的各种安全设施不得擅自拆、挪或移作他用。如确因施工需要，应征得该设施管理单位同意，并办理相关手续，采取相应的临时安全措施，事后应及时恢复。

3.2.6 办公区、生活区应与施工区分开设置。

3.2.7 进入施工现场的人员应正确佩戴安全帽，根据作业工种或场所需要选配个体防护装备。施工作业人员不得穿拖鞋、凉鞋、高跟鞋，以及短裤、裙子等进入施工现场。酒后不得进入施工现场。与施工无关的人员不得进入施工现场。

3.2.8 在存在有害气体的室内或容器内工作均应设强制通风装置，采用可靠的防护用具，或配备气体检测装置，并在专人监护下进行工作。

3.2.9 进入井、隧道、电缆夹层内工作前，应先检查其内是否积聚有可燃、有毒等气体，如有异常，应认真排除，在确认安全后方可进入工作。下坑井内工作的人员应系好救生绳和安全带，救生绳上端固定在坑井上部牢固部位，并设专人监护。

3.2.10 工作场所应保持整洁，垃圾或废料应及时清除，做到"工完、料尽、场地清"，坚持文明施工。高处的垃圾或废料不得向下抛掷。

3.2.11 工作场所应配备应急医疗用品和器材，并定期检查其有效期限，及时更换补充。

Ⅱ 道 路

3.2.12 施工现场的道路应坚实、平坦，车道宽度和转弯半径应结合进站和站内设计道路，并兼顾施工和大件设备运输要求。

3.2.13 现场道路不得任意挖掘或截断，确需开挖时，应事先征得施工管理部门的同意并限期修复。开挖期间应采取铺设过道板或架设便桥等保证安全通行的措施。

3.2.14 现场道路跨越沟槽时应搭设牢固的便桥，经验收合格后方可使用。人行便桥的宽度不得小于1m，手推车便桥的宽度不得小于1.5m，汽车便桥的宽度不得小于3.5m。便桥的两侧应设有可靠的栏杆。

3.2.15 现场的机动车辆应限速行驶，行驶速度一般不得超过15km/h；机动车在特殊地点、路段或遇到特殊情况时的行驶速度不得超过5km/h；并应在显著位置设置限速标志。

3.2.16 机动车辆行驶沿途应设交通指示标志，危险区段应设"危险"或"禁止通行"等安全标志，夜间应设警示灯。场地狭小、运输繁忙的地点应设临时交通指挥。

Ⅲ 临 时 建 筑 物

3.2.17 临时建筑物的设计、施工安装、验收、使用与维护、拆除与回收按现行行业标准JGJ/T 188《施工现场临时建筑物技术规范》的有关规定执行。

3.2.18 临时建筑物工程应经设计，并经审核批准后方可施工；竣工后应经验收合格方可使用。

3.2.19 临时建筑物应根据当地气候条件，采取抵抗风、雪、雨、雷电等自然灾害的措施。在使用过程中应定期进行检查维护。

Ⅳ　材料、设备堆放及保管

3.2.20 材料、设备应按施工总平面布置规定的地点堆放整齐，并符合消防及搬运的要求。堆放场地应平坦、不积水，地基应坚实。现场拆除的模板、脚手杆以及其他剩余材料、设备应及时清理回收，集中堆放。

3.2.21 材料、设备不得紧靠围栏或建筑物的墙壁堆放，应留有0.5m以上的间距，并采取防止无关人员进出的措施。露天存放时应设置支垫，并做好防潮、防火措施。

3.2.22 各类脚手杆（管）、脚手板、紧固件以及防护用具等均应存放在干燥、通风处，并符合防腐、防火等要求。新工程开工或间歇性复工前应进行检查，经鉴定合格方可使用。

3.2.23 酸类及有害人体健康的物品应存放在专用仓库内或场地上，并做出标记。仓库应保持通风。

3.2.24 易燃材料和废料的堆放场所与建筑物及用火作业区的距离应符合本规程3.2.33的有关规定。

3.2.25 易燃、易爆及有毒物品等应分别存放在与普通仓库隔离的危险品仓库内，危险品仓库的库门应向外开，并按有关规定严格管理。汽油、酒精、油漆及稀释剂等挥发性易燃材料应密封存放，并配适宜的消防器材。

3.2.26 建筑材料的堆放高度应符合表3.2.26的规定。

表 3.2.26　建筑材料堆高限度

材料名称	堆高限度	注意事项
铁桶、管材	1m	两边设立柱，层间可加垫
成材	4m	每隔0.5m高度加横木
砖	2m	堆放整齐、稳固
水泥	12袋	地面应架空垫起不小于0.3m
材料箱、筒	横卧3层、立放2层	层间应加垫，两边设立柱
袋装材料	1.5m	堆放整齐、稳固

3.2.27 电气设备、材料的保管与堆放应符合下列要求：

1 瓷质材料拆箱后，应单层排列整齐，不得堆放，并采取防碰措施。

2 绝缘材料应存放在有防火、防潮措施的库房内。

3 电气设备应分类存放，放置应稳固、整齐，不得堆放。重心较高的电气设备在存放时应有防止倾倒的措施。有防潮标志的电气设备应做好防潮措施。

Ⅴ　施　工　用　电

3.2.28 一般规定。

1 施工用电的布设应编入施工组织设计或专项方案，并符合当地供电单位的有关规定。

2 施工用电设施应按批准的方案进行施工，竣工后应经验收合格方可投入使用。

3 施工用电设施安装、运行、维护应由专业电工负责，并应建立安装、运行、维护、拆除工作记录。

3.2.29 施工用配电变压器设备。

1 容量在 400kVA 及以下的 10kV 变压器可采用支柱上安装，支柱上变压器的底部距地面的高度不应小于 2.5m。组立后的支柱不应有倾斜、下沉及支柱基础积水等现象。

2 35kV 及 10kV/400kVA 以上的变压器应采用地面平台安装，装设变压器的平台应高出地面 0.5m，其四周应装设高度不低于 1.8m 的围栏。围栏与变压器外廓的距离：10kV 及以下应不小于 1m，35kV 应不小于 1.2m，并应在围栏各侧的明显部位悬挂"止步，高压危险！"的安全标志。

3 变压器中性点及外壳接地应接触良好，连接牢固可靠，接地电阻不得大于 4Ω。总容量为 100kVA 以下的系统，接地电阻不得大于 10Ω。

4 变压器引线与电缆连接时，电缆及其终端头均不得与变压器外壳直接接触。

5 采用箱式变电站供电时变压器外壳应有可靠的保护接地，接地系统应符合产品技术要求，装有仪表和继电器的箱门应与壳体可靠连接。

6 箱式变电站安装完毕或检修后投入运行前，应对其内部的电气设备进行检查，电气性能试验合格后方可投入运行。

3.2.30 施工用电及照明。

1 配电系统应设置总配电箱（配电柜）、分配电箱、开关箱，实行三级配电。配电箱、开关箱应根据用电负荷状态装设剩余电流动作保护器，并定期检查和试验。

2 配电箱设置地点应平整，不得被水淹或土埋，并应防止碰撞和被物体打击。配电箱附近不得堆放杂物。

3 配电箱应坚固，金属外壳接地或接零良好，其结构应具备防火、防雨的功能，箱内的配线应采取相色配线且绝缘良好，导线进出配电柜或配电箱的线段应采取固定措施，导线端头制作规范，连接应牢固。操作部位不得有带电体裸露。

4 支架上装设的配电箱，应安装牢固并便于操作和维修；引下线应穿管敷设并做防水弯。

5 低压架空线路不得采用裸线，导线截面积不得小于 16mm²，架设高度不得低于 2.5m；交通要道及车辆通行处，架设高度不得低于 5m。

6 现场直埋电缆的走向应按施工总平面布置图的规定，沿主道路或固定建筑物等的边缘直线埋设，埋深不得小于 0.7m，并应在电缆紧邻四周均匀敷设不小于 50mm 厚的细砂，然后覆盖砖或混凝土板等硬质保护层；转弯处和大于等于 50m 的直线段处，在地面上设明显的标志；通过道路时应采用保护套管。

7 电缆接头处应有防水和防触电的措施。

8 用电线路及电气设备的绝缘应良好，布线应整齐，设备的裸露带电部分应加防护措施。架空线路的路径应合理选择，避开易撞、易碰以及易腐蚀场所。

9 用电设备的电源引线长度不得大于 5m，长度大于 5m 时，应设移动开关箱。移动开关箱至固定式配电箱之间的引线长度不得大于 40m，且只能用绝缘护套软电缆。

10　电气设备不得超铭牌使用，隔离型电源总开关不得带负荷拉闸。

11　闸刀开关和熔断器的容量应满足被保护设备的要求。闸刀开关应有保护罩。不得用其他金属丝代替熔丝。

12　熔丝熔断后，应查明原因，排除故障后方可更换。更换熔丝后应装好保护罩方可送电。

13　多路电源配电箱宜采用密封式；开关及熔断器应上口接电源，下口接负荷，不得倒接；负荷应标明名称，单相开关应标明电压。

14　不同电压等级的插座与插销应选用相应的结构，不得用单相三孔插座代替三相插座。单相插座应标明电压等级。

15　不得将电源线直接钩挂在闸刀上或直接插入插座内使用。

16　电动机械或电动工具应做到"一机一开关一保护"。移动式电动机械应使用绝缘护套软电缆。

17　照明线路敷设应采用绝缘槽板、穿管或固定在绝缘子上，不得接近热源或直接绑挂在金属构件上；穿墙时应套绝缘套管，管、槽内的电源线不得有接头，并应经常检查、维修。

18　照明灯具的悬挂高度不应低于 2.5m，并不得任意挪动，低于 2.5m 时应设保护罩。照明灯具开关应控制相线。

19　在光线不足的工作场所及夜间工作的场所均应有足够的照明。

20　在有爆炸危险的场所及危险品仓库内，应采用防爆型电气设备，开关应装在室外。在散发大量蒸汽、气体或粉尘的场所，应采用密闭型电气设备。在坑井、沟道、沉箱内及独立高层建筑物上，应备有独立的照明电源，并符合安全电压要求。

21　照明装置采用金属支架时，支架应稳固，并采取接地或接零保护。

22　行灯的电压不得超过 36V，潮湿场所、金属容器或管道内的行灯电压不得超过 12V。行灯应有保护罩，行灯电源线应使用绝缘护套软电缆。

23　行灯照明变压器应使用双绕组型安全隔离变压器，不得使用自耦变压器。

24　电动机械及照明设备拆除后，不得留有可能带电的部分。

3.2.31　接零及接地保护。

1　**施工临时电源在专用变压器供电时必须采用专用变压器供电的 TN－S 接零保护系统。**[❶]

2　在 TN－S 接零保护系统中，电气设备的金属外壳应与保护零线连接。保护零线应由工作接地线、配电室（配电箱）电源侧零线或剩余电流动作保护器电源侧零线引出，见图 3.2.31－1。

3　当施工现场利用原有供电系统的电气设备时，应根据原系统要求做保护接零或保护接地。同一供电系统不得一部分设备做保护接零，另一部分设备做保护接地。

4　在 TN 系统做保护接零时，工作零线（N 线）应通过剩余电流动作保护器，保护零线（PE 线）应由电源进线零线重复接地处或剩余电流动作保护器电源侧零线处引出，形成局部 TN－S 接零保护系统（或称 TN－C－S），见图 3.2.31－2。

---

❶　附录 1 中的黑体为 DL 5009.3—2013 的强制性条文。

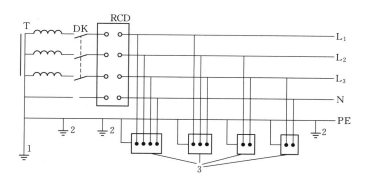

图 3.2.31-1 专用变压器供电时 TN-S 接零保护系统示意

1—工作接地；2—PE 线重复接地；3—电气设备金属外壳（正常不带电的外露可导电部分）；

T—变压器；L₁、L₂、L₃—相线；N—工作零线；PE—保护零线；DK—总电源隔离开关；

RCD—剩余电流动作保护器（兼有短路、过载、漏电保护功能的漏电断路器）

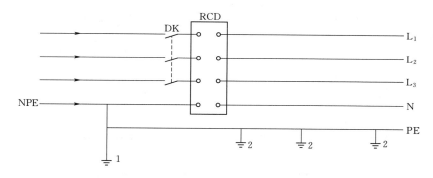

图 3.2.31-2 三相四线供电时局部 TN-S（TN-C-S）接零保护系统保护零线引出示意

1—NPE 线重复接地；2—PE 线重复接地；L₁、L₂、L₃—相线；N—工作零线；PE—保护零线；

DK—总电源隔离开关；RCD—剩余电流动作保护器（兼有短路、过载、漏电保护功能的漏电

断路器）；NPE—直接连接的工作零线和保护零线

5 在 TN 接零保护系统中，PE 线应单独敷设，重复接地线应与 PE 线连接，不得与 N 线连接。通过剩余电流动作保护器的 N 线与 PE 线之间不得再做电气连接。

6 在施工现场有完备的接地系统时施工电源可以采用 TT 系统接线，见图 3.2.31-3。

7 PE 线所用材质与相线相同时，其最小截面积符合表 3.2.31 的规定。

表 3.2.31 PE 线截面积与相线截面积的关系　　　　　　　　　　　　　　　　mm²

相线芯线截面积 S	PE 线最小截面积	相线芯线截面积 S	PE 线最小截面积
S≤16	S	S>35	S/2
16<S≤35	16		

8 保护零线应采用绝缘多股软铜绞线。电动机械与 PE 线的连接线截面积一般不得小于相线截面积的 1/3 且不得小于 2.5mm²；移动式或手提式电动机具与 PE 线的连接线截面积一般不得小于相线截面积的 1/3 且不得小于 1.5mm²。

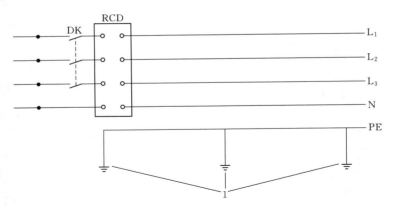

图 3.2.31-3　中性导体和保护导体分开的 TT 接地保护系统示意

1—PE 线重复接地；L₁、L₂、L₃—相线；N—工作零线；PE—保护零线；

DK—总电源隔离开关；RCD—剩余电流动作保护器（兼有短路、过载、漏电保护功能的漏电断路器）

9　PE 线严禁断线，严禁在 PE 线装设开关或熔断器，严禁在 PE 线通过工作电流。

10　电源线、保护接零线、保护接地线应采用焊接、压接、螺栓连接或其他可靠方法连接。

11　架空线及电缆线路的绝缘导线颜色应符合下列规定：L₁（A）、L₂（B）、L₃（C）的相序绝缘颜色依次为黄色、绿色、红色；N 线的绝缘颜色为淡蓝色；PE 线的绝缘颜色为绿/黄双色；严禁混用或代用。

12　保护零线必须在配电系统的始端、中间和末端处做重复接地。

13　配电箱内必须分设 N 线小母线和 PE 线小母线并标识。N 线小母线必须与箱体绝缘，PE 线小母线必须与金属箱体做电气连接，金属箱体与箱门应跨接。进出线中的 N 线必须通过 N 线小母线连接，PE 线必须通过 PE 线小母线连接。

14　对地电压在 127V 及以上的下列电气设备及设施，均应装设接地或接零保护：

1）　发电机、电动机、电焊机及变压器的金属外壳。

2）　开关及其传动装置的金属底座或外壳。

3）　电流互感器的二次绕组。

4）　配电盘、控制盘的外壳。

5）　配电装置的金属构架、带电设备周围的金属围栏。

6）　高压绝缘子及套管的金属底座。

7）　电缆接头盒的外壳及电缆的金属外皮。

8）　吊车的轨道及焊工等的工作平台。

9）　架空线路的杆塔（木杆除外）。

10）　室内外配线的金属管道。

11）　金属制的集装箱式办公室、休息室及工具、材料间、卫生间等。

15　不得利用易燃、易爆气体或液体管道作为接地装置的自然接地体。

16　不得利用金属管道、建筑物的金属构架及电气线路的工作零线作为地线或零线。

17　接地装置的敷设应符合现行国家标准 GB 50169《电气装置安装工程　接地装置

施工及验收规范》的规定并应符合下列基本要求：

　　1）人工接地体的顶面埋设深度不宜小于0.6m。

　　2）人工垂直接地体宜采用热浸镀锌圆钢、角钢、钢管，长度宜为2.5m；人工水平接地体宜采用热浸镀锌的扁钢或圆钢。圆钢直径不应小于10mm；扁钢、角钢等型钢的截面积不应小于90mm²，其厚度不应小于3mm；钢管壁厚不应小于2mm。人工接地体不得采用螺纹钢。

3.2.32 用电安全管理。

　　1 用电单位应建立用电安全岗位责任制，明确各级用电安全负责人。

　　2 用电安全负责人及施工作业人员应严格执行临时用电安全施工技术措施，熟悉施工现场配电系统。

　　3 配电室和现场的配电柜或总配电箱、分配电箱应配锁，施工现场停止作业一小时以上时，动力开关箱应上锁。

　　4 电气设备明显部位应设严禁靠近以防触电的安全标志。

　　5 施工用电设施应定期检查并记录。对用电设施的绝缘电阻及接地电阻应进行定期检测并记录。

　　6 施工现场用电设备等应有专人进行维护和管理。

　　7 夜间、水下及潮湿环境中使用电动机械作业时，电工应跟班。

　　8 在浴室、蒸汽房等潮湿的场所，应有特殊的用电安全措施，保证在任何情况下人体不触及用电设备的带电部分，并当用电产品发生漏电、过载、短路或人员触电时能自动切断电源。

　　9 电气维护人员应配备足够的绝缘用具，绝缘用具应定期检验合格，试验周期及要求见表3.2.32。检验合格应有合格证，并注明下次检验日期。

表3.2.32　常用电气绝缘用具试验要求

序号	名称	电压等级 kV	试验周期	试验时间 min	交流耐压 kV	泄漏电流 mA
1	绝缘棒	6～10	一年	1	45	—
2	绝缘棒	35	一年	1	95	—
3	绝缘夹钳	10	一年	1	45	—
4	绝缘夹钳	35	一年	1	95	—
5	绝缘手套	低压	六个月	1	2.5	≤2.5
6	绝缘手套	高压	六个月	1	8	≤9
7	橡胶绝缘鞋	高压	六个月	1	15	≤6
8	验电器	6～10	一年	1	45	—
9	验电器	35	一年	1	95	—

注：验电器启动电压不高于额定电压的40%，不低于额定电压的15%。

　　10 对配电箱、开关箱进行维修、检查时，必须将其相应的电源断开并隔离，并悬挂"禁止合闸，有人工作！"安全标志牌。

　　11 配电箱、开关箱送电、停电应按照下列顺序进行操作：

1）送电操作顺序：总配电箱→分配电箱→开关箱；

2）停电操作顺序：开关箱→分配电箱→总配电箱。

但在配电系统故障的紧急情况下可以除外。

12　在对地电压 400V 以下的低压配电系统上不停电作业时，应遵守下列规定：

1）被拆除或接入的线路，应不带任何负荷。

2）相间及相对地应有足够的距离，避免施工作业人员及操作工具同时触及不同相导体。

3）有可靠的绝缘措施。

4）设专人监护。

Ⅵ　防　　火

3.2.33　一般规定。

1　在施工现场、仓库及重要机械设备、配电箱旁，应配置相应的消防器材。在需要动火的施工作业前，应增设相应类型及数量的消防器材。

2　在防火重点部位或易燃、易爆区周围动用明火或进行可能产生火花的作业时，应办理动火工作票，经有关部门批准后，采取相应措施并增设相应类型及数量的消防器材后方可进行。

3　消防设施应有防雨、防冻措施，并定期进行检查、试验，确保有效；砂桶（箱、袋）、斧、锹、钩子等消防器材应放置在明显、易取处，不得任意移动或遮盖，不得挪作他用。

4　施工现场禁止吸烟，施工现场应设置休息亭。

5　**严禁在办公室、工具房、休息室、宿舍等房屋内存放易燃、易爆物品。**

6　挥发性易燃材料不得装在敞口容器内或存放在普通仓库内。装过挥发性油剂及其他易燃物质的容器，应及时退库，并存放在距建筑物不小于 25m 的单独隔离场所；装过挥发性油剂及其他易燃物质的容器未与运行设备彻底隔离及采取清洗置换等措施时，不得用电焊或火焊进行焊接或切割。

7　储存易燃、易爆液体或气体仓库的保管人员，应穿着棉、麻等不易产生静电的材料制成的服装入库。

8　运输易燃、易爆等危险物品，应按当地公安部门的有关规定申请，经批准后方可进行。

9　采用易燃材料包装或设备本身必须防火的设备箱，不得用火焊切割的方法开箱。

10　烘燥间或烘箱的使用及管理应有专人负责。

11　熬制沥青或调制冷底子油应在建筑物的下风方向进行，距易燃物不得小于 10m，不应在室内进行。

12　进行沥青或冷底子油作业时应通风良好，作业时及施工完毕后的 24h 内，其作业区周围 30m 内不得使用明火。

13　冬季采用火炉暖棚法施工，应制订相应的防火和防止一氧化碳中毒措施，并设有不少于 2 人的值班。

3.2.34　临时建筑及仓库防火。

1 临时建筑及仓库的设计，应符合现行国家标准 GB 50016《建筑设计防火规范》的规定。

2 仓库应根据储存物品的性质采用相应耐火等级的材料建成。值班室与库房之间应有防火隔离措施。

3 临时建筑物内的火炉烟囱通过墙和屋面时，其四周应用防火材料隔离。烟囱伸出屋面的高度不得小于 500mm。不得用汽油或煤油引火。

4 氧气、乙炔气、汽油等危险品仓库，应采取避雷及防静电接地措施，屋面应采用轻型结构，门、窗应向外开启并通风良好。

5 各类建筑物与易燃材料堆场的防火间距应符合表 3.2.34 的规定。

表 3.2.34 各类建筑物与易燃材料堆场的防火间距　　　　　　　　　　　　m

序号	建筑名称	序　　号								
		1	2	3	4	5	6	7	8	9
1	正在施工中的永久性建筑物	—	20	15	20	25	20	30	25	10
2	办公室及生活性临时建筑	20	5	6	20	15	15	30	20	6
3	材料仓库及露天堆场	15	6	6	15	15	10	20	15	6
4	易燃材料（氧气、乙炔、汽油等）仓库	20	20	15	20	25	20	30	25	20
5	木材（圆木、成材、废料）堆场	25	15	15	25	垛间 2	25	30	25	15
6	锅炉房、厨房及其他固定性用火	20	15	10	20	25		30	25	6
7	易燃物（稻草、芦席等）堆场	30	30	20	30	30	30	垛间 2	25	6
8	主建筑物	25	20	15	25	25	25	25		15
9	一般性临时建筑	10	6	6	20	15	6	6	15	6

3.3　高处作业及交叉作业

3.3.1 高处作业。

1 在距坠落高度基准面 2m 及以上有可能坠落的高处进行的作业称为高处作业。不同作业高度的可能坠落范围半径见表 3.3.1－1。

表 3.3.1－1 不同作业高度的可能坠落范围半径　　　　　　　　　　　m

作业高度 h_w	$2 \leqslant h_w \leqslant 5$	$5 < h_w \leqslant 15$	$15 < h_w \leqslant 30$	$h_w > 30$
可能坠落范围半径	3	4	5	6

注 1：通过可能坠落范围内最低处的水平面称为坠落高度基准面。
注 2：作业区各作业位置至相应坠落高度基准面的垂直距离中的最大值为作业高度，用 h_w 表示。
注 3：可能坠落范围半径为确定可能坠落范围而规定的相对于作业位置的一段水平距离。
注 4：以作业位置为中心，可能坠落范围半径为半径划成的与水平面垂直的柱形空间称为可能坠落范围。

2 高处作业的平台、走道、斜道等应装设不低于 1.2m 高的护栏（0.5m～0.6m 处设腰杆）和 180mm 高的挡脚板，或设防护立网。

3　特殊高处作业宜设有与地面联系的信号或通信装置，并由专人负责。

4　在夜间或光线不足的地方进行高处作业，应设足够的照明。

5　在气温低于−10℃进行露天高处作业时，施工场所附近宜设取暖休息室，并采取防火措施。

6　遇有六级及以上风或暴雨、雷电、冰雹、大雪、大雾、沙尘暴等恶劣气候时，应停止露天高处作业。

7　高处作业应系好安全带，安全带的安全绳应挂在上方的牢固可靠处。高处作业人员应衣着灵便，衣袖、裤脚应扎紧，穿软底鞋。在作业过程中，高处作业人员应随时检查安全带是否拴牢，在转移作业位置时不得失去保护。高处作业应设安全监护人。

8　高处作业地点、各层平台、走道及脚手架上堆放的物件不得超过允许载荷，施工用料应随用随吊。不得在脚手架上使用临时物体（箱子、桶、板等）作为补充台架。

9　下脚手架应走斜道或梯子，不得沿绳、脚手立杆或横杆等攀爬，也不得任意攀登高层建筑物。

10　高处作业人员应使用工具袋，较大的工具应系保险绳。传递物品应用传递绳，不得抛掷。

11　高处作业人员不得坐在平台、孔洞边缘，不得骑坐在栏杆上，不得站在栏杆外工作或凭借栏杆起吊物件。

12　高处作业时，各种工件、边角余料等应放置在牢靠的地方，并采取防止坠落的措施。

13　高处作业区附近有带电体时，传递绳应使用干燥的绝缘绳。

14　在轻型或简易结构的屋面上工作时，应有防止坠落的可靠措施。

15　在屋顶及其他危险的边沿进行工作，临空面应装设安全网或防护栏杆，施工作业人员应使用安全带。

16　在电杆上进行作业前应检查电杆及拉线埋设是否牢固、强度是否足够，并应选用适合于杆型的脚扣，系好安全带。在构架及电杆上作业时，地面应有专人监护、联络。用具应按表3.3.1-2的规定进行定期检查和试验。

表 3.3.1-2　登高、安全用具试验

名　　称		试验静拉力 kN	试验周期	外表检查 周期	保持时间 min
安全带	围栏作业安全带	4.5			
	区域限制安全带	2			
	坠落悬挂安全带	15			5
升降板		2.205	半年	一个月	
脚扣		0.98			
竹（木）梯		1.765			
安全自锁器					—
速差自控器					—

17 特殊高处作业的危险区应设围栏及"严禁靠近"的安全标志，人员不得在危险区内停留或通行。

18 高空作业车（包括绝缘型高空作业车、车载垂直升降机）和高处作业吊篮应分别按现行国家标准 GB/T 9465《高空作业车》和 GB 19155《高处作业吊篮》的规定使用、试验、维护与保养。

19 企业自制的汽车吊高处作业平台，应经计算、验证，并制定操作规程，经企业总工程师批准后方可使用。

20 高处焊接作业时应采取措施防止安全绳（带）损坏。

3.3.2 交叉作业。

1 施工中应尽量减少立体交叉作业。无法避免交叉作业时，应事先组织交叉作业各方，明确各自的施工范围及安全注意事项；各工序应密切配合，施工场地尽量错开，以减少干扰。无法错开的垂直交叉作业，层间应搭设严密、牢固的防护隔离设施。

2 交叉作业场所的通道应保持畅通；有危险的出入口处应设围栏并悬挂安全标志。

3 隔离层、孔洞盖板、栏杆、安全网等安全防护设施不得任意拆除。必须拆除时，应征得原搭设单位的同意，在工作完毕后应立即恢复原状并经原搭设单位验收。不应乱动非工作范围内的设备、机具及安全设施。

4 交叉作业时，工具、材料、边角余料等不得上下抛掷。不得在吊物下方接料或停留。

3.4 起 重 与 运 输

I 起 重 作 业

3.4.1 一般规定。

1 凡属下列情况之一者，应制订专项施工方案和安全技术措施，办理安全施工作业票，并有施工技术负责人在场指导，否则不得施工。

1）被吊重量达到起重机械额定起重量的 90%。

2）两台及以上起重机械联合作业。

3）起吊精密物件、不易吊装的大件或在复杂场所进行大件吊装。

4）起重机械在架空输电线路导线下方或距带电体较近时。

5）易燃易爆品必须起吊时。

2 吊物应绑牢，并有防止倾倒措施。吊钩悬挂点应与吊物的重心在同一垂直线上，吊钩钢丝绳应保持垂直，不得偏拉斜吊。落钩时，应防止吊物局部着地引起吊绳偏斜，吊物未固定稳妥时，不得松钩。

3 吊索（千斤绳）的夹角一般不大于 90°，最大不得超过 120°。

4 起吊大件或不规则组件时，应在吊件上拴以牢固的控制绳。

5 起重工作区域内无关人员不得停留或通过。起吊过程中在伸臂及吊物的下方，任何人员不得通过或停留。

6 吊物上不得站人，施工作业人员不应利用吊钩升降。

7 起重机吊运重物时应走吊运通道，不应从有人停留场所上方越过；对起吊的重物进行加工、清扫等工作时，应采取可靠的支承措施，并通知起重机操作人员。

8　吊起的重物不得在空中长时间停留。在空中短时间停留时，操作人员和指挥人员均不得离开工作岗位。

9　起吊前应检查起重设备及其安全装置；重物吊离地面约100mm时应暂停起吊并进行全面检查，确认无误后方可继续起吊。

10　两台及以上起重机抬吊同一重物时，应按比例分配负载，保持升降同步，各台起重机所承受的负载不得超过各自额定载荷的80％。

11　有主、副钩两套起升机构的起重机，主、副钩不得同时开动。

12　起重机在工作中如遇机械发生故障或有异常现象时，应放下吊物、停止运转后进行排除，不应在运转中进行调整或检修。如起重机发生故障无法放下吊物时，应采取适当的保险措施，除排险人员外，任何人不得进入危险区域。

13　不明重量、埋在地下或冻结在地面上的物件，不得起吊。

14　不得以设备、管道以及脚手架、平台等作为起吊重物的承力点。

15　遇有大雪、大雾、雷雨、六级及以上大风等恶劣气候，或夜间照明不足，使指挥人员看不清工作地点、操作人员看不清指挥信号时，不得进行起重作业。

3.4.2　起重机械。

1　一般规定。

1）起重机械应在有关特种设备安全监督管理部门登记，经特种设备监督检验部门检测合格，取得安全准用证并在有效期内方可使用。

2）起重机械应标明最大起重量及最大起重力矩，并悬挂安全准用证。起重机械的制动、限位、连锁以及保护等安全装置，应齐全并灵敏有效。

3）高臂架型起重机（包括塔式起重机）应有可靠的避雷装置。

4）起重机械应备有灭火装置。操作室内应铺绝缘胶垫，并不得存放易燃物品。

5）起重机械不得超负载起吊。

6）起重机械作业时应考虑其周围的障碍物。

7）起重机在带电设备区域内作业时，车身应使用截面积不小于16mm²的软铜线可靠接地。作业区域内应设围栏和相应的安全标志。

8）对新装、拆迁、大修或改变重要技术性能的起重机械，在使用前应经特种设备监督检验部门检验合格并取得安全准用证，并应按出厂说明书进行静负载及动负载试验。

9）在露天使用的塔式起重机的塔架上不得装设增加迎风面积的设施。

2　流动式起重机。

1）起重机停放或行驶时，其车轮与沟、坑边缘的距离不得小于沟、坑深度的1.2倍，否则应采取防倾、防塌措施。

2）工作时，起重机应置于平坦、坚实的地面上，不得在暗沟、地下管线等上面作业；不能避免时，应采取防护措施。

3）起重机加油时，不得吸烟或动用明火。

4）起重机使用应满足起重设备技术文件规定。

5）起重机行驶时，应将臂杆放在支架上，吊钩挂在保险杠的挂钩上并将钢丝绳拉紧。

6）作业时，除司机外起重机上不得有人。

7）起重机工作前应支撑可靠并满足起重承载要求。起吊工作完毕后，应先将臂杆放在支架上，然后方可收起支腿。

8）履带式起重机必须吊物行走时，行走道路应坚实平整，吊物应位于起重机的正前方，并用绳索拉住，缓慢行走，吊物离地面不得超过 500mm，吊物重量不得超过起重机当时允许起重量的 70%。

3　塔式起重机。

1）起重机接地装置的选择和安装应符合有关电气安全的要求，接地电阻不大于 4Ω。

2）起重机安装和拆除应按使用说明书中有关规定及注意事项进行。起重机在使用前应对架设机构（起重机自身的机构）进行检查，保证机构处于正常状态。

3）非操作、检修人员不得攀爬起重机；操作或检修人员上下时，不应手拿工具或器材。

4）起重机作业完毕后，小车变幅的起重机应将起重小车置于起重臂根部，摘除吊钩上的吊索。

4　桥式起重机和电动葫芦。

1）桥式起重机作业前应进行检查，重点检查项目应符合下列要求：

——机械结构外观正常，各连接件无松动；

——钢丝绳外表情况良好，绳卡设置规范；

——各安全限位装置齐全完好。

2）作业前，应进行空载运转，在确认各机构运转正常，制动可靠，各限位开关灵敏有效后，方可作业。

3）开动前，应先发出音响信号示意，重物提升和下降操作应平稳匀速，在提升大件时不得用快速，并应拴控制绳防止摆动。

4）吊运重物不得从人员及设备上方通过。空车行走时，吊钩应收紧并离地面 2m 以上。

5）吊起重物后应慢速行驶，行驶中不得突然变速或倒退。

6）电动葫芦使用前应检查设备的机械部分和电气部分，钢丝绳、吊钩、限位器等应完好，电气部分应无漏电，接地装置应良好。

7）作业开始第一次吊重物时，应在吊离地面 100mm 时停止，检查电动葫芦制动情况，确认完好后方可正式作业。

8）电动葫芦不得超载起吊。起吊时，手不得握在绳索与物体之间，吊物上升时应严防冲撞。

9）起吊物件应捆扎牢固。电动葫芦吊重物行走时，重物离地不宜超过 1.5m。工作间歇不得将重物悬挂在空中。

10）作业完毕后，应将电动葫芦停放在指定位置，吊钩升起，并切断电源，锁好开关箱。

5　卷扬机。

1）卷扬机基座应平稳牢固，周围排水畅通，地锚设置可靠。卷扬机应搭设防护工作棚，其操作位置应有良好视野。

2）卷扬机的旋转方向应和控制器上标明的方向一致。

3）卷扬机制动操纵杆在最大操纵范围内不得触及地面或其他障碍物。

4）卷扬机卷筒与导向滑轮中心线应对正，卷筒轴心线与导向滑轮轴心线的距离对平卷筒不应小于卷筒长度的 20 倍；对有槽卷筒不应小于卷筒长度的 15 倍，当钢丝绳在卷筒中间位置时，滑轮的位置应与卷筒轴线垂直，其垂直度允许偏差为 6°，且应不小于 15m。

5）钢丝绳应从卷筒下方卷入。卷筒上的钢丝绳应排列整齐，工作时最少应保留 5 圈；最外层的钢丝绳应低于卷筒突缘，卷筒边缘外周至最外层钢丝绳的距离应不小于钢丝绳直径的 2 倍，卷筒上应有防止钢丝绳脱槽装置。

6）卷筒上的钢丝绳应排列整齐，当重叠或斜绕时，应停机重新排列，在转动中不得手拉、脚踩钢丝绳。

7）卷扬机工作前应先进行试车，检查其是否固定牢固；防护设施、电气绝缘、离合器、制动装置、保险棘轮、导向滑轮、索具等完全合格后方可使用。

8）使用皮带或开式齿轮传动的部分，均应设防护罩。

9）卷扬机工作时应遵守下列规定：

——不得向滑轮上套钢丝绳；

——不得在滑轮或卷筒附近用手扶正在行走的钢丝绳；

——任何人不得跨越正在行走的钢丝绳以及在各导向滑轮的内侧停留或通过。

10）卷扬机运转中如发现下列情况应立即停机检修：

——电气设备漏电；

——控制器的接触点发生电弧或烧坏；

——电动机及传动部分有异常声响；

——电压突然下降；

——防护设备松动或脱落；

——制动器失灵或不灵活；

——牵引钢丝绳发生故障。

3.4.3 起重工器具。

1 钢丝绳。

1）钢丝绳应符合现行国家标准 GB 8918《重要用途钢丝绳》和 GB/T 20118《一般用途钢丝绳》的规定，并有产品检验合格证。

2）钢丝绳应按出厂技术数据使用。

3）钢丝绳的安全系数和滑轮直径应不小于表 3.4.3-1 的要求。

表 3.4.3-1　钢丝绳的安全系数及滑轮直径

钢 丝 绳 的 用 途			滑轮直径 D	安全系数 K
缆风绳及控制绳			$\geqslant 12d$	3.5
驱动方式	人　力		$\geqslant 16d$	4.5
	机　械	轻级	$\geqslant 16d$	5
		中级	$\geqslant 18d$	5.5
		重级	$\geqslant 20d$	6
吊索	有绕曲		$\geqslant 2d$	6～8
	无绕曲		—	5～7

续表

钢丝绳的用途	滑轮直径 D	安全系数 K
地锚绳	—	5～6
捆绑绳	—	10
载人升降机	≥40d	14

注：d 为钢丝绳公称直径。

4）应根据物体的重量及起吊钢丝绳与吊钩垂直线间的夹角大小来选用起吊钢丝绳。

5）钢丝绳应防止打结和扭曲。

6）切断钢丝绳时，应在切断处两边捆扎，防止绳股散开。

7）钢丝绳应保持良好的润滑状态，所用润滑剂应符合该绳的要求并不影响外观检查。钢丝绳每年应浸油一次。

8）钢丝绳不得与物体的棱角直接接触，应在棱角处垫以半圆管、木板或其他柔软物。

9）起升机构和变幅机构不得使用编结接长的钢丝绳。

10）钢丝绳在机械运动中，不得与其他物体发生摩擦。

11）钢丝绳不得与任何带电体接触。

12）钢丝绳禁止与炽热物体或火焰接触。

13）钢丝绳不得直接相互套挂连接。

14）钢丝绳应存放在室内通风、干燥处，并防止损伤、腐蚀或其他物理、化学因素造成的性能降低。

15）钢丝绳的端部固定，应选用与其直径相应的锥形套、编结、楔形套、绳卡、压制接头、压板等方法进行固定。

16）钢丝绳采用编结绳套时，编结部分的长度不得小于钢丝绳直径的 15 倍，且不得小于 300mm。编结端部应捆扎细铁丝。

17）钢丝绳采用绳卡时，与钢丝绳直径匹配的绳卡规格、数量应符合表 3.4.3-2 的要求，此外还应在尾端加一个安全绳卡。绳卡间距不小于钢丝绳直径的 6 倍，绳头距安全绳卡的距离不小于 140mm。绳卡卡座放在钢丝绳工作时受力的一侧，U 型螺栓扣在钢丝绳的尾端，不得正反交错设置绳卡。绳卡初次固定完，应待钢丝绳受力后再度紧固，并且拧紧到使两绳直径高度压扁 1/3。

表 3.4.3-2　与钢丝绳直径匹配的绳卡数量

钢丝绳公称直径 d mm	d≤18	18<d≤26	26<d≤36	36<d≤44	44<d≤60
钢丝绳卡最少数量	3	4	5	6	7

注 1：绳卡数目中未包括安全绳卡。
注 2：钢丝绳卡卡座应在受力绳头一边；每两个钢丝绳卡的间距不应小于钢丝绳直径的 6 倍。

18）两根钢丝绳使用绳卡连接时，除应遵守上述规定外，绳卡数量应比表 3.4.3-2

的要求增加 50%，且应为偶数配置。

19）绳卡连接的牢固情况应经常检查。对不易接近处可采用将绳头放出安全弯的方法进行监视。

20）穿过滑轮的钢丝绳不得有接头。

21）钢丝绳报废应依据现行国家标准 GB/T 5972《起重机　钢丝绳　保养、维护、安装、检验和报废》的规定进行判定。不得使用已达报废标准的钢丝绳。

22）U 型环的使用应遵守下列规定：

——U 型环不得横向受力。

——U 型环销子不得扣在活动性较大的索具内。

——不得使 U 型环处于吊件的转角处，必要时应加衬垫并使用加大规格的 U 型环。

23）合成纤维吊装带的使用应符合现行行业标准 JB/T 8521.1《编织吊索　安全性　第 1 部分：一般用途合成纤维扁平吊装带》、JB/T 8521.2《编织吊索　安全性　第 2 部分：一般用途合成纤维圆形吊装带》及下列规定。

——使用和储存环境温度：聚酯、聚酰胺为 −40℃～100℃；聚丙烯为 −40℃～80℃。每次使用前，应检查吊装带是否有缺陷，并确保吊装带的名称和规格正确。不得使用没有检验标识或存在缺陷的吊装带。

——选择和确定吊装带时，应根据 JB/T 8521.1《编织吊索　安全性　第 1 部分：一般用途合成纤维扁平吊装带》、JB/T 8521.2《编织吊索　安全性　第 2 部分：一般用途合成纤维圆形吊装带》中所列的方式系数和提升物品的性质选择所需的极限工作载荷；使用中应避免与尖锐棱角接触，如无法避免应装设必要的护套；吊装带不应超载使用。

——吊装带使用期间，应经常检查吊装带是否有缺陷或损伤，包括表面擦伤、割口、承载芯裸露、化学侵蚀、热损伤或摩擦损伤、端配件损伤或变形等。如果有任何影响使用的状况发生，所需标识已经丢失或不可辨识，应立即停止使用，送交有资质的部门进行检测。

24）麻绳（剑麻白棕绳）、纤维绳的使用应遵守下列规定：

——麻绳、纤维绳用作吊绳时，其允许应力不得大于 4.9MPa；用作绑扎绳时，允许应力应降低 50%。

——有霉烂、腐蚀、损伤者，不得用于起重作业，出现松股、散股、严重磨损、断股者不应使用。

——纤维绳在潮湿状态下的允许荷重应降低 50%。不得在机械驱动的情况下使用。

——切断绳索时，应先将预定切断的两边用软钢丝扎结，以免切断后绳索松散，连接时应采用编结法，不得用打结的方法。

2　吊钩。

1）吊钩应有制造厂的合格证等技术证明文件方可投入使用。否则应经检验，查明性能合格后方可使用。

2）吊钩应有防止脱钩的保险装置。

3）吊钩上的缺陷不得焊补。

4）吊钩的检验应按现行国家标准 GB 6067.1《起重机械安全规程　第 1 部分：总则》

的有关规定执行。

　　5）吊钩出现下述情况之一时，应予报废：

　　——表面出现裂纹、破口。

　　——危险断面磨损达原尺寸的 5％。

　　——开口度比原尺寸增加 10％。

　　——扭转变形超过 10°。

　　——危险断面或吊钩颈部产生塑性变形。

　　——吊钩衬套磨损超过原厚度的 50％。

　　——心轴（销子）磨损超过其直径的 3％～5％。

　　3　滑轮。

　　1）滑车应按铭牌规定的允许负载使用。如无铭牌，则应经计算和试验后重新标识方可使用。

　　2）滑车使用前应进行检查。如发现滑轮转动不灵、吊钩变形、槽壁磨损达原尺寸的 10％、槽底磨损达 3mm 以上，以及有裂纹、轮缘破损等情况者，不得继续使用。

　　3）滑轮直径与钢丝绳直径之比应符合表 3.4.3－1 的要求。

　　4）在受力方向变化较大的场合和高处作业中，应采用吊环式滑车。如采用吊钩式滑车，应对吊钩采取封口保险措施。

　　5）使用开门滑车时，应将开门的钩环锁紧。

　　4　机动绞磨和地锚。

　　1）绞磨应放在平稳、坚固的地面上，并配有逆止装置。操作时，应统一指挥。

　　2）绞磨牵引钢丝绳应从绞磨下方卷入，钢丝绳应在磨芯上绕五道以上，并不得重叠。磨芯应有防止钢丝绳跑出的安全装置。

　　3）拉磨尾绳不得少于两人，所站位置应位于锚桩后面，距绞磨不得小于 2.5m，且不得站在尾绳圈内。

　　4）地锚的埋设应遵守下列规定：

　　——地锚的分布及埋设深度，应根据不同土质及地锚的受力情况计算确定。

　　——地锚坑在引出线露出地面的位置，其前面及两侧的 2m 范围内不应有沟、洞、地下管道或地下电缆等。

　　——地锚引出线应与受力方向一致，并做防腐处理。

　　——地锚埋设后地面应平整，不得有积水。

　　——地锚埋设后应进行详细检查，试吊时应指定专人看守。

　　3.4.4　起重作业人员。

　　1　起重机的操作人员。

　　1）起重机的操作人员应经培训考试取得合格证，方可上岗。

　　2）起重机操作人员应按照该机械的保养规定，在执行各项检查和保养后方可启动。

　　3）起重机安全操作的一般要求：

　　——操作人员接班时，应对制动器、吊钩、钢丝绳及安全装置进行检查，发现异常时，应在操作前排除。

——当确认起重机上及周围无人时方可闭合主电源开关，如电源断路装置上加锁或有标志时，应待有关人员拆除后方可闭合主电源。

——闭合主电源开关前，应将所有控制手柄置于零位。

——在进行维护保养时，应切断主电源并挂上警示标志或加锁，如有未消除的故障，应通知接班操作人员。

4）雨、雪天工作，应保持良好视线，并防止起重机各部制动器受潮失效。工作前应检查各部制动器并进行试吊（吊起重物离地100mm左右，连续上下3次），确认可靠后方可进行工作。

5）工作前应检查起重机的工作范围，清除妨碍起重机回转及行走的障碍物。

6）起重机工作时，无关人员不得进入操作室，操作人员应集中精力。未经指挥人员许可，操作人员不得擅自离开操作岗位。

7）操作人员应按指挥人员的指挥信号进行操作。当违章指挥、指挥信号不清或有危险时，操作人员应拒绝执行并立即通知指挥人员。操作人员对任何人发出的危险警示信号，均应听从。

8）操作人员在起重机开动及起吊过程中的每个动作前，均应发出警示信号。起吊重物时，吊臂及被吊物上不得站人或有浮置物。

9）起重机工作中速度应均匀平稳，不得突然制动或在没有停稳时做反方向行走或回转。落下时应低速轻放。不得在斜坡上吊着重物回转。

10）起重机不得同时操作三个动作，在接近满负载的情况下不宜同时操作两个动作。悬臂式起重机在接近满负载的情况下不得降低起重臂。

11）起重机应在各限位器限制的范围内工作，不得利用限位器的动作来代替正规操作。

12）起重机在工作中遇到突然停电时，应先切断电源，然后将所有控制器恢复到零位。

13）起重机工作完毕后，应摘除挂在吊钩上的吊索，并将吊钩升起；对用油压或气压制动的起重机，应将吊钩降落至地面，吊钩钢丝绳呈收紧状态。悬臂式起重机应将起重臂放置40°～60°，如遇大风，应将臂杆转至顺风方向，刹住制动器，所有操纵杆放在空挡位置，切断电源，操作室的门窗关闭并上锁后方可离开。

14）对各种电动式起重机还应遵守下列各项规定：

——电气设备应由电工进行安装、检修和维护。

——电气装置应安全可靠，制动器和安全装置应灵敏可靠。

——空气开关、熔丝应符合电动装置铭牌的规定。

——电气装置在接通电源后，不得进行检修和保养。

——操纵控制器时应逐级扳动，不得越级操纵。在运转中变换方向时，应将控制器扳到零位，待电动机停止转动后再逆向逐级扳动，不得直接变换运转方向。

——电气装置跳闸后，应查明原因，排除故障，不得强行合闸。

——漏电失火时，应立即切断电源，不得用水灭火。

2　起重机指挥人员和施工作业人员。

1）指挥人员应根据现行国家标准 GB 5082《起重吊运指挥信号》的信号要求与操作人员进行联系。如采用对讲机指挥作业时，应设定专用频道。

2）指挥人员发出的指挥信号应清晰、准确。

3）指挥人员应站在使操作人员能看清指挥信号的安全位置上。当跟随负载进行指挥时，应随时指挥负载避开人及障碍物。

4）指挥人员不能同时看清操作人员和负载时，应设中间指挥人员逐级传递信号，当发现错传信号时，应立即发出停止信号。

5）负载降落前，指挥人员应确定降落区域安全后，方可发出降落信号。

6）当多人绑挂同一负载时，施工作业人员在绑挂好各自负责的吊点后应认真检查，确认无误后及时向指挥人员汇报。

7）用两台起重机吊运同一负载时，指挥人员应双手分别指挥各台起重机以确保同步。

8）在开始起吊负载时，应先用"微动"信号指挥，待负载离开地面约 100mm 时停止起吊，检查无异常后，再指挥用正常速度起吊。在负载降落就位时，也应使用"微动"信号指挥。

9）吊索不得与吊物的棱角直接接触，应在棱角处垫半圆管、木板或其他柔软物。

10）起重施工作业人员应听从指挥人员的正确指挥，负责做好各自范围内的起重工作，及时向指挥人员报告工作情况。

3.4.5 起重机械及工器具检验。

1 起重机械检验。

1）下述情况，应对起重机按 TSG Q7015《起重机械定期检验规则》进行检验：

——正常工作的塔式起重机、升降机、流动式起重机每年 1 次；轻小型起重设备、桥式起重机每两年 1 次。

——新安装、经过大修或改造的起重机，在交付使用前。

——闲置时间超过一年的起重机，在重新使用前。

——经过暴风、地震、重大事故后，可能使强度、刚度、构件的稳定性、机构的重要性能受到损害的起重机。

2）经常性检查，应根据工作繁重程度和环境恶劣的程度确定周期进行，但不得少于每月一次。检查内容一般包括：

——起重机正常工作的技术性能；

——安全及防护装置；

——线路、罐、容器、阀、泵、液压或气动的其他部件的泄漏情况及工作性能；

——吊钩、吊钩螺母及防松装置；

——制动器性能及零件的磨损情况；

——钢丝绳磨损和尾端的固定情况；

——链条的磨损、变形、伸长情况；

——捆绑、吊挂链和钢丝绳及辅具。

3）定期检查，应根据工作繁重程度和环境恶劣的程度确定检查周期，但不得少于每年一次，检查内容一般包括：

——本条之 2）中经常性检查的内容；

——金属结构的变形、裂纹、腐蚀及焊缝、铆钉、螺栓等连接情况；

——主要零部件的磨损、裂纹、变形等情况；

——指示装置的可靠性和精度；

——动力系统和控制器等。

2 起重工具检验。起重工具在使用前应进行检查。起重工具检验的周期及要求见附录 A。

Ⅱ　站　内　运　输

3.4.6 一般规定。

1 运输超高、超宽、超长或重量大的物件时，应遵守下列规定：

1）对运输道路上方的障碍物及带电体等进行测量，其安全距离应满足表 3.4.6 的规定。

2）制订运输方案和安全技术措施，经分管安全领导或总工程师批准后执行。

3）专人检查工具和运具，不得超载。

4）物件的重心与车厢的承重中心基本一致。

5）运输超长物体需设置超长架；运输超高物件应采取防倾倒的措施；运输易滚动物件应有防止滚动的措施。

表 3.4.6　车辆（包括装载物）外廓至无围栏带电部分之间的安全距离

交流电压等级 kV	安全距离 m	直流电压等级 kV	安全距离 m
≤10	1.05	±50 及以下	1.65
20～40	1.15	±400	5.00
60～110	1.75	±500	5.60
220	2.55	±660	8.00
330	3.25	±800	9.00
500	4.55		
750	6.70		
1000	8.25		

注 1：750kV 电压等级的数据是按海拔 2000m 校正的，其他电压等级数据按海拔 1000m 校正。

注 2：表中未列电压等级按高一档电压等级的安全距离执行。

6）运输中有专人领车、监护，并设必要的标志。

7）用拖车装运大型设备时应有防止冲击或振动的措施。

2 叉车运输应遵守下列规定：

1）叉车使用前应对行驶、升降、倾斜等机构进行检查。叉车不得载人行驶。

2）叉车不得快速启动、急转弯或突然制动。在转弯、拐角、斜坡及弯曲道路上应低速行驶。倒车时，不得用紧急制动。

3）叉车工作结束后，应关闭所有控制器，切断动力源，扳下制动闸，将货叉放至最低位置并取出钥匙或拉出联锁后方可离开。

3 现场专用机动车辆的使用应遵守下列规定：

1）应有专人驾驶及保养，驾驶人员应经考试合格并取得驾驶许可证。

2）使用前应检查制动器、喇叭、方向机构等是否完好。

3）装运物件应垫稳、捆牢，不得超载。

4）行驶时，驾驶室外及车厢外不得载人。启动前应先鸣笛，时速不得超过 15km。停车后应切断动力源，扳下制动闸后驾驶员方可离开。

3.4.7 装卸及搬运。

1 沿斜面搬运时，应搭设牢固可靠的跳板，其坡度不得大于 1∶6，跳板的厚度不得小于 50mm。跳板上应装防滑条。

2 在坡道上搬运时，物件应用绳索拴牢，并做好防止倾倒的措施，施工作业人员应站在侧面，下坡时应用绳索溜住。

3 使用两台牵引机械卸车时，应采取使设备受力均匀、拉牵速度一致的可靠措施。牵引的着力点应在设备的重心以下。

4 拖运滑车组的地锚应经计算，使用中应经常检查。不得在不牢固的建筑物或设备上绑扎滑车组。打桩绑扎拖运滑车组时，应了解地下设施情况。

5 添放滚杠的人员应蹲在侧面，在滚杠端部进行调整。

6 在拖拉钢丝绳导向滑轮内侧的危险区内不得有人通过或停留。

3.5 施工机械与机具

Ⅰ 施 工 机 械

3.5.1 一般规定。

1 机械应按照现行行业标准 JGJ 33《建筑机械使用安全技术规程》的要求和出厂使用说明书规定的技术性能、承载能力和使用条件，正确操作，合理使用，不应超载作业和任意扩大使用范围。

2 传动装置的转动部分（轴、齿轮、皮带等）应设防护罩，其构造应便于检查及保养。

3 固定式的施工机械应安装在牢固的基础上，并设置安全操作规程牌，移动式施工机械使用时应将轮子或底座固定好。

4 机械上除规定座位、走道外，不得在其他部位坐、立或行走。机械运转时，操作人员不得离开工作岗位。

5 机械运转时，不得以手触摸其转动、传动部分，或直接调整皮带，进行润滑等工作。

6 重型机械通过的桥、涵洞及路堤应复核其强度，必要时应加固后通行。

7 施工机械在运行设备附近工作时，应与运行设备保留一定的安全距离。

8 移动式机械的电源线应采取防护措施，不得随意放在地面上。

9 电动机械工作前应先空转 1min～2min，待运转正常后方可正式工作。

10　新装、自制、经过大修或技术改造的机械应试验鉴定，并经主管机务人员和操作人员共同检查，合格后方可交付使用。

11　机械金属外壳应可靠接地。

3.5.2　土石方机械。

1　一般规定。

1）机械启动前应将离合器分离或将变速杆放在空挡位置，确认周围无人和障碍物后方可启动。

2）机械行驶时不得上下人员及传递物件，不得在陡坡上转弯、倒行或停车，下坡时不得用空挡滑行。

3）机械停车或在坡道上熄火时，应将车刹住，铲刀、铲斗落地。

4）钢丝绳不得打结使用，如有扭曲、变形、断丝、锈蚀等，则应按规定及时更换。更换时应将铲刀、铲斗垫牢。

2　挖掘机。

1）操作挖掘机时进铲不宜过深，提斗不得过猛，挖土高度一般不得超过4m。

2）铲斗回转半径范围内如有推土机工作，则应停止作业。

3）挖掘机行驶时，铲斗应位于机械的正前方并离地面1m左右，回转机构应制动，上下坡的坡度不得超过20°。

4）装运挖掘机时，不得在跳板上转向或无故停车。上车后应刹住各制动器，放好臂杆和铲斗。

5）液压挖掘装载机的操作手柄应平顺，臂杆下降时中途不得突然停顿。行驶时应将铲斗和斗柄的油缸活塞杆完全伸出，使铲斗、斗柄和动臂靠紧。

3　推土机。

1）向边坡推土时，铲刀不得超出边坡，并应在换好倒挡后方可提铲刀倒车。

2）推土机上下坡时的坡度不得超过35°，横坡不得超过10°。

3）推土机在建筑物附近工作时，与建筑物的墙、柱、台阶等的距离不得小于1m。

4　压路机。

1）两台及以上压路机同时作业时，前后间距应保持在3m以上，在坡道上不得纵队行驶。

2）作业后，应将压路机停放在平坦坚实的地方，并可靠制动。不得停放在土路边缘及斜坡上。

5　装载机。

1）装载机工作距离不宜过大，超过合理运距时，应由自卸汽车配合装运作业。自卸汽车的车箱容积应与铲斗容量相匹配。

2）装载机不得在倾斜度超过出厂规定的场地作业。作业区内不得有障碍物及无关人员。

3）起步前，应先鸣声示意，宜将铲斗提升离地0.5m。行驶过程中应测试制动器的可靠性并避开路障或高压线等。除规定的操作人员外，不得搭乘其他人员，铲斗不应载人。

4）行驶中，应避免突然转向，铲斗装载后升起行驶时，不得急转弯或紧急制动。

5）不得将铲斗提升到最高位置运输物料。运载物料时，宜保持铲臂下铰点离地面 0.5m 左右，并保持平稳行驶。

　　6）铲装或挖掘应避免铲斗偏载，不得在收斗或半收斗而未举臂时前进。铲斗装满后，应举臂到距地面约 0.5m 时，再后退、转向、卸料。卸料时，举臂翻转铲斗应低速缓慢动作。

6　夯实机械。

　　1）夯实机械的操作扶手应绝缘，夯土机械开关箱中的剩余电流动作保护器应符合潮湿场所的要求。操作时，应按规定正确使用绝缘防护用品。

　　2）在坡地或松土层上打夯时，不得反向牵引。

　　3）操作时，应一人打夯，一人调整电源线，电源线长度不应大于 50m，夯实机前方不得站人，夯实机四周 1m 范围内，不得有非操作人员。多台夯实机械同时工作时，其平列间距不得小于 5m，前后间距不得小于 10m。

　　4）夯机发生故障时，应先切断电源，然后排除故障。

　　5）作业后，应切断电源，卷好电缆线，清除夯机上的泥土，并妥善保管。

7　凿岩机。

　　1）使用风动凿岩机应遵照以下注意事项：

　　——使用前，应检查风管、水管，不得有漏水、漏气现象，并应采用压缩空气吹出风管内的水分和杂物。

　　——开钻前，应检查作业面，周围石质应无松动，场地应清理干净，不得遗留瞎炮。

　　——风、水管不得缠绕、打结，并不得受各种车辆辗压。不得用弯折风管的方法停止供气。

　　——开孔时，应慢速运转，不得用手、脚去挡钎头。应待孔深达 10mm～15mm 后再逐渐转入全速运转。退钎时，应慢速徐徐拔出，若岩粉较多，应强力吹孔。

　　——运转中，当遇卡钎或转速减慢时，应立即减少轴向推力；当钎杆仍不转时，应立即停机排除故障。

　　——作业后，应关闭水管阀门，卸掉水管，进行空运转，吹净机内残存水滴，再关闭风管阀门。

　　2）使用电动凿岩机应遵照以下注意事项：

　　——启动前，应检查全部机构及电气部分，并应重点检查剩余电流动作保护器，各控制器应处于零位；各部连接螺栓应紧固；各传动机构的摩擦面应润滑良好。确认正常后，方可通电。

　　——通电后，钎头应顺时针方向旋转；当转向不对时，应倒相更正。

　　——电缆线不得敷设在水中或在金属管道上通过。施工现场应设标志，不得有机械、车辆等在电缆上通过。

　　——钻孔时，当突然卡钎停钻或钎杆弯曲，应立即松开离合器，退回钻机。若遇局部硬岩层时，可操纵离合器缓慢推动，或变更转速和推进量。

　　——作业后，应擦净尘土、油污，妥善保管在干燥地点，防止电动机受潮。

3.5.3　混凝土机械。

1　混凝土及砂浆搅拌机。

1）搅拌机应安装在牢固的台座上。当长期固定时，应埋置地脚螺栓；在短期使用时，应在机座上铺设木枕并找平、放稳。

2）移动式搅拌机应停放在平整坚实的场地。就位后，应放下支腿将机架顶起达到水平位置，使轮胎离地，不得以轮胎代替支撑。当使用期较长时，应将轮胎卸下妥善保管，轮轴端部用油布包扎好，并用枕木将机架垫起支牢。

3）搅拌机开机前应检查各部件并确认良好，滚筒内无异物，周围无障碍，启动试转正常后方可进行工作。

4）搅拌机进料斗升起时，任何人不得在料斗下通过或停留。工作完毕应将料斗固定好。小型砂浆搅拌机进料口应设牢固的防护装置。混凝土搅拌站作业过程中，在储料区内和提升斗下，人员不得进入。

5）搅拌机运转中，不得将手、脚或工具伸进搅拌筒内探摸。

6）搅拌机在现场检修时应固定好料斗，切断电源。人员进入滚筒检修时，外面应有专人监护。

7）搅拌机运转中遇突然停电，应将电源切断。在完工或因故停工时，应将滚筒内的余料取出，并用水清洗干净。

8）搅拌机在场内移动时，应将进料斗提升到上止点，用保险铁链或插销锁住。

2　混凝土搅拌站。

1）混凝土搅拌宜设置搅拌站，搅拌站场地应硬化。

2）搅拌机应搭设能防风、防雨、防晒、防砸的防护棚，在出料口设置安全限位挡墙，操作平台设置应便于搅拌机手操作。

3）搅拌站由搅拌机手或专人操作。

4）搅拌机开转前，检查结合部分是否松动，转动是否灵活，搅拌机的保险钩、防护罩等安全防护装置是否齐全有效；离合器、制动器是否灵敏可靠；检查钢丝绳是否有断丝、破股、锈蚀等现象，不符合安全要求的应更换。

5）采用自动配料机及装载机配合上料时，装载机操作人员要严格执行装载机的各项安全操作规程。

6）操作人作业应正确佩戴风帽、防护镜和口罩。用手推车向搅拌机料斗卸料时，不得用力过猛和撒把。

7）搅拌机上料斗升起过程中，禁止在斗下敲击斗身。进料时不得将头、手伸入料斗与机架之间。

8）皮带输送机在运行过程中不得进行检修。皮带发生偏移等故障时，应停车排除故障。不得从运行中的皮带上跨越或从其下方通过。

9）皮带输送机运转未正常时不得上料，如遇停电或发生故障，应先切断电源再清除皮带上的材料。

10）清理搅拌斗下的砂石，应待送料斗提升并固定稳妥后方可进行。清扫闸门及搅拌器应在切断电源后进行。

11）作业后送料斗应收起，挂好双侧安全挂钩，切断电源，锁上电源箱。

3　混凝土泵送设备。

1）泵送管道的敷设应符合下列要求：

——水平泵送管道宜直线敷设。

——垂直泵送管道不得直接装接在泵的输出口上，应在垂直管前端加装长度不小于20m的水平管，并在水平管泵的出口处加装逆止阀。

——敷设向下倾斜的管道时，应在输出口上加装一段水平管，其长度不应小于倾斜管高低差的5倍。

——泵送管道应有支承固定，在管道和固定物之间应设置木垫做缓冲，不得直接与钢筋或模板相连，管道与管道间应连接牢靠；管道接头与卡箍应扣牢密封，不得漏浆；不得将已磨损的管道装在后端高压区。

2）泵机运转时，不应将手或铁锹伸入料斗或用手抓握分配阀。当需在料斗或分配阀上工作时，应先关闭电动机，并消除蓄能器压力。

3）泵送混凝土应连续进行。输送管道堵塞时，不得采用加大气压的方法疏堵。

4 混凝土泵车。

1）泵车就位地点应平坦坚实，不得停放在斜坡上，周围无障碍物，上方无架空导线。

2）泵车就位后，应支起支腿并保持机身的平稳；机身倾斜度不得大于3°。

3）当布料杆处于全伸状态时，不得移动车身；作业中需移动车身时，应将上段布料杆折叠固定，移动速度不得超过10km/h。

4）不得在地面上拖拉布料杆前端软管；不得延长布料配管和布料杆。当风力在六级及以上时，不得使用布料杆输送混凝土。

5）泵送时应检查泵和搅拌装置运转情况，监视各仪表和指示灯，发现异常，应及时停机处理。

5 磨石机（水磨机）。

1）作业前，应检查并确认各连接件紧固。磨石机工作中如发现磨盘跳动或有异常声响，应立即停机检修。停机时，应先提升磨盘后关机。电源线应使用绝缘橡胶电缆线。施工作业人员操作时应戴绝缘手套，穿胶靴。

2）磨石机工作完毕应冲洗干净，用道木垫起平放于干燥处，并应有防雨措施。

3）磨石切片机应遵守本规程圆锯的有关规定。

6 混凝土切割机、压光机。

1）使用前，应检查并确认电动机、电缆线均正常，保护接地良好，防护装置安全有效，锯片、砂轮等选用符合要求，安装正确。

2）启动后应先空载运转，检查并确认运转方向正确，升降机构灵活，运转中无异常、异响，一切正常后，方可作业。

3）操作人员应双手按紧操作把柄，不得用力过猛。

4）运转中不得检查、维修各部件。

3.5.4 木工机械。

1 一般规定。

1）木工棚内应配备消防器材，不得吸烟。

2）木工机床开动前应进行检查，锯条、刀片等切削刀具不得有裂纹，紧固螺丝应拧紧，机床上不得放有木料或工具。

　　3）使用木工机床时，不得在机床完全停止前挂皮带或手拿木棍制动。

　　4）木工机床注油应在停车后进行，或不停车用长嘴油壶加注。机床运转中如遇异常情况，则应立即停车检查处理。

　　5）使用木工机床加工潮湿或有节疤的木料时，应严格控制送料速度，不得猛推或猛拉。

　　2　平刨机。

　　1）平刨机应有安全防护装置，否则不得使用。

　　2）刨料操作时应保持身体平稳、双手操作。刨大面时，手应按在料上面；刨小面时，手指不得低于料高的一半并不得小于 30mm，不得用手在料后推送。

　　3）每次刨削量一般不得超过 1.5mm，进料速度应均匀，经过刨口时用力要轻，不得在刨刀上方回料。

　　4）厚度小于 15mm 或长度小于 300mm 的木料不得用平刨机加工。

　　5）遇有节疤等应减慢推料速度，不得将手按在节疤上推料。刨旧料时应将铁钉、泥砂等清除干净。

　　6）平刨机换刀片时应切断电源或摘掉皮带。

　　7）同一台刨机的刀片重量、厚度应一致，刀架、夹板应吻合。刀片焊缝超出刀头和有裂纹的刀具都不得使用。紧固刀片的螺钉应嵌入槽内，并离刀背不少于 10mm。

　　3　压刨机（包括三面刨、四面刨）。

　　1）压刨机应采用单向开关，不得采用倒顺开关。三、四面刨应顺序开动。

　　2）送料和接料应站在刨机的一侧，不得戴手套，刨削量每次不得超过 5mm。

　　3）压刨机操作时，进料应平直。发现材料走横或卡住时，应停机、降低台面并拨正，遇节疤应减慢送料速度。送料时手指应离开滚筒 200mm 以外，接料应待料走出台面。

　　4）刨短料时，其长度不得短于前后压滚距离。刨厚度小于 10mm 的木料时应垫托板。

　　4　圆盘锯（包括吊截锯）。

　　1）圆盘锯（吊截锯）应设有挡网、分料器、防护罩。操作前应进行检查，锯片不得有裂口，螺丝应拧紧。

　　2）操作圆盘锯时应戴防护眼镜，站在锯片一侧，不应站在与锯片同一直线上，作业时手臂不应越过锯片。

　　3）进料不得用力过猛，遇节疤应慢推。接料应待料出锯片 150mm 后进行，不得用手硬拉。

　　4）圆盘锯（吊截锯）应采用单向开关，不得采用倒顺开关。

　　3.5.5　钢筋机械。

　　1　切断机。

　　1）机械运转正常后方可断料，断料时手与切刀之间的距离不得小于 150mm，活动刀片前进时不应送料。如手握端小于 400mm 时，应采用套管或夹具将钢筋短头压住或夹牢。

2）切断钢筋不得超过机械的负载能力，切低合金钢等特种钢筋时，应使用高硬度刀片。

　　3）切长钢筋时应有人扶抬，操作时应动作一致。切短钢筋应用套管或钳子夹料，不得用手直接送料。

　　4）切断机旁应设放料台，机械运转中不得用手直接清除切刀附近的断头和杂物。在钢筋摆动和切刀周围，非操作人员不得停留。

　　2　除锈机。

　　1）操作除锈机时应戴口罩和手套。

　　2）除锈应在钢筋调直后进行，操作时应放平握紧，操作人员应站在钢丝刷的侧面。带钩的钢筋不得上机除锈。

　　3　调直机。

　　1）调直机上不得堆放物件。

　　2）钢筋送入压滚时，手与曳轮应保持一定距离，不得接近。机械运转中不得调整滚筒。不得戴手套操作。

　　3）钢筋调直到末端时，严防钢筋甩动伤人。

　　4）调直短于 2m 或直径大于 9mm 的钢筋时应低速进行。

　　4　弯曲机。

　　1）应按加工钢筋的直径和弯曲半径要求，装好相应规格的芯轴和成型轴、挡铁轴。芯轴直径应为钢筋直径的 2.5 倍。挡铁轴应有轴套。

　　2）挡铁轴的直径和强度不得小于被弯钢筋的直径和强度。不直的钢筋，不得在弯曲机上弯曲。

　　3）应检查并确认芯轴、挡铁轴、转轴等无裂纹和损伤，防护罩牢固可靠，空载运转正常后，方可作业。

　　4）作业中，不应更换轴芯、销子以及变换角度和调速，也不得进行清扫和加油。

3.5.6　点焊机、对焊机。

　　1　焊机应设在干燥的地方并放置平稳、牢固。焊机应可靠接地，导线应绝缘良好。

　　2　焊接前应根据钢筋截面积调整电压，发现焊头漏电应立即停电更换，不得继续使用。

　　3　焊接操作时应戴防护眼镜及手套，并站在橡胶绝缘垫或干燥木板上。工作棚应用防火材料搭设，棚内不得堆放易燃易爆物品，并应备有灭火器材。

　　4　对焊机开关的触点、电极（铜头）应定期检查维修。冷却水管应保持畅通，不得漏水或超过规定温度。

3.5.7　物料提升机。

　　1　物料提升机应根据运送材料、物件的重量进行设计。安装完毕，应经有关部门检测合格后方可使用。

　　2　搭设物料提升机时，相邻两立杆的接头应错开且不得小于 500mm，横杆与斜撑应同时安装，滑轮应垂直，滑轮间距的误差不得大于 10mm。

　　3　物料提升机应固定在建筑物上，否则应拉设控制绳。控制绳应每隔 10m～15m 高度设一组，与地面的夹角一般不得大于 60°。

4 物料提升机不得利用树木或电杆做地锚用。

5 物料提升机应设有安全保险装置和过卷扬限制器。

6 物料提升机不得乘人。进料口应搭设防护棚。

7 物料提升机运行过程中，任何人不得跨越卷扬机钢丝绳。

3.5.8 高处作业吊篮。

1 高处作业吊篮应符合现行国家标准 GB 19155《高处作业吊篮》的规定。

2 吊篮安全锁应灵敏可靠，当吊篮平台下滑速度大于 25m/min 时，安全锁应在不超过 100mm 距离内自动锁住悬吊平台的钢丝绳；安全锁应在有效检定期内。

3 吊篮内施工作业人员的安全带应挂在保险绳上，保险绳单独设在建筑物牢固处。

3.5.9 机动翻斗车。

1 机动翻斗车行驶时不得带人。路面不良、上下坡或急转弯时，应低速行驶；下坡时不应空挡滑行。

2 装载时，材料的高度不得影响操作人员的视线。

3 机动翻斗车向坑槽或混凝土集料斗内卸料时，应保持适当安全距离，坑槽或集料斗前应有挡车措施，以防翻车。

4 料斗内不应载人。料斗不得在卸料工况下行驶或进行平整地面作业。

Ⅱ　施　工　机　具

3.5.10 一般规定。

1 机具应由了解其性能并熟悉操作知识的人员操作。各种机具均应由专人进行维护、保管，并应随机悬挂安全操作规程。修复后的机具应经试验鉴定合格后方可使用。

2 机具外露的转动部分应装设保护罩，转动部分应保持润滑。

3 机具的电压表、电流表、压力表、温度计等监测仪表，以及制动器、限制器、安全阀等安全装置，应齐全、完好。

4 机具应按其出厂说明书和铭牌的规定使用。使用前应进行检查，不得使用已变形、破损、有故障等不合格的机具。

5 电动机具应接地良好。

6 电动或风动机具在运行中不得进行检修或调整；检修、调整或中断使用时，应将其动力源断开。不得将机具、附件放在机器或设备上。不得站在移动式梯子上或其他不稳定的位置使用电动或风动机具。

7 使用射钉枪、压接枪等爆发性工具时，应严格遵照说明书的规定使用。

3.5.11 砂轮机和砂轮锯。

1 砂轮机、砂轮锯的旋转方向不得正对其他人员、机器和设备。

2 不得使用有缺损或裂纹的砂轮片。砂轮片有效半径磨损达到原半径的 1/3 时应更换。

3 安装砂轮机的砂轮片时，砂轮片两侧应加柔软垫片，不得猛击螺帽。

4 安装砂轮锯的砂轮片时，商标纸不宜撕掉，砂轮片轴孔比轴径大 0.15mm 为宜，夹板不应夹得过紧。

5 砂轮机或砂轮锯应装设坚固的防护罩，无防护罩不得使用。

6 砂轮机或砂轮锯达到额定转速后，才能切削或切割工件。

7 砂轮机应装设托架。托架与砂轮片的间隙应经常调整，最大不得超过 3mm；托架的高度应调整到使工件的打磨处与砂轮片中心处在同一平面上。

8 使用砂轮机时应站在侧面并戴防护眼镜；不得两人同时使用一个砂轮片进行打磨；不得在砂轮机的砂轮片侧面进行打磨；不得用砂轮机打磨软金属、非金属。

9 使用砂轮锯时，工件应牢固夹入工件夹内。工件应垂直砂轮片轴向，不得用力过猛或撞击工件。不应使用砂轮锯切割任何有色金属及非金属，不得使用砂轮锯打磨任何物体。

3.5.12 空气压缩机。

1 空气压缩机应保持润滑良好，压力表准确，自动起、停装置灵敏，安全阀可靠，并应由有专人维护；压力表、安全阀、调节器及储气罐等应定期进行校验。

2 不得用汽油或煤油洗刷空气滤清器以及其他空气通路的零件。

3 输气管应避免急弯。打开送风阀前，应事先通知工作地点的有关人员。

4 出气口处不得有人工作，储气罐放置地点应通风，不得日光曝晒或高温烘烤。

5 运行中出现下列情况时应立即停机进行检修：

1）气压、机油压力、温度、电流等表计的指示值突然超出规定范围或指示不正常。

2）发生漏水、漏气、漏油、漏电或冷却液突然中断。

3）安全阀连续放气或机械响声异常且无法调整。

3.5.13 钻床。

1 操作人员应穿工作服、扎紧袖口，工作时不得戴手套，头发、发辫应盘入帽内。

2 不得手拿有冷却液的棉纱冷却转动的工件或钻头。

3 不得直接用手清除钻屑或接触转动部分。

4 钻床切削量应适度，不得用力过猛。工件将要钻透时，应适当减少切削量。

5 钻具、工件均应固定牢固。薄件和小工件施钻时，不得直接用手扶持。

6 大工件施钻时，除用夹具或压板固定外，还应加设支撑。

7 台钻不应放在地面上工作，应做适当高度的工作台（架），台钻与工作台（架）应固定牢固，台架下加以配重方能进行工作。

3.5.14 滤油机。

1 滤油机及油系统的金属管道应采取防静电的接地措施，其接地装置的材质及安装应符合现行国家标准 GB 50169《电气装置安装工程 接地装置施工及验收规范》的要求。

2 滤油设备如采用油加热器时，应先开启油泵、后投加热器；停机时操作顺序相反。

3 滤油设备应远离火源及烤箱，并有相应的防火措施。

4 使用真空滤油机时，应严格按照制造厂提供的操作步骤进行。

5 压力式滤油机停机时应先关闭油泵的进油阀门。

3.5.15 千斤顶。

1 千斤顶使用前应擦洗干净，检查各部分是否完好，油液是否干净。油压式千斤顶的安全栓损坏，或螺旋、齿条式千斤顶的螺纹、齿条的磨损量达 20% 时，不得使用。

2 千斤顶应设置在平整、坚实处。工作时千斤顶应与荷重面垂直，其顶部与重物的接触面间应加防滑垫层。

3 千斤顶不得超载使用。不得加长手柄或超过规定人数操作。

4 使用油压式千斤顶时，安全栓的前面不得有人。

5 在顶升的过程中，应随着重物的上升在重物下加设保险垫层，到达顶升高度后及时将重物垫牢。

6 用两台及两台以上千斤顶同时顶升一个物体时，千斤顶的总起重能力应不小于荷重的两倍。顶升时应有专人统一指挥，确保各千斤顶的顶升速度及受力基本一致。

7 油压式千斤顶的顶升高度不得超过限位标志线；螺旋及齿条式千斤顶的顶升高度不得超过螺杆或齿条高度的 3/4。

8 千斤顶不得长时间在无人照料情况下承受荷重。

9 千斤顶的下降速度应缓慢，不得在带负载的情况下使其突然下降。

3.5.16 链条葫芦。

1 使用前应全面检查，吊钩、链条等应良好，传动及刹车装置应可靠。吊钩、链轮、倒卡等有变形，以及链条直径磨损量达 15% 时，不得使用。

2 链条葫芦严防沾染油脂。链条葫芦不得超负载使用。起重能力在 5t 以下的允许 1 人拉链，起重能力在 5t 以上的允许两人拉链，不得随意增加人数猛拉。操作时，作业人员不得站在链条葫芦的正下方。

3 吊起的重物如需在空中停留较长时间时，应将手拉链拴在起重链上，并在重物上加设保险绳。

4 链条葫芦在使用中如发生卡链情况，应将重物固定好后方可进行检修。

5 两台及以上链条葫芦起吊同一重物时，物体重量不得大于每台链条葫芦的允许起重量。不得将下吊钩回扣到起重链条上起吊重物，不得用吊钩钩尖钩挂重物，双行链手拉葫芦的下吊钩组件不得翻转。

3.5.17 喷灯。

1 喷灯使用前应进行检查，符合下列要求方可使用：

1）油筒不漏油，喷油嘴的螺纹丝扣不漏气；

2）使用煤油或柴油的喷灯内未注入汽油；

3）加油不超过油筒容积的 3/4；

4）加油嘴的螺丝塞已拧紧。

2 喷灯内压力不应过高，火焰应调整适当。喷灯如因连续使用而温度过高时，应暂停使用。工作场所应空气流通。

3 喷灯使用中如发生喷嘴堵塞，应先关闭气门，待火灭后站在侧面用通针处理。

4 使用喷灯的工作场所不得靠近易燃物。

5 在带电区附近使用喷灯时，火焰与带电部分的距离应满足表 3.5.17 的要求。

6 喷灯在使用过程中如需加油时，应灭火、放气，待喷灯冷却后方可加油。

7 喷灯使用完毕后，应先灭火、泄压，待喷灯壳全冷却后方可放入工具箱内。

8 液化气喷灯应配有配套的减压阀。点燃时，应先点燃火种后开气阀。

9　液化气喷灯在室内使用时，应保持良好的通风，以防中毒。

表 3.5.17　喷灯火焰与带电部分的最小允许距离

电压等级 kV	<1	1～10	>10
最小允许距离 m	1	1.5	3

3.5.18　电动工具。

1　电动工具的单相电源线应选用带有 PE 线芯的三芯软橡胶电缆，三相电源线应选用带有 PE 线芯的五芯软橡胶电缆；接线时，电缆线护套应穿进设备的接线盒内并予以固定。

2　电动工具使用前应检查下列各项：

1）外壳、手柄无裂缝、无破损。

2）接地或接零保护线应连接正确、牢固。

3）插头、电缆或软线完好。

4）开关动作正常。

5）转动部分灵活。

6）电气及机械保护装置完好。

3　电动工具的绝缘电阻应定期用 500V 的绝缘电阻表进行测量，绝缘电阻应不小于表 3.5.18-1 规定的数值。

表 3.5.18-1　电动工具的绝缘电阻　　　　　　　　　MΩ

测量部位	绝缘电阻		
	Ⅰ类工具	Ⅱ类工具	Ⅲ类工具
带电零件与外壳之间	2	7	1

4　电动工具的电气部分经维修后，应进行绝缘电阻测量及绝缘耐压试验。介电强度试验按表 3.5.18-2 的要求进行。波形为实际正弦波、频率为 50Hz 的试验电压施加 1min，不出现绝缘击穿或闪络。

表 3.5.18-2　介 电 强 度 试 验 电 压　　　　　　　V

试验电压的施加部位	试验电压		
	Ⅰ类工具	Ⅱ类工具	Ⅲ类工具
带电零件与外壳之间：			
——仅由基本绝缘与带电零件间隔；	1250	—	500
——由加强绝缘与带电零件隔离	3750	3750	—

5　电动工具的操作开关应置于操作人员伸手可及的部位。休息、下班或工作中突然停电时，应切断电源侧开关。

6　使用移动式电动工具时，不得使电源线受力或接触工具的转动部分。

7　在金属构架上或在潮湿场地上应使用Ⅲ类绝缘的电动工具，并设专人监护。

8　磁力吸盘电钻的磁盘平面应平整、干净、无锈。进行侧钻或仰钻时，应采取防止失电后钻体坠落的措施。

9　使用电动扳手时，应将反力矩支点靠牢并确认扣好螺帽后方可开动。

3.5.19　风动工具。

1　风动工具的风管应与供气的金属管连接牢固，并在工作前通气吹扫，吹扫时排气口不得对人。

2　风动工具工作前，应将附件牢靠地接装在套口中，严防在工作时飞出。

3　风锤、风镐、风枪等冲击性风动工具应在置于工作状态后方可通气、使用。用风钻打眼时，手不得离开钻把上的风门，不得骑马式作业。更换钻头应先关闭风门。

4　风动工具使用时，风管附近不得站人。

5　风管不得弯成锐角。风管遭受挤压或损坏时，应立即停止使用。

6　更换工具附件应待余气排尽后方可进行。

7　不得用氧气作为风动工具的气源。

3.5.20　电动液压工具。

1　液压工具使用前应检查下列各部件：

1）油泵和液压机具应配套。

2）各部部件应齐全。

3）液压油位足够。

4）加油通气塞应旋松。

5）转换手柄应放在零位。

6）机身应可靠接地。

7）施压前应将压钳的端盖拧满扣，防止施压时端盖蹦出。

2　使用快换接头的液压管时，应先将滚花箍向胶管方向拉足后插入本体插座，插入时要推紧，然后将滚花箍紧固。

3　电动液压工具在接通电源前应先核实电源电压是否符合工具工作电压。电动机的转向应正确。

4　液压工具操作人员应了解工具性能、操作熟练。使用时应有人统一指挥，专人操作。操作人员之间要密切配合。

5　夏季使用电动液压工具时应防止曝晒，其液压油油温不得超过65℃。冬季如遇油管冻塞时，不得用火烤解冻。

6　停止工作、离开现场应切断电源。并挂上"严禁合闸"的警示标志。

3.5.21　梯子。

1　梯子的材料、尺寸和制造应符合现行国家标准 GB/T 17889《梯子》（所有部分）的有关规定。

2　移动式梯子宜用于高度在 4m 以下，且短时间内可完成的工作。

3　梯子应坚实可靠并应在使用前进行检查。

4　梯子的使用应符合下列规定：

1）梯子搁置应稳固，与地面的夹角以 60°~70°为宜。硬质梯子的横档应嵌在支柱上，梯阶的距离不应大于 300mm。梯脚应有可靠的防滑措施。顶端与建筑物应靠牢。在松软的地面上使用时，应有防陷、防侧倾的措施。

2）上下梯子时应面部朝内，不应手拿工具或器材，在梯子上工作应备工具袋。

3）两人不应站在同一个梯子上工作，梯子的最高两档不得站人。

4）梯子不得垫高、绑接使用。

5）不得在悬挂式吊架上搁置梯子。

6）梯子不能稳固搁置时，应设专人扶持或用绳索将梯子下端与固定物绑牢，并做好防止落物伤人的安全措施。

7）在通道上使用梯子时，应设专人监护或设置临时围栏。

8）梯子放在门前使用时，应有防止门被突然开启的措施。

9）梯子上有人时，不得移动梯子。

10）在转动机械附近使用梯子时，应采取隔离防护措施。

11）梯子靠在非平面上使用时，其上端应有挂钩或用绳索绑牢。

12）人字梯应有坚固的铰链和限制开度的拉链。

13）长度在 4m 以上或重量超过 25kg 的梯子，应至少由两人搬运。在设备区及屋内应放倒平运。延伸式梯子应收缩固定、自立式梯子应合拢后方可搬运。

14）在带电区作业，不得使用金属梯子。

5　使用铝合金升降梯时，应遵守下列规定：

1）使用前应详细检查上下滑轮及控制爪是否灵活可靠，滑轮轴有无磨损。

2）梯子升出后，升降控制绳应牢固可靠绑扎在梯子下部。

3.5.22　其他机具。

1　真空泵应润滑良好，冷却水流量应充足，冬季应有防冻措施，并由专人维护。

2　电动弯管机、坡口机、套丝机、母线弯曲机等应先空转，待转动正常后方可带负载工作。运行中不得接触其转动部分。

3　采用潜水泵时，应根据制造厂规定的安全注意事项进行操作。潜水泵运行时，任何人不得进入被排水的坑、池内。进入坑、池内工作时，应先切断潜水泵的电源。

4　角向磨光机作业时，操作人员应戴防护眼镜和防尘口罩。

5　使用烤箱应遵守下列规定：

1）烤箱的门应密封良好。

2）烘烤新滤油纸时应有温度控制，一般不宜超过 100℃。

3）已浸油的滤油纸不得放入烤箱烘烤。

4）遇到烤箱着火时，应切断电源，不得打开箱门。

6　平锤、压锤、剁斧、冲子、扁铲等冲击性工具不得用高速工具钢制作，锤击面不得淬火，冲击面毛刺应及时打磨清理。

7　大锤、手锤、手斧等甩打性工具的把柄应用坚韧的木料制作，锤头应用金属背楔加以固定。打锤时，握锤的手不得戴手套，挥动方向不得对人。

8　使用撬杠时，支点应牢靠。高处使用时不得双手施压。

9 使用钢锯时工件应夹紧，工件将要锯断时，应用手或支架托住。

10 使用活动扳手时，扳口尺寸应与螺帽相符。不得在手柄上加套管使用。

11 在同一张虎钳台两边凿、铲工件时，中间应设防护网，操作人员应戴防护眼镜。

3.6　焊　接　与　切　割

3.6.1 一般规定。

1 进行焊接或切割工作时，操作人员应按现行国家标准 GB/T 11651《个体防护装备选用规范》和 GB 9448《焊接与切割安全》的规定穿戴焊接防护服、防护鞋、焊接手套、护目镜等符合专业防护要求的个体防护装备。

2 焊接与切割的工作场所应有良好的照明，并采取措施排除有害气体、粉尘和烟雾等。在人员密集的场所进行焊接工作时，宜设挡光屏。

3 进行焊接或切割工作时，应有防止触电、爆炸和防止金属飞溅引起火灾的措施，并应防止灼伤。

4 进行焊接或切割工作，应经常检查并注意工作地点周围的安全状态，有危及安全的情况时，应采取防护措施。

5 在高处进行焊接与切割工作，除应遵守本规程中高处作业的有关规定外，还应遵守下列规定：

1）工作开始前应清除下方的易燃物，或采取可靠的隔离、防护措施，焊渣可能飞溅的下方区域均应设置围栏，并设专人监护。

2）不得随身携带电焊导线或气焊软管登高或从高处跨越。电焊导线、软管应在切断电源或气源后用绳索提吊。

3）在高处进行电焊工作时，应设专人进行拉合闸和调节电流等工作。

6 不得在储存易燃、易爆物品的场所周围 10m 范围内进行焊接或切割工作。

7 在焊接、切割地点周围 5m 范围内，应清除易燃、易爆物品；确实无法清除时，应采取可靠的隔离或防护措施。

8 不宜在雨、雪及大风天气进行露天焊接和切割作业。如确实需要时，应采取遮蔽雨雪、防止触电和火花飞溅等措施。

9 盛装过油脂或可燃液体的容器，在确认容器与运行设备彻底隔离并采取清洗置换等措施后，方可进行焊接或切割。施焊或切割时，容器盖口应打开，施工作业人员不得站在容器的封头部位。

10 焊接或切割工作结束后，应切断电源或气源，整理好器具，仔细检查工作场所周围及防护设施，确认无起火危险后方可离开。

11 不得在油漆未干的结构或其他物体上进行焊接。

3.6.2 电弧焊。

1 施工现场的电焊机应根据施工区需要设置。多台电焊机集中布置时，应将电焊机与电源控制开关对应编号。电焊机一次侧电源线不得超过 5m，二次侧引出线不得超过 30m。一、二次线应布置整齐，牢固可靠。

2 露天装设的电焊机应设置在干燥的场所，并应有防雨措施。

3 电焊机的外壳应可靠接 PE 线或接地。不得多台串联接地。

4 电焊设备应经常维修、保养。使用前应进行检查，确认无异常后方可合闸。

5 电焊机转移工作地点或发生故障时，应切断电源。

6 焊钳及电焊线的绝缘应良好；导线截面积应与工作电流相适应；焊钳应具有良好的隔热能力。

7 不得将电缆管、电缆外皮或吊车轨道等作为电焊地线。在采用屏蔽电缆的变电站内施焊时，应使用专用焊接线，且在接地点 5m 范围内进行。

8 电焊导线不得靠近热源，不得接触钢丝绳或转动机械。电焊导线穿过道路应采取防护措施。电焊作业时，二次侧引出线不得与电缆、电源线等混放。

9 电焊工作台应可靠接地。在狭小或潮湿地点施焊时，应垫以木板或采取其他防止触电的措施，并设监护人。

10 进行氩弧焊、等离子切割或有色金属焊接时应正确使用个体防护装备。

11 在冬季施焊时，对水冷却的弧焊机应采取防冻措施。

3.6.3 气瓶。

1 气瓶在现场临时存放应遵守以下规定：

1）应存放在通风良好的场所，夏季应防止日光曝晒。

2）不得与易燃物、易爆物混放。

3）不得靠近热源和电气设备，气瓶与明火的距离不得小于 10m（高处作业时，此距离为地面的垂直投影距离）。

4）乙炔气瓶、液化石油气瓶应保持直立，并应有防止倾倒的措施。氧气瓶和乙炔气瓶、液化石油气瓶间的距离不得小于 5m。

5）乙炔气瓶不得放置在有放射性射线的场所，亦不得放在橡胶等绝缘体上。

6）乙炔气瓶、液化石油气瓶使用过程中，开闭瓶阀的专用扳手应始终装在阀上。暂时中断使用时，应关闭焊、割工具的阀门和乙炔气瓶、液化石油气瓶瓶阀，不应手持点燃的焊、割工具调节减压器或开、闭乙炔气瓶、液化石油气瓶瓶阀。

7）乙炔气瓶、液化石油气瓶存放、使用过程中，不得倒置，发现泄漏应及时处理，不应在泄漏的情况下使用。

2 气瓶运输应遵守以下规定：

1）气瓶运输前应旋紧瓶帽。应轻装轻卸，不得抛、滑或碰击。

2）气瓶用汽车装运时，除乙炔气瓶、液化石油气瓶外，一般应横向放置，头部朝向一侧并应垫牢，装车高度不得超过车厢板。

3）车上严禁烟火，运输乙炔气瓶、液化石油气瓶的车上应备有相应的灭火器具。

4）易燃品、油脂和带油污的物品不得与氧气瓶同车运输。

5）所装气体混合后能引起燃烧、爆炸的气瓶不得同车运输。

6）运输气瓶的车厢上不得乘人。

7）气瓶搬运应使用专门的抬架或手推车。

3 气瓶应符合《气瓶安全监察规定》的检验要求。过期未经检验或检验不合格的气瓶不得使用。使用前，应对钢印标记、颜色标记及安全状况进行检查。

4　气瓶应按下列规定漆色和标注：

1）氧气瓶涂淡（酞）蓝色，用黑色标注"氧"字；

2）乙炔气瓶涂白色，用大红色标注"乙炔不可近火"字；

3）氩气瓶涂银灰色，用深绿色标注"氩"字；

4）氮气瓶涂黑色，用淡黄色标注"氮"字；

5）六氟化硫涂银灰色，用黑色标注"液化六氟化硫"字。

5　各类气瓶均应安装减压器后使用，不得使用不合格的减压器。

6　气瓶瓶阀及管接头处不得漏气。应经常检查丝堵和角阀丝扣的磨损及锈蚀情况，发现损坏应立即更换。

7　气瓶不得与带电物体接触。氧气瓶不得沾染油脂。

8　乙炔气瓶应配置防回火装置，使用压力不得超过 0.147MPa，输气流速不得超过 $1.5m^3/h$～$2m^3/h$。

9　气瓶的阀门应缓慢开启。开启乙炔气瓶时应站在阀门的侧后方。

10　气瓶应佩戴两个防震圈。

11　瓶阀冻结时不得用火烘烤，可用浸 40℃ 热水的棉布盖上使其缓慢解冻。

12　气瓶内的气体不得全部用尽，氧气瓶应留有不小于 0.2MPa 的剩余压力；液化石油气瓶应留有不小于 0.1MPa 的剩余压力；乙炔气瓶应留有不低于表 3.6.3 规定的剩余压力。用后的气瓶应关紧其阀门并标注"空瓶"字样。

表 3.6.3　乙炔气瓶内剩余压力与环境温度的关系

环境温度 ℃	＜ 0	0～15	15～25	25～40
剩余压力 MPa	0.05	0.1	0.2	0.3

13　不得随意倾倒液化石油气瓶的残液。

3.6.4　减压器。

1　减压器应有出厂合格证，并按规定做检验，检验合格后才允许使用。

2　安装减压器前应先将气瓶阀门出口的灰吹扫干净；吹灰时操作人员应站在侧面，任何人不得正对阀门出口。

3　氧气瓶与减压器的连接接头处发生自燃时，应迅速关闭氧气瓶的阀门。

4　减压器冻结时不得用火烘烤，只能用热水、蒸汽解冻或自然解冻。

5　装卸减压器或因连接头漏气紧螺帽时，操作人员不得戴沾有油污的手套和使用沾有油污的扳手。

6　减压器装好后，应站在侧面将调节螺丝拧松，缓慢开启气瓶阀门。停止工作时，应关闭气瓶阀门，拧松减压器调节螺丝，放出软管中的余气，最后卸下减压器。

3.6.5　焊炬、割炬。

1　焊炬、割炬点火前应检查连接处和各气阀的严密性。对新使用的焊炬和射吸式割炬还应检查其射吸能力。

2　焊炬、割炬点火时应先开乙炔阀、后开氧气阀，嘴孔不得对着人。

3　焊炬、割炬的焊嘴因连续工作过热而发生爆鸣时，应用水冷却；如因堵塞而爆鸣时，则应停用，剔通后方可继续使用。

4　不得将点燃的焊炬、割炬挂在工件上或放在地面上。

5　气焊、气割操作人员应戴防护眼镜。当使用移动式半自动气割机或固定式自动气割机时，操作人员应穿绝缘鞋，并有防止触电的措施。

6　气割时应防止割件倾倒、坠落。距离混凝土地面、构件太近或集中进行气割时，应采取隔热措施。

7　焊接、切割工作完毕后，应关闭氧气、乙炔气的供气阀门，并卸下减压器、焊炬和割炬，整理输气胶管，才能离开工作场所。

3.6.6　橡胶软管。

1　橡胶软管应具有足够的承受内压的强度，氧气软管应耐压 2MPa，乙炔气软管应耐压 1MPa。

2　橡胶软管应按表 3.6.6 的规定着色。

表 3.6.6　橡 胶 软 管 着 色 要 求

气　　　体	外覆层颜色
乙炔和其他可燃气体（除液化石油气、甲基乙炔—丙二烯混合物、天然气、甲烷外）	红色
氧气	蓝色
空气、氮气、氩气、二氧化碳、六氟化硫	黑色
液化石油气和甲基乙炔—丙二烯混合物、天然气、甲烷	橙色

3　不得使用有鼓包、裂纹或漏气的橡胶软管。如发现有漏气现象时，应将其损坏部分切除，不得用贴补或包缠的办法处理。

4　燃气橡胶软管着火时，应先将火焰熄灭，然后停止供气。氧气软管着火时应先将氧气的供气阀门关闭，停止供气后再处理着火胶管，不得使用弯折软管的处理方法。

5　氧气和燃气橡胶软管不得触及炽热物体，亦不得被重物挤压，并应防止金属熔渣掉落在软管上。

6　氧气、燃气橡胶软管不得沾染油脂，不得串通连接或互换使用。

7　氧气、燃气橡胶软管不得与电源线、电焊线敷设或交织在一起。

8　橡胶软管横穿道路时应有防压保护措施。

9　燃气橡胶软管冻结或堵塞时，不得用氧气吹通或用火烘烤。

3.7　其　　他

3.7.1　夏季、雨汛期施工。

1　夏季、雨季前应做好防风、防雨、防洪等准备工作。现场排水系统应整修畅通，必要时应筑防汛堤。

2　各种高大建筑及高架施工机具的避雷装置均应在雷雨季前进行全面检查，并进行接地电阻测定。

3 暴雨、台风、汛期到来之前，施工现场和生活区的临建设施以及高架机械均应进行修缮和加固，防汛器材应及早准备。

4 暴雨、台风、汛期后，应对临建设施、脚手架、机电设备、电源线路等进行检查并及时修理加固。险情严重的应立即排除。

5 夏季应做好防暑降温工作，根据施工特点和环境温度合理安排作业时间。持续作业时间按现行国家标准 GB/T 4200《高温作业分级》的规定执行。

3.7.2 冬季施工。

1 入冬之前，应对消防设施进行全面检查。对消防设施及施工用水外露管道，应根据施工地点温度情况做好保温防冻措施。

2 对取暖设施应进行全面检查。用火炉取暖时，应防止一氧化碳中毒，并加强用火管理，及时清除火源周围的易燃物。

3 现场道路及脚手架、跳板和走道等，应及时清除积水、积霜、积雪，并采取防滑措施。

4 施工机械及汽车的水箱应予保温。停用后，无防冻液的水箱应将存水放尽。油箱或容器内的油料冻结时，应采用热水或蒸汽化冻，不得用火烤化。

5 汽车及轮胎式机械在冰雪路面上行驶时应装防滑链。

3.7.3 高原施工。

1 处于高原、荒漠等恶劣环境下的施工现场，应根据所处环境配置必要的医疗设施和常用药品，必要时施工现场应有专业医疗人员。低海拔地区人员进入高原施工现场前应先习服、体检合格后方可开展工作。

2 施工现场设置休息场所并配有吸氧设施，夏季应采取必要的防晒、降温措施；冬季应备有必要的取暖设施，并采取防止火灾和一氧化碳中毒的措施。

3 应根据施工特点和气象条件合理安排施工进度，适当减轻作业人员施工强度、缩短作业时间。

4　建　筑　工　程

4.1　土　石　方　开　挖　工　程

4.1.1 一般规定。

1 土石方作业和基坑支护应根据水文地质、地下设施、现场环境和施工工艺等进行施工设计，并应满足相关国家现行规范。

2 土石方分层开挖时，应先支撑后开挖；同层开挖时，应边开挖边支撑。支撑拆除前，应采取换撑措施，防止边坡卸载过快。

3 基坑开挖施工过程应加强监测和预报，如发现危险征兆时，应立即采取措施，处理完毕后方可继续施工。

4 应做好施工区域内临时排水系统规划，临时排水不得破坏相邻建（构）筑物的地基和挖、填土石方的边坡。开挖低于地下水位的基坑（槽）、边坡和桩基时，应合理选用降水措施。

5　土石方应自上而下进行开挖，不得采用掏空倒挖的施工方法。不同深度的相邻基础应按先深后浅的施工顺序进行。

6　土石方挖掘时，作业人员之间，横向间距不小于 2m，纵向间距不小于 3m；挖出的土石方应堆放在距坑边 1m 以外，高度不得超过 1.5m。

7　土石方挖掘施工区域应设围栏及安全警示标志，夜间应挂警示灯，围栏离坑边不得小于 0.8m。

8　夜间进行土石方作业应设置足够的照明，并设专人监护。

9　作业人员上下基坑时应有可靠的扶梯，不得相互拉拽、攀登挡土板支撑上下；作业人员应在地面安全地点休息。

10　在较深的地坑、地槽及井内进行土石方挖掘工作时，应经常进行有毒气体的测定，发现有毒气体应立即停止作业，采取可靠的措施后，方可恢复工作。

11　在建筑物、电杆、铁塔、铁路、架空管道支架等附近进行土石方挖掘时，应制定专项施工方案并采取防护措施。

12　土石方开挖的边坡值应满足设计要求。无设计要求时，对开挖深度分别不超过 4m 的软土和 8m 的硬土，应符合表 4.1.1 的规定。

表 4.1.1　边　坡　值

土　的　类　别		边坡值（高：宽）
砂土（不包括细砂、粉砂）		1：1.25～1.50
一般性黏土	硬	1：0.75～1.00
	硬、塑	1：1.00～1.25
	软	1：1.50 或更缓
碎石类土	充填坚硬、硬塑黏性土	1：0.50～1.00
	充填砂土	1：1.00～1.50

注：如采用降水或其他加固措施，可不受本表限制，但应计算复核。

13　基坑（槽）开挖后，应及时进行地下结构和安装工程施工，基坑（槽）开挖或回填应连续进行。

14　寒冷地区基坑开挖应严格按规定放坡。

15　冬季解冻期施工时，应对基坑（槽）和基础桩支护进行检查，无异常情况后，方可施工。

4.1.2　排水。

1　土石方挖掘施工前应根据水文地质情况，采取排水、降水措施，防止地下水渗入基坑。当在基坑外降水时，应对降水范围进行估算，在降水过程中应对重要建筑物或公共设施进行监测。

2　基坑施工中，基坑内外应设置集水井和明沟，基坑边坡应进行必要防护，防止雨水对土坡的侵蚀。

3 在基坑开挖过程中采取集水坑降水时，应在坑底每隔一定距离设集水坑，排水沟应有一定坡度。

4 在地下水位以下的含水层施工时，宜采用井点降水法。与重要建筑物较近时，应采取防止建筑物沉降的措施。

5 采取井点降水应遵守下列规定：

1) 井点降水应有设计方案。

2) 冲、钻孔机操作时应安放平稳，防止机具突然倾倒或钻具下落。

3) 已成孔尚未下井点管前，井孔应用盖板封严。

4) 所用设备的安全性能应良好，水泵接管应牢固、卡紧。作业时不得将带压管口对准人体。

5) 人工下管时应有专人指挥，起落动作一致，用力均匀；人字扒杆应系好缆绳。

6) 机械下管、拔管时，吊臂下不得站人。

7) 有车辆或施工机械通过的地点，敷设的井点应予加固并设防护措施。

6 已开挖的基坑应防止水泡，并采取必要的防洪、防泥石流措施。

7 采用水泵抽水时，设备应完好，作业人员应穿绝缘靴，不得在水泵运转期间下基坑作业。

4.1.3 基坑支护。

1 基坑支护应执行现行行业标准 JGJ 120《建筑基坑支护技术规程》的规定，制定相应的安全技术措施。

2 支撑设置应遵循由上至下的顺序，支撑拆除应遵循由下至上的顺序，并与土方开挖和主体工程的施工顺序相配合，更换支撑应先装后拆。拆除固壁支撑时应考虑附近建筑物的安全。

3 支撑安装应按设计位置进行，不得随意变更，并应使围檩与挡土桩墙结合紧密。挡土板或板桩与坑壁间的回填土应分层回填夯实。

当使用锚杆时，应合理布置锚杆的间距与倾角，锚杆上下间距不宜小于 2.0m，水平间距不宜小于 1.5m；锚杆倾角宜为 15°～25°，且不应大于 45°。最上一道锚杆覆土厚不得小于 4m。

4 钢筋混凝土支撑时，其强度达设计要求后，方可开挖支撑面以下土方；钢结构支撑应严格材料检验和保证节点的施工质量，不得在负载状态下进行焊接。

5 在设置支撑的基坑（槽）挖土不得碰动支撑，支撑上不得放置物品；有支撑的基坑在坑沟边使用机械挖土时，应计算支撑强度。

6 安设固壁支撑时，支撑木板应严密靠紧于沟、槽、坑的两壁，并用支撑与支柱将其固定牢靠。

7 固壁支撑所用木料不得腐坏、断裂，板材厚度不小于 50mm，撑木直径不小于 100mm。

4.1.4 人工开挖。

1 开挖工具应完好、牢固。

2 作业人员相互之间应保持安全作业距离，不得面对面作业。

3 使用专用工具提升坑内渣土（石），应设专人负责，并经常检查吊具的牢固安全。

吊物下方不得站人。

4　在基坑内向上运土时，应在边坡上挖设台阶，其宽度不得小于 0.7m，相邻台阶的高差不得超过 1.5m。

5　不得站在挡土板支撑上传递土方或在支撑上搁置传土工具。

6　人工开凿石方时，打锤人员不得戴手套，并应站在扶钎人员的侧面；扶钎人员应戴防护手套。

7　撬挖松动的岩石应遵守下列规定：

1）撬挖人员间应保持间距，站立的位置应稳固。在悬岩陡坡上工作时应系安全带。

2）不得站在石块滑落的方向撬挖或上下层同时撬挖。

3）在撬挖工作地点的下方不得通行，并应有专人警戒。

4）撬挖工作应在将悬浮层清除并撬挖成一个确无危险的坡度后方可收工。

8　人工清理或装卸石方应遵守下列规定：

1）不能装运的大石块应劈成小块。用铁锲劈石时，操作人员间距不得小于 1m；用锤劈时，操作人员间距不得小于 4m。操作人员应戴防护眼镜。

2）装堆时，堆高不得超过 1m。

3）用手推车、斗车或汽车卸渣时，车轮距卸渣边坡或槽边距离不得小于 1m。

4.1.5　机械开挖。

1　采用大型机械挖掘土石方时，应对机械的停放、行走、运土石的方法与挖土分层深度等制订专项施工方案。

2　机械开挖土石方应采用"一机一指挥"的组织方式。

3　机械开挖土石方前应对作业场区进行检查，在作业区域内不得有架空电缆、电源线及杂物。

4　机械开挖土石方时须单独作业，作业人员不得进入机械作业范围内进行清理或找坡作业。在挖掘机旋转范围内，不允许有其他作业。

5　大型机械进入基坑时应有防止机身下陷的措施。

6　挖掘机行走或工作时应遵守下列规定：

1）开动挖掘机前应发出规定的声响信号。

2）任何人不得在伸臂及挖斗下面通过或停留。

3）人员不得进入斗内，不得利用挖斗递送物件。

4）不得在挖掘机的回转半径内进行各种辅助工作或平整场地。

5）往机动车上装土应待车辆停稳后，确认车箱内无人后方可进行。挖斗不得从机动车驾驶室上方越过。

7　挖掘机暂停工作时，应将挖斗放到地面上，不得使其悬空。

8　清除斗内的土石渣，应在挖掘机停止运转、司机许可后进行。

4.2　爆　破　工　程

4.2.1　一般规定。

1　爆破工程应由经国家授权的机构对其人员和资质进行审查合格后，取得企业法人营业执照的单位，按批准的允许经营范围施工，应签订安全协议。

2　爆破工程应严格遵守现行国家标准 GB 6722《爆破安全规程》的规定。爆破前应对爆区周围的自然条件和环境状况进行调查，辨识危及安全的不利环境因素，采取必要的安全防范措施。

3　爆破器材应储存在当地县（市）公安机关批准专用的爆破器材库里。

4　爆破作业前警戒工作应对设计确定的危险区进行实地勘察，全面掌握爆区警戒范围的情况，核定警戒点和警戒标志的位置，确保能够封闭一切通道。

5　在城镇和居民聚居的地方、风景名胜区和重要工程设施附近的地区进行控制爆破作业，施工单位应事先报县（市、区）以上主管部门批准，并提前 15 天将使用爆破器材的申请报告及爆破作业方案报所在地县（市、区）公安机关，经审查同意后，方准实施。

6　爆破作业前应了解当地气象情况，使装药、填塞、起爆的时间避开雷电、狂风、暴雨、大雪等恶劣天气。

7　爆破作业应有爆破工程技术人员在现场指导施工，并对炮孔逐个验收以及设专人检查装药作业，并按爆破设计进行防护和覆盖。

8　爆破使用的炸药、雷管、导爆索、导爆管、连接头、电源线、起爆器、量测仪表，均应经现场检验合格后方可使用。

9　人工向施工作业点运送爆破器材应遵守下列规定：

1）炸药和雷管应由爆破员负责在白天领用，并严格领退手续。

2）炸药和雷管应分别携带，雷管应装在内壁有防振垫的专用箱（袋）内，不得装在衣袋内。运送人员之间的距离应大于 15m。

3）炸药和雷管不得任意转交他人。

10　爆破作业时，除对爆破体表面进行覆盖外，还应对保护物做重点覆盖或设防护屏障。

11　爆破作业时，无线通信设备进入爆区前应先关闭。

12　爆后检查工作由爆破现场技术负责人、起爆作业负责人和有经验的爆破员组成的检查小组实施，发现问题应立即研究处理，经检查确认爆破作业安全后，方可下达警戒解除信号。

4.2.2　爆破。

1　切割导爆索、导火索应用锋利小刀，不得用剪刀或钢丝钳剪夹。不得切割接上雷管的导爆索。

2　导火索应做燃速试验，其长度应能保证点火人撤到安全区，但不得小于 1.2m。

3　导火索与雷管连接应用胶布粘牢，不得敲击或用牙咬，不得触动雷汞部位。

4　一次引爆的炮孔，应全部打好后方可装药。

5　向炮孔内装炸药和雷管，应轻填轻送，不得用力挤压药包；不得使用金属工具向炮孔内捣送炸药。

6　炮孔装药后需用泥土填塞孔口，填塞深度应遵守下列规定：

1）孔深在 0.4m～0.6m 时不得小于 0.3m。

2）孔深在 0.6m～2.0m 时不得小于孔深的 1/2。

3）孔深在 2.0m 以上时不得少于 1.0m。

7　填塞炮孔不得使用石子或易燃材料。

8　相邻基坑不得同时点火；在同一基坑内不得同时点燃四个以上导火索。

9　在基坑内点火时应遵守下列规定：

1）坑深超过 1.5m 时，上下应使用梯子。

2）不得脚踩已点燃的导火索。

3）坑上应设安全监护人。

10　电雷管的使用应遵守下列规定：

1）放炮器应由专人保管，电源应由专人控制，闸刀箱应上锁。

2）放炮前不得将手或钥匙插入放炮器或接线盒内。

3）引爆电雷管应使用绝缘良好的导线，其长度不得小于安全距离。

4）电雷管接线前，其脚线应短接。

5）在强电场不得使用电雷管。

6）爆破中途遇雷电时，应迅速将已接好的主线、支线端头解开，并分别用绝缘胶布包好。

11　**火雷管的装药与点火、电雷管的接线与引爆必须由同一人担任，严禁两人操作。**

12　引爆前应将剩余爆破器材搬到安全区。除点火人和监护人外，其他人员应撤至安全区，并鸣笛警示，确认无人后方可点火。

13　浅孔爆破的安全距离不得小于 200m；裸露药包爆破的安全距离不得小于 400m。在山坡上爆破时，下坡方向的安全距离应增大 50%。

14　无盲炮时，从最后一响算起经 5min 后方可进入爆破区。有盲炮或炮数不清时，对火雷管应经 20min 后方可进入爆破区检查；对电雷管应将电源切断并短路，待 5min 后方可进入爆破区检查。

15　**处理盲炮时，严禁从炮孔内掏取炸药和雷管。重新打孔时，新孔应与原孔平行；新孔距盲炮孔不得小于 0.3m，距药壶边缘不得小于 0.5m。**

16　在城镇地区或爆破点附近有建筑物、架空线时，不得采用扬弃爆破，应使用少量炸药进行闷炮爆破，炮眼上应压盖掩护物，并应有减少振动波扩散的措施。

17　爆扩桩基础施工应遵守下列规定：

1）装药前应先检查药包或药条，不得有破裂或密封不良现象。

2）应使用电雷管引爆。

3）与建筑物的安全距离不得小于 15m。

4）放炮前应事先与屋内人员联系，敞开玻璃门窗、挂好窗钩。

5）与人身的安全距离：垂直孔和斜孔的顺抛掷方向不得小于 40m，斜孔的反抛掷方向不得小于 20m。

4.2.3　爆破材料的管理。

1　爆破材料不得私卖、私买、转借、转让，不得私设库房，无证人员不得从事爆破材料管理工作。

2　爆破器材，应当时登记、下账，做到日结月清、账目清楚、账物相符。

3　爆破所需爆破器材用量，尽量做到当班领药，当班用完。因特殊情况当班没有用完，必须履行清退手续。不得在办公室、驻地、宿舍等处存放炸药、雷管。

4 发现爆破器材丢失、被盗，应及时报告所在地公安机关。

5 爆破器材应在有效期内使用，变质和过期失效的爆破器材不得使用。销毁爆破器材应经上级有关部门批准，并按现行国家标准 GB 6722 的有关规定执行。

4.2.4 爆破材料的运输。

1 雷管应由爆破员本人运送，炸药在押运员的监护下，由熟悉现行国家标准 GB 6722 的工人运送，沿途不准停留。

2 运输爆破材料的车辆不准乘坐闲杂人员，不准装运其他物品（包括汽车的备用燃料等），不准在人多的地方和交叉口停留。

3 运输炸药时，装车应摆放平稳，不得突出车厢外。运输雷管时，雷管箱不得立放或侧放，防止中途撞击发生意外。

4 人工一人一次运送的爆破器材数量不超过：雷管，5000 发；拆箱（袋）运搬炸药，20kg；背运原包装炸药，1 箱（袋）；挑运原包装炸药，2 箱（袋）。

5 爆破材料搬运至工作地点时，炸药要装袋，雷管要装箱，箱口要加锁，并避开机电、电气设备和管线，放至安全地点。

6 禁止使用翻斗车、自卸汽车、拖挂车、拖拉机、摩托车、自行车和畜力车运输爆破器材。禁止无关人员搭乘；禁止车辆超速行驶。

4.3　桩　基　工　程

Ⅰ　一　般　规　定

4.3.1 作业场地应平整、无障碍物，在软土地基地面应加垫路基箱或厚钢板，在基础坑或围堰内要有足够的排水设施。

4.3.2 桩基工程分包时，应签订安全协议。

4.3.3 对基坑支护、建筑物移位等综合性较强的复杂地基基础施工项目，应编制相应的安全技术措施。

4.3.4 施工现场作业区域及泥浆池、污水池等应设置施工围栏和安全标志。夜间施工应配置充足照明。

4.3.5 桩机安装前应检查机械设备配件、辅助施工设备是否齐全，确保安装的钻杆及各部件良好。

4.3.6 桩机操作人员应持证上岗，按出厂说明书和铭牌的规定使用。操作人员施工期间不得擅离职守，无关人员不得进入操作室。

4.3.7 桩机的机械、液压、传动系统应保证良好润滑。监测仪表、制动器、限制器、安全阀、闭锁机构等安全装置应齐全、完好。桩机不得超负载、带病作业及野蛮施工。

4.3.8 桩机在运行中不得进行检修、清扫或调整。检修、清扫、调整或工作中断时，应断开电源。电气设备与电动工器具的转动部分应装设保护罩。

4.3.9 打桩时，无关人员不得靠近桩基近处。操作及监护人员、桩锤油门绳操作人员与桩基的距离不得小于 5m。

4.3.10 吊运桩范围内，不得进行其他作业，人员不得停留。

4.3.11　送桩、拔出或打桩结束移开桩机后，地面孔洞应回填或加盖。

4.3.12　配备专职电工管理桩机施工电气控制系统。桩机设备、辅助施工设备配置各自专用开关配电箱，门锁齐全。

4.3.13　作业时应设专人指挥、专人监护，指挥信号应明确。

Ⅱ　机 械 成 桩

4.3.14　桩机进场装配应遵守下列规定：

1　合理确定桩机停放位置，大吨位（静力压）桩机停置场地平均地基承载力应不低于 35kPa。

2　装配区域应设置围栏和安全标志。

3　无关人员不得在设备装配现场停留。

4.3.15　桩机施工应遵守下列规定：

1　桩机作业时，不得同时进行吊桩、吊锤、回转、行走、沉孔、压桩等两种及以上的机械动作。

2　桩机在桩位间移动或停止时，应将桩锤落至最低位置，并不宜压在已经完工的桩（顶）位上，应远离其他施工机械，与电力线保持安全距离。

3　保持桩机行走中设备垂直平稳，必要时采取铺垫枕木、填平坑凹地面、换填软质土层、加设临时固定绳索、清理行走线路上的障碍物等措施。

4　机架较高的振动类、搅拌类桩机移动时，应采取防止倾覆的应急措施。

5　遇雷雨、六级及以上大风等恶劣天气应停止作业，并采取加设揽风绳、放倒机架等措施；休息或停止作业时应断开电源。

6　施工时的出土、泥浆应随时清运。清除钻杆和螺旋叶片上的泥土，要用铁锹进行，不得用手清除。

7　桩的连接和切割。

1）钢管桩等金属连接，采用电焊或气体保护焊，应由电焊工来操作。

2）钢管桩的切割操作人员应佩戴防护面罩、电焊手套、工作帽、滤膜防尘口罩和隔音耳罩，并站在上风处操作。

4.3.16　桩机拆卸。

1　切断桩机电源。

2　在拆卸区域设置围栏和安全标志。

3　按设备使用手册规定顺序制定拆卸具体步骤。

4　拆卸、吊运中应注意保护桩机设备，不得野蛮操作。

Ⅲ　人 工 挖 孔 桩

4.3.17　人工挖孔或人工扩孔时，应编制专项施工方案，施工分包时，应签订安全协议。

4.3.18　挖第一节桩孔土方时应遵守下列规定：

1　桩间净距小于 2.5m 时，须采用间隔开挖施工顺序。

2　开挖桩孔应逐层进行，每层高度应严格按设计要求施工，不得超挖。每节筒深的土方应当日挖完。

3 根据土质情况采取相应的护壁措施防止塌方，第一节护壁应高于地面 150mm～300mm，壁厚比下面护壁厚度增加 100mm～150mm，便于挡土、挡水。

4 第一节桩孔成孔以后，即应在距孔口顶周边 1m 搭设围栏，在桩孔上口架设垂直运输支架。支架搭设要求稳定、牢固。

4.3.19 逐层往下循环作业时应遵守下列规定：

1 从第二节开始，利用提升设备运土，设置应急软爬梯供人员上下井，不得乘坐盛土吊桶上下。桩孔内施工作业人员应戴安全帽，系安全带或腰绳。

2 吊运土方时，桩孔内外作业人员应密切配合，吊运土方时孔内人员应靠孔壁站立。

3 当孔内有积水或渗水时，不准有人在孔内作业，应先抽干积水，再作业。移动水泵应先切断电源。

4 与设计地质出现差异时应停止挖孔，查明原因并采取措施后再进行作业。

5 每日开工下井前应检测井内空气。当存在有毒、有害气体时，应首先排除，不得用纯氧进行通风换气。

6 当孔深超过 5m 时，宜用风机或风扇向孔内送风不少于 5min，排除孔内浑浊空气。孔深超过 10m 时，应有专用风机向孔内送风，风量不得少于 25L/s。当桩孔深大于10m 时，不应采用人工掏挖。

7 孔内应设照明，且照明应采用安全矿灯或 12V 以下带罩防水、防爆灯具且孔内电缆应有防磨损、防潮、防断等保护措施。

8 操作时上下人员轮换作业，桩孔上人员密切观察桩孔下人员的情况，互相呼应，不得擅离岗位，发现异常立即协助孔内人员撤离，并及时上报。

9 在孔内上下递送工具物品时，不得抛掷，应采取措施防止孔口的物件落入桩孔内。

10 吊运土不能满装，防提升掉落伤人。使用的电动葫芦、吊笼等应安全可靠并配有自动卡紧保险装置。电动葫芦宜用按钮式开关，使用前应检验其安全起吊能力。

11 挖出的土方应及时运离孔口，不得堆放在孔口四周 1m 范围内，3m 内不得有机动车辆（施工机械）行驶或停放。

12 挖孔完成后，应当天验收，并及时将桩身钢筋笼就位和浇筑混凝土。正在浇筑混凝土的桩孔周围 10m 半径内，其他桩不得有人作业。

13 暂停施工的孔口应设通透的临时网盖。

14 进行挖孔作业时，未浇筑混凝土的邻近桩桩孔不得停止降水作业。

4.4　脚　手　架

Ⅰ　一　般　规　定

4.4.1 施工用脚手架应符合现行行业标准 JGJ 130《建筑施工扣件式钢管脚手架安全技术规范》的要求，荷重超过 3kN/m² 或高度超过 24m 的脚手架应进行设计、计算，并经施工技术部门及安全管理部门审核、总工程师批准后方可搭设。

4.4.2 钢管脚手架安装与拆除人员应是经考核合格的专业架子工，非专业人员不得搭、拆脚手架。

4.4.3 脚手架应使用钢管脚手架。

4.4.4　脚手架搭设后应经施工和使用部门验收合格后方可交付使用。使用中应定期进行检查和维护。

4.4.5　脚手架地基应平整坚实，回填土地基应分层回填、夯实，脚手架立杆垫板或底座底面标高应高于自然地坪 50mm～100mm，确保立杆底部不积水。

4.4.6　脚手架的立杆应垂直。钢管立杆应设置金属底座或木质垫板，木质垫板厚度不小于 50mm、宽度不小于 200mm 且长度不少于 2 跨。

4.4.7　双排脚手架应设置剪刀撑与横向斜撑，单排脚手架应设置剪刀撑。剪刀撑跨越立杆的角度及根数应按表 4.4.7 的规定确定。每道剪刀撑宽度不应小于 4 跨，且不应小于 6m。当脚手架搭设高度达 7m 时，暂时无法设置连墙件，架体应架设抛撑杆。

表 4.4.7　剪刀撑跨越立杆的最多根数

剪刀撑斜杆与地面的倾角	45°	50°	60°
剪刀撑跨越立杆的最多根数	7	6	5

4.4.8　脚手板的铺设应遵守下列规定：

1　作业层、顶层和第一层脚手板应铺满、铺稳、铺实，作业层端部脚手板探头长度应取 150mm，其板两端均应与支撑杆可靠固定，脚手板与墙面的间距不得大于 200mm。

2　脚手板的搭接长度不得小于 200mm。对接处应设两根横向水平杆，其间距不得大于 300mm。

3　在架子上翻脚手板时，应由两人从里向外按顺序进行。工作时应系好安全带，下方应设安全网。

4.4.9　脚手架的外侧、斜道和平台应设 1.2m 高的护栏，0.6m 处设中栏杆和不小于 180mm 高的挡脚板或设防护立网。临街或靠近带电设施的脚手架应采取封闭措施，架顶栏杆内侧的高度应低于外墙 200mm。

4.4.10　运料斜道宽度不应小于 1.5m，坡度不应大于 1：6；人行斜道宽度不应小于 1m，坡度不应大于 1：3，斜道上按每隔 250mm～300mm 设置一根厚度为 20mm～30mm 的防滑木条（人行斜道也可采用其他材料及形式设置）。

4.4.11　直立爬梯的梯档应用直角扣件连接牢固，踏步间距不得大于 300mm。不得手中拿物攀登，不得在梯子上运送、传递材料及物品。

4.4.12　遇六级及以上风、浓雾、雨或雪等天气时应停止脚手架搭设与拆除作业。雨、雪后上脚手架作业应有防滑措施，并应清除积水、积雪。脚手架应每月进行一次检查，在大风暴雨、寒冷地区开冻后以及停用超过一个月时，应经检查合格后方可恢复使用。

4.4.13　搭、拆脚手架时施工作业人员应戴安全帽、系安全带、穿防滑鞋，传递杆施工作业人员应密切配合。施工安全区域周围应设围栏和安全标志，并设专人安全监护，无关人员不得入内。

4.4.14　拆除脚手架应自上而下逐层进行，不得上下同时进行拆除作业，连墙件应随脚手架逐层拆除，拆除的脚手架构配件，不得抛掷。

4.4.15　脚手架上不应固定泵送混凝土和砂浆的输送管等；不得悬挂起重设备或与模板支架连接。不得拆除或移动架体上安全防护设施。

4.4.16 在脚手架上进行电、气焊作业时，应有防火措施并配备足够消防器材和专人监护。

4.4.17 脚手架应有防雷接地措施。

4.4.18 金属脚手架附近有架空线路时，应满足表4.4.18安全距离的要求。

表4.4.18　脚手架与带电体的最小安全距离

电压等级 kV	安全距离 m		电压等级 kV	安全距离 m	
	沿垂直方向	沿水平方向		沿垂直方向	沿水平方向
≤10	3.00	1.50	±50 及以下	5.00	4.00
20～40	4.00	2.00	±400	8.50	8.00
60～110	5.00	4.00	±500	10.00	10.00
220	6.00	5.50	±660	12.00	12.00
330	7.00	6.50	±800	13.00	13.00
500	8.50	8.00			
750	11.00	11.00			
1000	13.00	13.00			

注1：750kV电压等级数据是按海拔2000m校正的，其他电压等级数据按海拔1000m校正。
注2：表中未列电压等级按高一挡电压等级的安全距离执行。

Ⅱ　脚手架及脚手板选材与规格

4.4.19 钢管脚手架及脚手板。

1 脚手架钢管宜采用 $\phi48.3mm \times 3.6mm$ 的钢管，横向水平杆最大长度不超过2.2m，其他杆最大长度不超过6.5m。禁止使用弯曲、压扁、有裂纹或已严重锈蚀的钢管。

2 脚手架扣件应符合现行国家标准 GB 15831《钢管脚手架扣件》的规定；采用其他材料制作的扣件，应经试验证明其质量符合现行国家标准 GB 15831 的规定后方可使用。禁止使用有脆裂、变形或滑丝的扣件。

3 立杆接长，顶层顶部可采用搭接，搭接长度不应小于1m，应采用不少于两个旋转扣件固定。其余各层各步应采用对接扣件连接，两根相邻立杆的接头不应设置在同步内，同步内隔一根立杆的两个相隔接头在高度方向错开的距离不宜小于500mm。

4 纵向水平杆应用对接扣件接长，也可采用搭接。搭接长度不应小于1m，应等间距设置三个旋转扣件固定。采用对接时，纵向水平杆的对接扣件应交错布置，两根相邻纵向水平杆的接头不宜设置在同步或同跨内，不同步不同跨两相邻接头在水平方向错开的距离不应小于500mm。

4.4.20 冲压钢脚手板的材质应符合现行国家标准 GB/T 700《碳素结构钢》中 Q235－A 级钢的规定。凡有裂纹、扭曲的不得使用。

4.4.21 木脚手板应用50mm厚的杉木或松木板制作，宽度以200mm～300mm为宜，长度以不超过6m为宜。凡腐朽、扭曲、破裂的，或有大横透节及多节疤的，不得使用。距板的两端80mm处应用镀锌铁丝箍绕2圈～3圈或用铁皮钉牢。

4.4.22 竹片脚手板的厚度不得小于50mm，螺栓孔不得大于10mm，螺栓应拧紧。竹片脚手板的长度以2.2m～2.3m、宽度以400mm为宜。竹笆脚手板的主筋在布设时应垂直于纵向水平杆，四角应采用镀锌铁丝与脚手架绑扎牢固。

4.4.23 当建筑物墙壁有窗、门、穿墙套管板等孔洞时，应在该处脚手架架体内侧上下两根纵向水平杆之间架设防护栏杆。

4.4.24 当脚手架内侧纵向水平杆离建筑物墙壁大于250mm时应加纵向水平防护杆或架设木脚手板防护。

4.4.25 满堂脚手架和满堂支撑架的搭设应按本规程4.4.1的要求执行。

4.4.26 特殊形式的脚手架。

1 挑式脚手架的斜撑杆上端应与挑梁嵌槽固定，并用螺栓、扒钉或铁丝等连接，下端应固定在立柱或建筑物上。

2 在移动式脚手架上工作前，应将其与建筑物绑牢或做好支撑，并将其滚动部分固定住。移动前，架上的材料、工具以及施工垃圾等应清除干净，移动时应有防止倾倒的措施。

3 悬吊式脚手架应符合下列规定：

1）悬吊系统应经设计及验收。使用前，应进行1.5倍设计荷重的静负载试验，并对所有受力部分进行详细的检查，合格后方可使用。

2）悬吊式脚手架不得超负载使用。在工作中，对其结构、挂钩及钢丝绳应指定专人每天进行检查及维护。

3）全部悬吊系统所用钢材应为Q235-A级钢。各种挂钩应用套环扣紧。

4）吊架的挑梁应固定在建筑物的牢固部位上。

5）应满铺脚手板，并设1.2m高的栏杆（0.5m～0.6m处设腰杆）及180mm高的挡脚板或防护立网。

6）使用时，脚手架应固定在建筑物的牢固部位上。

7）悬挂式钢管吊架在搭设过程中，除立杆与横杆的扣件应牢固外，立杆两端伸出横杆的长度不得少于200mm，立杆的上下两端还应加设一道保险扣件。

4.5 混 凝 土 工 程

Ⅰ 模 板 工 程

4.5.1 一般规定。

1 模板的安装和拆除应符合现行行业标准JGJ 162《建筑施工模板安全技术规范》的规定。在模板安装、拆除施工前应编制专项施工方案。高大模板支撑系统的专项施工方案，应组织专家审查。

2 模板支撑杆件的材质应能满足杆件的抗压、抗弯强度。支撑高度超过4m时，应采用钢支撑，不得使用锈蚀严重、变形、断裂、脱焊、螺栓松动的钢构件支撑。

3 木杆支撑宜选用长料，同一柱的联结接头不宜超过2个。不得使用腐朽、扭裂、劈裂的木杆材料和竹材作立柱。

4 在高处安装与拆除模板应遵守高处作业的有关规定。工作人员应从扶梯上下，不得在模板、支撑上攀登。不得在高处独木或悬吊式模板上行走。

5　模板在调整找正轴线的过程中要轻动轻移，严防模板轿杠滑落伤人；合模时逐层找正，逐层支撑加固，斜撑、水平撑应与补强管（木）可靠固定。

4.5.2　模板安装。

1　安装操作人员应严格按模板专项施工方案进行施工，不得随意更换支撑杆件的材质，或减小杆件规格尺寸。

2　模板支架立杆底部应加设满足支撑承载力要求的垫板，不得使用砖及脆性材料铺垫。

3　模板支架应自成体系，不得与脚手架连接，支架的两端和中部应与建筑结构连接。

4　满堂模板立杆除应在四周及中间设置纵、横双向水平支撑外，当立杆高度超过 4m以上时，尚应每隔两步设置一道水平剪刀撑。

5　建筑物框架施工时，施工作业人员应从梯子上下，不得在模板、支撑上攀登。支设梁模板时，不得站在柱模板上操作，并不得在梁的底模板上行走。不得在高处的独木或悬吊式模板上行走。

6　地面以下支模向坑槽内运送材料时，坑上坑下应统一指挥，使用溜槽或绳索向下放料，不得向坑槽内抛掷。

7　支设柱模板时，其四周应钉牢，操作时应搭设临时工作台或临时脚手架，搭设的临时脚手架应满足脚手架搭设的各项要求。独立柱或框架结构中高度较大的柱安装后应用缆风绳拉牢固定。

8　平台模板的预留孔洞，应设维护栏杆，模板拆除后，应随时将洞口封闭。

9　安装钢模板，遇 U 型卡孔错位时，应调节或更换模板，不得猛锤硬撬 U 型卡。

10　支模过程中，如遇中途停歇，应将已就位的模板或支承联结稳定，不得有空架浮搁；模板在未形成稳定前，不得上人。

4.5.3　模板拆除。

1　模板拆除应等到混凝土达到设计强度后方可进行拆模。拆模前应清除模板上堆放的杂物，在拆除区域划定并设警戒线，悬挂安全标志，设专人监护，非操作人员不得进入。

2　拆模作业应按后支先拆、先支后拆，先拆侧模、后拆底模，先拆非承重部分、后拆承重部分的原则逐一拆除。

3　拆除较大跨度梁下支柱时，应先从跨中开始，分别向两端拆除。拆除多层楼板支柱时，应确认上部施工荷载不需要传递的情况下方可拆除下部支柱。

4　当水平支撑超过两道以上时，应先拆除两道以上水平支撑，最下一道大横杆与立杆应同时拆除。

5　模板拆除应逐次进行，由上向下先拆除支撑和本层卡扣，同时将模板运送至地面，然后再拆除下层的支撑、卡扣、模板。不得采用猛撬、硬砸及大面积撬落或拉倒方法。

6　作业人员拆除模板作业前应佩戴工具袋，作业时将螺栓螺帽、垫块、销卡、扣件等小物品放在工具袋内，后将工具袋吊下，不得抛掷。

7　拆除模板时，作业人员应选择稳妥可靠的立足点，高处拆除时应系好安全带，不得站在正在拆除的模板上。卸连接卡扣时要两人在同一面模板的两侧进行，卡扣打开后用撬棍沿模板的根部加垫轻轻撬动，防止模板突然倾倒。

8 钢模板拆除时，U 型卡和 L 型插销应逐个拆卸，防止整体塌落。

9 拆除的模板不得抛掷，应用绳索吊下或由滑槽、滑轨滑下。拆下的模板不得堆在脚手架或临时搭设的工作台上。

10 拆除模板应彻底，不得留有未拆除的悬空模板。作业人员在下班时，不得留下松动的或悬挂着的模板以及扣件、混凝土块等悬浮物。

11 拆下的模板应及时清理，所有朝天钉均拔除或砸平，不得乱堆乱放，禁止大量堆放在坑口边，应运到指定地点集中堆放。

Ⅱ   钢   筋   工   程

4.5.4 钢筋加工。

1 钢筋加工场地应宽敞、平坦，工作台应稳固，照明灯具应加设网罩，并搭设作业棚，设置安全标志和安全操作规程。

2 钢筋应按规格、品种分类，设置明显标识，整齐堆放。

3 机械设备应安装稳固，机械的安全防护装置应齐全有效，转动部分有防护罩。

4 机械设备的控制开关应安装在操作人员附近，并保证电气绝缘性能可靠。

5 使用齿口扳弯曲钢筋时，操作台应牢固可靠，操作人要紧握扳手，脚要站稳，用力均匀，防止扳手滑移或钢筋崩断伤人。

6 使用调直机调直钢筋时，操作人员应与滚筒保持一定距离，不得戴手套操作。

7 钢筋调直到末端时，操作人员应避开，以防钢筋短头舞动伤人，短于 2m 或直径大于 9mm 的钢筋调直，应低速加工。

8 使用钢筋弯曲机时，操作人员应站在钢筋活动端的反方向，弯曲小于 400mm 的短钢筋时，要防止钢筋弹出伤人。

9 使用切断机切断大直径钢筋时，应在切断机口两侧机座上安装两个角钢挡杆，防止钢筋摆动。

10 钢筋冷拉直场地应设置防护围栏及安全标志。钢筋采用卷扬机冷拉直时，卷扬机及地锚应按最大工件所需牵引力计算，卷扬机应布置在操作人员能看到现场工作情况的地方，前面应设防护挡板；或将卷扬机与工作方向成 90°布置，并采用封闭式导向滑轮。

11 冷拉卷扬机使用前应检查钢丝绳是否完好，轧钳及特制夹头的焊缝是否良好，卷扬机刹车是否灵活，确认各部件良好后方可投入使用。

12 在冷拉直工作时应先上好夹具，发现有滑动或其他异常情况时，应先停止并放松钢筋后方可进行检修或更换配件。

13 冷拉卷扬机操作要求专人专管，工作完毕后切断电源方能离开。

14 钢筋冷拉时沿线两侧 2m 范围内为危险区，一切人员和车辆不得通行。

15 钢筋进行焊接作业时，焊机应可靠接地，焊接导线及钳口接线应有可靠绝缘，焊机不得超长时间使用。

16 手工加工前检查工具是否完好。切断长度小于 300mm 的钢筋应用钳子夹牢，且钳柄不得短于 500mm，不得直接用手把持，工作台上的铁屑应及时清理。

4.5.5 钢筋安装。

1 绑扎框架钢筋时，操作人员不得站在钢筋骨架上和攀登柱骨架上下。绑扎柱钢筋，不得站在钢箍上绑扎，不得将木料、管子等穿在钢箍内作脚手板。

2 4m 以上框架柱钢筋绑扎、焊接时应搭设临时脚手架，不得依附立筋绑扎或攀登上下，柱子主筋应使用临时支撑或缆风绳固定。搭设的临时脚手架应满足脚手架搭设的各项要求。

3 框架柱竖向钢筋焊接前应根据焊接钢筋的高度搭设相应的操作平台，平台要牢固可靠，周围及下方的易燃物应及时清理。工作完毕后应切断电源，检查现场，确认无火灾隐患后方可离开。

4 操作人员登高应将工具放入工具套（袋）内，防止滑落伤人，上下传递物件不得抛掷。

5 高处钢筋绑扎时，不得将钢筋集中堆放在模板或脚手架上，脚手架上不得随意放置工具、箍筋或短钢筋。

6 起吊预制钢筋骨架时，下方不得站人，待骨架吊至离就位点 1m 以内时方可靠近，就位并支撑稳固后方可摘钩。

7 必须在高处修整、扳弯粗钢筋时，作业人员应选好位置系牢安全带。在高处无安全措施的情况下，不得进行粗钢筋的校直工作及垂直交叉施工。

4.5.6 钢筋搬运。

1 搬运钢筋时，施工人员衣着应灵便，行走步调一致，上下坡或转弯时，应前后呼应，步伐稳慢。注意钢筋的两端摆动，防止碰撞物体或打击人身，特别防止碰挂周围和上下的电力线。上肩和卸料时应动作一致。

2 多人抬运钢筋时，起、落、转、停等动作应一致，人工上下垂直传递钢筋时，上下作业人员不得在同一垂直方向上，送料人员应站立在牢固平整的地面或临时建筑物上，接料人员应有防止前倾的措施，必要时应系安全带。传递钢筋应有统一指挥。

3 钢筋搬运、堆放时与电气设施应保持安全距离，严防碰撞。

4 在建筑物平台或走道上堆放钢筋应分散、稳妥，堆放钢筋的总重量不得超过平台的允许荷重。

5 在使用吊车吊运钢筋时应绑扎牢固并设控制绳，钢筋不得与其他物件混吊。

6 起吊安放钢筋笼时，应专人指挥。先将钢筋笼运送到吊臂下方，平稳起吊，专人拉好控制绳，不得偏拉斜吊。

7 钢筋笼的吊点应设在钢筋笼的上端。钢筋笼吊装过程中，人员不得在起重机吊臂下站立和通行。向孔内下钢筋笼时，两人在笼侧面协助找正对正、对准孔口、慢速下笼、到位固定，人员不得下孔摘除吊绳。

Ⅲ　混　凝　土　工　程

4.5.7 混凝土运送。

1 用翻斗车运送混凝土，车就位和倒料时要缓慢，不得搭乘人员和材料。

2 采用吊罐运送混凝土时，钢丝绳、吊钩、吊扣应符合安全要求，连接牢固，罐内的混凝土不得装载过满。吊罐转向、行走应缓慢，不得急刹车，下降时应听从指挥信号，吊罐下方不得站人。

3　吊罐卸料时罐底离浇灌面的高度不得超过 1.2m，吊罐降落的工作平台应经过校核，确保平稳。

4　用铁桶或胶皮桶向上传送混凝土时，人员应站在安全牢固且传递方便的位置上。其他工种交叉作业人员不得在传送方向上停留。

5　使用起重机械运输混凝土时，设专人指挥，指挥人员应站在操作人员能看清指挥信号的安全位置上。起重机在工作中速度应均匀平稳，不得突然制动或在没有停稳时做反方向回转。落下时应低速轻放。起吊物应绑牢，吊钩悬挂点应与吊物的重心在同一垂直线上。

6　用手推车运送混凝土时，装料不得过满，斜道坡度不得超过 1∶6。卸料时，不得用力过猛和撒把。

4.5.8　混凝土浇捣。

1　基坑口搭设卸料平台，平台平整牢固，应外低里高（5°左右坡度），并在沿口处设置高度不低于 150mm 的横木。

2　卸料时基坑内不得有人。前台下料作业应坑上坑下协同进行，不得将混凝土直接翻入基坑内。

3　浇筑混凝土过程中，木工、架子工要跟班随时检查模板、脚手架的牢固情况。

4　投料高度超过 2m 时应使用溜槽或串筒。串筒宜垂直放置，串筒之间连接牢固，串筒连接较长时，挂钩应予加固。不得攀登串筒进行清理。

5　作业人员不得踩踏模板支撑。振捣工作应穿好绝缘靴、戴好绝缘手套，搬动振动器或暂停工作应将振动器电源切断。不得将运行中的振动器放在模板、脚手架或未凝固的混凝土上。

6　作业人员在操作振动器时不得使用振动器冲击或振动钢筋、模板及预埋件等。

7　浇筑框架、梁、柱、墙混凝土时，应架设脚手架或作业平台，不得站在梁或柱的模板、临时支撑上或脚手架护栏上操作。

8　在混凝土中掺加毛石、块石时，应按规定地点抛石或用溜槽溜放。块石不得集中堆放在已绑扎的钢筋或脚手架、作业平台上。

9　浇捣拱形结构应自两边拱脚对称同时进行，浇圈梁、雨棚、阳台应设防护措施；浇捣料仓时，下口应先进行封闭，并铺设临时脚手架。

10　采用冷混凝土施工时，化学附加剂的保管和使用应有严格的管理制度，严防发生误食中毒事故。

11　施工作业后，应及时清除脚手架上的混凝土余浆、垃圾，并不得随意抛掷。

4.5.9　混凝土养护。

1　混凝土预留孔洞、基槽等处，应有满足强度要求的盖板或设防护围栏及安全标志。

2　蒸气养护，应设防护围栏或安全标志；电热养护，测温时应先停电；用炉火加热养护，人员进入前需先通风。进行测温工作所需的照明、走道等应根据需要设置。

3　棚内采用碳炉保温时，应配置足够的消防器材，作业人员进棚作业前，应采取通风措施，防止一氧化碳中毒。

4 冬季养护阶段，严禁作业人员进棚内取暖，进棚作业必须设专人棚外监护。

5 采用暖棚法时应遵守下列规定：

1）暖棚应经设计并绑扎牢固，所用保温材料应具有阻燃特性，施工中应经常检查并备有必要的消防器材。

2）地槽式暖棚的槽沟土壁应加固，以防冻土坍塌。

6 采用蒸汽加热法应遵守下列规定：

1）引用蒸汽作为热源时，应设减温减压装置并有压力表监视蒸汽压力。

2）室外部分的蒸汽管道应保温，阀门处应挂安全标志。

3）所有阀门的开闭及汽压的调整均应由专人操作。

4）采用喷气加热法时应保持视线清晰。

5）使用蒸汽软管加热时，蒸汽压力不得高于 0.049MPa。

6）只有在蒸汽温度低于 40℃时施工作业人员方可进入。

4.6　砖石砌体及装饰工程

4.6.1 砖石砌体施工。

1 不得站在墙上行走和作业。

2 脚手架上堆放的砖、石材料距墙身不得小于 500mm，荷重不得超过 $3kN/m^2$，砖侧放时不得超过三层。在同一块脚手板上不得超过两人同时砌筑作业。

3 在高处砌砖时，应注意下方是否有人，不得向墙外砍砖。下班前应将脚手板及墙上的碎砖、灰浆清扫干净。

4 搬运石料和砖的绳索、工具应牢固。搬运时应相互配合，动作一致。

5 往坑、槽内运石料不得乱丢，应用溜槽或吊运。卸料时坑、槽内不得有人。修整石块时，应戴防护眼镜，不得两人对面操作。在脚手架上砌石不得使用大锤。

6 采用里脚手架砌砖时，应布设外侧安全防护网。墙身每砌高 4m，防护墙板或安全网即应随墙身提高。

7 用里脚手架砌筑突出墙面 300mm 以上的屋檐时，应搭设挑出墙面的脚手架进行施工。

8 墙身砌体高度超过地坪 1.2m 以上时，应使用脚手架。

4.6.2 装饰施工。

1 装饰时所用脚手架应符合下列规定：

1）不得在易损建筑物或设备上搁置脚手架。

2）不得将梯子搁在楼梯或斜坡上工作。

3）不得站在窗口上粉刷窗口四周的线脚。

4）顶棚抹灰宜搭设满堂脚手架。

5）室内抹灰使用的工具性脚手架搭设应稳固，脚手板跨度不得大于 2m，脚手架上堆放材料不得过于集中，在同一跨度内不得超过两人。

2 进行磨石工程时应防止草酸中毒。使用磨石机应戴绝缘手套，穿胶靴。

3 进行仰面粉刷时，应采取防止粉末等侵入眼内的防护措施。

4　进行耐酸、防腐和有毒材料操作时，应保持室内通风良好，施工作业人员应加强防火、防毒、防尘和防酸、碱的安全防护。

5　机械喷浆，喷涂时，操作人员应佩戴防护用品。压力表、安全阀应灵敏可靠。输浆管各部接口应拧紧卡牢，管路应避免弯折。

6　输浆应严格按照规定的压力进行。发生超压或管道堵塞时，应在停机泄压后进行检修。

7　在吊顶内作业时应搭设步道，非上人吊顶不得上人。吊顶内操作时应使用安全电压照明。吊顶内焊接要严加防火，焊接地点不得堆放易燃物。

8　切割石材、瓷砖应采取防尘措施。

9　墙面刷涂料，当高度超过 1.5m 时，应搭设操作平台。

10　油漆使用后应及时封闭存放，废料应及时清出室内。不得在室内用有机溶剂清洗施工用具。

11　涂刷作业中应采取通风措施，施工人员如感头痛、恶心、心闷或心悸时，应立即停止作业并到户外呼吸新鲜空气。

12　溶剂性防火涂料施工时，施工作业人员应穿工作服、工作鞋，戴手套，操作时若皮肤沾上涂料应及时使用相应溶剂的棉纱擦拭，再用肥皂和清水洗净。

13　化灰池的四周应设围栏，其高度不得小于 1.2m 并设安全标志。

4.7　拆　除　工　程

4.7.1　准备工作。

1　建筑物拆除作业应严格按照现行行业标准 JGJ 147《建筑拆除工程安全技术规范》的规定施工。开工前应对被拆除建筑物的情况进行详细勘查，并编制专项安全施工措施，经分管安全领导或总工程师批准后执行。

2　承担拆除工程的单位应取得相应资质。

3　拆除工程开工前，应将建筑物上的各种力能管线切断或迁移。现场施工照明应另外设置配电线路。

4　拆除区域周围应设围栏并悬挂安全标志，派专人监护。无关人员和车辆不得通过或停留。

5　在高压线路及带电设备附近的拆除工作，无论停电与否，应办理安全施工作业票，并执行运行管理单位的工作票制度。

4.7.2　拆除工作。

1　重要拆除工程应在技术负责人的指导下施工。多人拆除同一建筑物时，应指定专人统一指挥。

2　采用人工或机械拆除时，应自上而下、逐层分段进行，先拆除非承重结构，再拆除承重结构，不得数层同时拆除。不得垂直交叉作业，作业面的孔洞应封闭。当拆除某一部分时，应防止其他部分发生倒塌。

3　人工拆除建筑墙体时，不得采用掏掘或推倒方法。

4　在拆除与建筑物高度一致的水平距离内有其他建筑物时，不得采用推倒的方法。

5 建筑物的栏杆、楼梯及楼板等应与建筑物整体同时拆除，不得先行拆除。

6 拆除后的坑穴应填平或设围栏。

7 拆除框架结构建筑，应按楼板、次梁、主梁、柱子的顺序进行。建筑物的承重支柱及横梁，应待其所承担的结构全部拆除后方可拆除。对只进行部分拆除的建筑，应先将保留部分加固，再进行分离拆除。

8 拆除时，楼板上不应多人聚集或集中堆放拆除下来的材料。拆除物应及时清理。

9 拆除时，如所站位置不稳固或在2m以上的高处作业时，应系好安全带并挂在暂不拆除部分的牢固结构上。

10 拆除轻型结构屋面时，不得直接踩在屋面上，应使用移动板或梯子，并将其上端固定牢固。

11 地下建筑物拆除前，应将埋设在地下的力能管线切断。如遇有有毒气体的管路，应联系相关专业部门进行处理。

12 清挖土方遇接地网及力能管线时，应及时向有关部门汇报，并做出妥善处理。

13 拆除管道及容器时，应查明残留物性质，采取相应措施后方可进行。

4.8　构支架安装

4.8.1 地面组装。

1 钢构支架、水泥杆在现场堆放时，高度不得超过三层，堆放的地面应平整坚硬，杆段下面应多点支垫，两侧应掩牢。

2 钢构支架、水泥杆在现场倒运时，宜采用起重机械装卸，装卸时应控制杆段方向；装车后应绑扎、楔牢，防止滚动、滑脱。不得采用直接滚动方法卸车。

3 采用人力滚动杆段时，应动作协调，滚动前方不得有人。杆段横向移动时，应及时将支垫处用木楔掩牢。

4 利用棍、撬杠拨杆段时，应防止滑脱伤人。水泥杆不得利用铁撬棍插入预留孔转动杆身。

5 每根杆段应支垫两点，支垫处两侧应用木楔掩牢，防止滚动。

6 横梁、构支架组装时应设专人指挥，作业人员配合一致，防止挤伤手脚。

4.8.2 构支架搬运。

1 重量大、尺寸大、集中排组焊的钢管构架的运输，除应符合本规程3.4的有关规定外，运输车辆上应设置支撑构架的支撑物，其结构应根据材质及运输重量选择。

2 运输道路应坚实、宽敞、平坦，运输车辆行驶应平稳、缓慢，并有专人监护。

3 构架摆好后应绑扎牢固，确保车辆行驶中构架不发生摇晃。

4.8.3 构支架吊装。

1 制定吊装专项施工方案，并经审查批准后方可进行施工。

2 固定构架的临时拉线应满足下列要求：

1）应使用钢丝绳，不得使用白棕绳等。

2）绑扎工作应由技工担任。

3）固定在同一个临时地锚上的拉线最多不超过两根。

3　在起吊过程中，应有专人负责、统一指挥，各个临时拉线应设专人松紧，各个受力地锚应有专人看护，做到动作协调。

4　吊物离地面约 100mm 时，应停止起吊，全面检查确认无问题后，方可继续起吊，起吊应平稳。

5　吊装中引杆段进杯口时，撬棍应反撬。

6　在杆根部锲铁（木）及临时拉线未固定好之前，不得登杆作业。

7　起吊横梁时，在吊点处应对吊带或钢丝绳采取防护措施，并应在横梁两端分别系控制绳，控制横梁方位。

8　横梁就位时，构架上的施工作业人员不得站在节点顶上；横梁就位后，应及时固定。

9　二次浇灌混凝土未达到规定的强度时，不得拆除临时拉线。

10　在构支架组立完成后，应及时将构支架进行接地。接地网未形成的施工现场，应增设临时接地装置。

11　格构式构架柱吊点选择后，应对吊点位置进行检查。

4.9　其　他　施　工

4.9.1　水暖施工。

1　套丝机工作时，应平稳、夹牢。

2　使用弯管机时应按使用说明书要求进行操作。

3　沟内施工遇有土方松动、裂纹、渗水等情况时，应及时加设固壁支撑。不得用固壁支撑代替上下扶梯或吊装支架。

4　人工往沟槽内下管时，所有索具、桩锚应牢固，沟槽内不得有人。管道对口过程中应防止挤手。

5　在深 1m 以上的管沟或坑道中施工时，沟、坑两侧或周围应设围栏并派专人监护。

6　进行水压试验时应遵照以下规定：

1）水压试验用临时管道系统的焊接质量应检验合格。

2）试压泵周围应设置围栏，非施工作业人员不得入内。

3）水压试验进水时，操作人员不得擅自离开岗位。

4）水压试验时，不得站在焊接堵头的对面或法兰盘的侧面。

4.9.2　白铁施工。

1　剪铁皮时应防止毛刺伤手，剪掉的铁皮应及时清除。

2　稀释盐酸时，应将盐酸缓慢注入水中，不得将水注入盐酸中。烧热的烙铁蘸盐酸时，应防止盐酸气体伤眼。

3　熔锡时锡液不得沾水。熔锡用火应遵守防火的有关规定。

4.9.3　沥青、油漆施工。

1　熬制沥青时距建筑物不得小于 25m，距易燃物不得小于 10m，并应备有足够的消防器材；不得在电源线的垂直下方熬制沥青；不得在室内熬制沥青或调制冷底子油。熬制沥青前，应清除锅内杂质和积水。

2　熬制沥青应由有经验的工人看守并控制沥青温度。沥青量不得超过沥青锅容量的 3/4，下料应缓慢溜放，不得大块投放。下班时应熄火、关闭炉门并盖好锅盖。

3　锅内沥青着火时，应立即用铁锅盖盖住，停止鼓风，封闭炉门，熄灭炉火，并用干砂、湿麻袋或灭火器扑灭，不得往燃烧的沥青锅中浇水。

4　进行沥青作业时，通风应良好。作业时及施工完毕后的 24h 内，其作业周围 30m 内不得使用明火。

5　装运沥青的勺、桶、壶等工具不得用锡焊。盛沥青量不得超过容器量的 2/3，肩挑或用手推车时，道路应平坦，索具应牢固。垂直吊运时下方不得有人。

6　屋面铺设卷材时，靠近屋面边缘处应侧身操作或采取其他安全措施。

7　沾有油漆的易燃物，应收集存放在有盖的金属容器内并及时处理。

8　配漆场所应通风良好，配备消防设施，严禁烟火。不得在工作地点存放漆料和溶剂。

9　使用喷漆、喷浆机时，沾有油料或浆水的手不得操作电源开关。喷嘴不得对人。

10　沥青、油漆作业应符合下列规定：

1）熬制沥青应通风良好，施工人员的脸和手应涂以专用软膏或凡士林，戴好防护眼镜，穿专用工作服并配备有关防护用品。

2）患皮肤病、眼结膜病及对沥青、油漆等有严重过敏的人员不得从事该项工作。

3）进行沥青、油漆作业应适当增加间歇时间。

4）在地下室、基础、池壁进行有毒有害涂料的防水防腐作业时，应配备足够的通风设备，使用个人防护用品，并定时轮换和适当增加间歇时间，施工作业人员不得少于两人。

5）使用汽油、煤油、松香水、丙酮等稀释剂时应空气流通，正确使用个人防护用品，并不得动用明火。

6）进行喷漆工作时应戴好防毒口罩并涂以防护油膏，作业地点应通风良好，周围不得有火种。

4.9.4　环氧树脂施工。

1　进行环氧树脂粘接剂作业时，操作室内应保持通风良好，配料室应设排风装置。配制人员应站上风方向，并戴防毒口罩及橡胶手套。

2　施工作业人员应扎紧袖口和裤脚并配备必要的个人防护用品。不得在工作室内和工作过程中进食或吸烟。配制酸处理液时，应把酸液缓慢地注入水中并不断搅拌均匀，不得将水注入酸液中。

3　使用电炉或喷灯加热时，热源与化学药品柜及工作台应保持一定的距离。工作室内备有砂箱、灭火器等消防器材。工作完毕应切断电源。

4　各种有毒化学药品应设专人、专柜分类保管，严格执行保管及领用制度。保管和使用人员应掌握各种药品的性能，无关人员不得随便动用。

4.9.5　玻璃施工。

1　玻璃施工应在指定的场所进行，切下的边角余料应集中堆放、及时处理，搬运玻璃时应戴防护手套。

2 安装玻璃时应将玻璃放置平稳，垂直下方不得有人工作或通行，必要时应采取适当的防护隔离措施。

3 天窗上或其他高处危险部位安装玻璃时应铺设脚手板，作业时系好安全带，并有工具袋，不得口含铁钉或卡簧进行工作。

4.9.6 幕墙施工。

1 玻璃幕墙安装应搭设吊架或挑架逐层安装。

2 在高层石材板幕墙安装与上部结构施工必须交叉时，应在结构施工层下方架设防护网。

5 电 气 装 置 安 装

5.1 电 气 设 备 安 装

5.1.1 油浸变压器、电抗器安装。

1 110kV 及以上或容量为 30MVA 及以上的油浸变压器、电抗器安装前应依据安装使用说明书编写安全施工措施。

2 按生产厂家技术要求吊装套管。

3 充氮变压器、电抗器未经充分排氮（其气体含氧密度未达到 18％ 及以上时），严禁施工作业人员入内。充氮变压器注油时，任何人严禁在排气孔处停留。

4 油浸变压器、电抗器在放油及滤油过程中，外壳、铁芯、夹件及各侧线圈应可靠接地；储油罐和油处理设备应可靠接地，防止静电火花。

5 进行变压器、电抗器内部工作时，通风和安全照明应良好，并设专人监护；工作人员应穿无纽扣、无口袋的工作服、耐油防滑靴等专用防护用品，带入的工具应拴绳、登记、清点，严防工具及杂物遗留在器身内。

6 储油和油处理现场应配备足够、可靠的消防器材，应制定明确的消防责任制，场地应平整、清洁，10m 范围内不得有火种及易燃易爆物品。

7 110kV 及以上变压器、电抗器吊芯或吊罩检查应编制专项施工方案并满足下列要求：

1）变压器、电抗器吊芯检查时，不得将芯子叠放在油箱上，应放在事先准备好的干净垫木上。在放松起吊绳索前，不得在芯子上进行任何工作。

2）变压器、电抗器吊罩（吊芯）应符合规范及产品技术要求。

3）外罩（芯部）应放置在干净垫木上，再开始芯部检查工作。

8 检查大型变压器、电抗器芯子时，不得攀登引线木架上下。梯子不应直接靠在线圈或引线上。变压器、电抗器干燥应编制专项施工方案并满足下列要求：

1）变压器进行干燥前应制定安全技术措施及管理制度。

2）干燥变压器使用的电源及导线应经计算，电路中应有过负荷自动切断装置及过热报警装置。

3）干燥变压器时，应根据干燥的方式，在铁芯、绕组或上层油面上装设温度计，但不应使用水银温度计。

4）干燥变压器应设值班人员。值班人员应经常巡视各部位温度有无过热及异常情况，并做好记录。值班人员不得擅自离开干燥现场。

5）采用短路干燥时，短路线应连接牢固，并采取措施防止触电事故。采用涡流干燥时，应使用绝缘线。

6）使用外接电源进行干燥时，变压器外壳应接地。

7）使用真空热油循环进行干燥时，其外壳及各侧绕组应可靠接地。

8）干燥变压器现场不得放置易燃物品，并应配备足够的消防器材。

9　变压器附件有缺陷需要进行焊接处理时，应放尽残油，除净表面油污，运至安全地点后进行。

10　变压器引线焊接不良需在现场进行补焊时，应制定专项施工方案并采取绝热和隔离等防火措施。

11　对已充油的变压器、电抗器的微小渗漏进行补焊时，应制定专项施工方案并遵守下列规定：

1）变压器、电抗器的油面呼吸畅通。

2）焊接部位应在油面以下。

3）应采用气体保护焊或断续的电焊。

4）焊点周围油污应清理干净。

5）应有妥善的安全防火措施，并向全体作业人员进行安全技术交底。

12　变压器、电抗器带电前本体外壳及接地套管等附件应可靠接地，电流互感器备用二次端子应短接接地，全部电气试验合格。

5.1.2　断路器、隔离开关、组合电器安装。

1　110kV及以上断路器、隔离开关、组合电器安装前应依据安装使用说明书编写施工安全技术措施。

2　在下列情况下不得搬运开关设备：

1）隔离开关、闸刀型开关的刀闸处在断开位置时。

2）断路器、气动低压断路器、传动装置以及有返回弹簧或自动释放的开关，在合闸位置和未锁好时。

3　封闭式组合电器在运输和装卸过程中不得倒置、倾翻、碰撞和受到剧烈的振动。制造厂有特殊规定标记的，应按制造厂的规定装运。

4　六氟化硫气瓶的搬运和保管，应符合下列要求：

1）六氟化硫气瓶的安全帽、防振圈应齐全，安全帽应拧紧；搬运时应轻装轻卸，不得抛掷、溜放。

2）气瓶应存放在防晒、防潮和通风良好的场所；不得靠近热源和油污的地方，水分和油污不应粘在阀门上。

3）六氟化硫气瓶不得与其他气瓶混放。

5　在调整、检修断路器及传动装置时，应有防止断路器意外脱扣伤人的可靠措施，施工作业人员应避开断路器可动部分的动作空间。

6　对于液压、气动及弹簧操作机构，不应在有压力或弹簧储能的状态下进行拆装或检修工作。

7　放松或拉紧断路器的返回弹簧及自动释放机构弹簧时，应使用专用工具，不得快速释放。

8　凡可慢分慢合的断路器，初次动作时不得快分快合。

9　操作气动操作机构断路器时，应事先通知高处作业人员及其他施工人员。

10　隔离开关采用三相组合吊装时，应检查确认框架强度符合起吊要求。

11　隔离开关安装时，在隔离刀刃及动触头横梁范围内不得有人工作。必要时应在开关可靠闭锁后方可进行工作。

12　六氟化硫组合电器安装过程中的平衡调节装置应检查完好，临时支撑应牢固。瓷件应安放妥当，不得倾倒、碰撞。所有螺栓的紧固均应使用力矩扳手，其力矩值应符合产品的技术规定。

13　在六氟化硫电气设备上及周围的工作应遵守下列规定：

1）在室内，六氟化硫配电装置应按设计安装有六氟化硫气体泄漏检测装置，六氟化硫气体泄漏检测探头应安装在六氟化硫配电装置下部的地面部位。设备充装六氟化硫气体时应开启通风系统，并避免六氟化硫气体泄漏到工作区，工作区空气中六氟化硫气体含量不得超过 $1000\mu L/L$。

2）工作人员进入六氟化硫配电装置室，入口处若无六氟化硫气体含量显示器，应先通风 15min，并检测六氟化硫气体含量合格。严禁单独一人进入六氟化硫配电装置室内工作。

3）进入六氟化硫配电装置低位区或电缆沟进行工作，应先检测含氧量（不低于 18%）和六氟化硫气体含量（不超过 $1000\mu L/L$）是否合格。

4）取出六氟化硫断路器、组合电器中的吸附物时，应使用防护手套、护目镜及防毒口罩、防毒面具（或正压式空气呼吸器）等个人防护用品。清出的吸附剂、金属粉末等废物应按照规定进行处理。

5）在设备额定压力状态下，设备瓷套周围不应进行有可能损伤瓷套的工作，否则应事先做好瓷套保护措施。

6）断路器未充气到额定压力状态不应进行分、合闸操作。

14　六氟化硫气体回收、抽真空及充气工作应遵守下列规定：

1）对六氟化硫断路器、组合电器进行气体回收、抽真空及充气时，其容器及管道应干燥，施工作业人员应戴手套和口罩，并站在上风口。

2）设备内的六氟化硫气体不得向大气排放，应采取净化装置回收，经处理检测合格后方准再使用。

3）从六氟化硫气瓶引出气体时，应使用减压阀降压。当瓶内压力降至 0.1MPa 时，即停止引出气体，并关紧气瓶阀门，戴上瓶帽。

4）六氟化硫配电装置发生大量泄漏等紧急情况时，人员应迅速撤出现场，室内应开启所有排风机进行排风。

5.1.3　串补装置、滤波器、互感器、避雷器安装。

1 500kV 及以上的串补装置绝缘平台安装应编制满足下列要求的专项施工方案,经专家组审核、总工程师批准后实施。

1)绘制施工平面布置图。

2)绝缘平台吊装、就位过程中应平衡、平稳,就位时各支撑绝缘子应均匀受力,防止单个绝缘子超载。

3)绝缘平台就位调整固定前,应采取临时拉线等安全保护措施后方可进行斜拉绝缘子的就位及调整固定。

4)绝缘平台斜拉绝缘子就位及调整固定完成后,方可解除临时拉线等安全保护措施。

2 交流(直流)滤波器安装应遵守下列规定:

1)绝缘子串吊装时,绝缘子串与钢丝绳之间应采取保护措施。

2)设备刚吊离地面时,应仔细检查吊点,防止偏拉斜吊。

3)吊车、升降车、链条葫芦使用应有专人统一指挥,信号清晰。

4)起吊用的用品、用具应符合要求,单层滤波器整体吊装应在两端系控制绳防止摆动过大。起吊过程中保持滤波器层架平衡。

5)安装就位高处单层滤波器时应有高处作业防护措施。

6)操作平台中的工器具应用专用工具袋(箱)并放置可靠,以免晃动过大,工具滑落。

7)高处对接工作时,操作平台工作区域内下方不应有人员行走。

3 互感器、避雷器安装应遵守下列规定:

1)起吊索应固定在专门的吊环上,并不得碰伤瓷套,不得利用伞裙作为吊点进行吊装。

2)运输、放置、安装、就位应按产品技术要求执行,期间应防止倾倒或遭受机械损伤。

3)电容式电压互感器应根据产品成套供应的组件编号进行安装,不得互换。

4)均压环应安装牢固、水平,且方向正确。具有保护间隙的,应按制造厂规定调好距离。

5.1.4 换流阀厅安装。

1 阀厅设备高处作业,应正确使用专用升降平台,做好安全防护措施。

2 阀架吊装应从上而下、从外至内,吊装过程中应注意保持水平度。

3 冷却管道安装后应可靠接地,冷却水系统应通过压力密封试验。

5.1.5 干式电抗器安装。

1 500kV 及以上或单台容量 10Mvar 及以上的干式电抗器安装前应依据安装使用说明书编写安全施工措施。

2 ±800kV 及以上或重量 30t 及以上的干式电抗器安装应编制专项施工方案并满足下列要求:

1)吊具应使用产品专用吊具或制造厂认可的吊具。

2)电抗器吊装、就位过程应平衡、平稳,就位时各个支撑绝缘子应均匀受力,防止单个绝缘子超过其允许受力。

3）电抗器就位后，在安全保护措施完善后方可进行电抗器下部的工作。

5.1.6　穿墙套管安装。

　　220kV及以上穿墙套管安装前应依据安装使用说明书编写施工安全技术措施并满足下列要求：

　　1　吊具应使用产品专用吊具或制造厂认可的吊具。

　　2　穿墙套管吊装、就位过程应平衡、平稳，高处作业人员使用的高处作业机具或作业平台应安全可靠。

　　3　穿墙套管吊装、就位过程中应统一指挥。

5.1.7　蓄电池组安装。

　　1　蓄电池存放地点应清洁、通风、干燥。

　　2　蓄电池室应在设备安装前完善照明、通风和取暖设施。

　　3　**蓄电池安装过程及完成后室内严禁烟火。**

　　4　搬运电池时不得触动极柱和安全阀。安装或搬运电池时应戴绝缘手套、围裙和护目镜。紧固连接件时所用的工具要带有绝缘手柄。

　　5　蓄电池开箱时，应正确使用撬棍，防止损毁蓄电池。

　　6　安装镉镍碱性蓄电池组应遵守下列规定：

　　1）　**配制和存放电解液必须用耐碱器具，并将碱慢慢倒入蒸馏水或去离子水中，并用干净耐碱棒搅动，严禁将水倒入电解液中。**

　　2）　装有催化栓的蓄电池初充电前应将催化栓旋下，等初充电全过程结束后重新装上。

　　3）　带有电解液并配有专用防漏运输螺塞的蓄电池，初充电前应取下运输螺塞换上有孔气塞，并检查液面，液面不应低于下液面线。

　　7　安装免维护蓄电池组应符合产品技术文件的要求并遵守下列规定：

　　1）　不得人为随意开启安全阀。

　　2）　操作时应戴护目镜、穿防护服。

　　3）　如酸液泄漏溅落到人体上时应立即用苏打水和清水冲洗。

　　4）　应避免蓄电池组短路。

　　8　铅酸蓄电池组安装按照产品技术文件的规定执行。

5.1.8　盘、柜安装。

　　1　动力盘、控制盘、保护盘等应在土建条件满足要求时，方可进行安装。

　　2　动力盘、控制盘、保护盘在安装地点拆箱后，应立即将箱板等杂物清理干净，以免阻塞通道或钉子扎脚，并搬运至安装地点摆放或安装，防止受潮、雨淋。

　　3　盘柜就位要防止倾倒伤人和损坏设备，撬动就位时人力应足够，指挥应统一；狭窄处应防止挤伤。

　　4　盘柜底加垫时不得将手伸入盘底，单面盘防止安装时挤伤手。

　　5　盘柜在安装固定好以前，应有防止倾倒的措施，特别是重心偏在一侧的盘柜。对变送器等稳定性差的设备，安装就位后应立即将全部安装螺栓紧好，不得浮放。

　　6　在墙上安装操作箱及其他较重的设备时，应做好临时支撑，固定好后方可拆除该支撑。

7　盘柜内的各式熔断器，凡直立布置者应上口接电源，下口接负荷。

8　施工区周围的孔洞应采取措施可靠的遮盖，防止人员摔伤。

9　高压开关柜、低压配电屏、保护盘、控制盘及各式操作箱等需要部分带电时，应遵守运行的有关管理规定，并符合下列规定：

1）需要带电的系统，其所有设备的接线确已安装调试完毕，并应设立明显的带电安全标志。

2）带电系统与非带电系统应有明显可靠的隔断措施，并应设安全标志。

3）部分带电的装置，应设专人管理。

10　在部分带电的盘上工作时应遵守下列规定：

1）应了解盘内带电系统的情况。

2）应穿工作服、戴工作帽、穿绝缘鞋并站在绝缘垫上。

3）工具手柄应绝缘良好。

4）应设专人监护。

11　在运行盘柜周围及运行盘柜上施工应遵守下列规定：

1）与运行盘柜相连固定时，不应敲打盘柜。

2）安装盘上设备时应有专人监护。

3）新装盘的小母线在与运行盘上的小母线接通前，应有隔离措施。

4）在已运行或已装仪表的盘上补充开孔前应编制专项施工措施，开孔时应防止铁屑散落到其他设备及端子上。对邻近由于振动可引起误动的保护应申请临时退出运行。

5.1.9　其他电气设备安装。

1　瓷质电器吊装时应使用尼龙吊带，用的索套应安全可靠，不能危及瓷质的安全，安装时若有交叉作业应自上而下进行。

2　电力电容器试验完毕应经过放电才能安装，对已运行的电容器组检修或试验时也应充分放电后才能工作。

3　所有转动机械的电气回路应通过操作试验，确认控制、保护、测量、信号回路无误后方可启动。转动机械在初次启动时就地应有紧急停车设施。

4　远控设备的调整应有可靠的通信联络。

5　系统之间的联系回路及远控回路应经过校核，确认无误后方可启动。

5.2　母　线　安　装

5.2.1　软母线安装。

1　测量母线档距时应有安全措施，在带电体周围不应用钢卷尺、皮卷尺和线尺（夹有金属丝）等进行测量工作。

2　线盘应架设平稳。放线人员应站在线盘的侧后。当放到线盘上的最后几圈时，应采取措施防止导线突然蹦出。

3　切割导线前，应将切割处的两侧扎紧并固定好，防止导线割断后散开或弹起。

4　导线压接用的液压机的压力表应完好，液压机的油位应正常。压接操作过程中应有专人监视压力表读数，不得超压或在夹盖卸下的状态下使用。

5　压接用液压机的操作者应位于压钳作用力方向侧面进行观察，防止超压损坏机械，所有连接部位应经常检查连接状态，如发现有不良现象应消除后再进行工作。

6　压接用钢模规格应与导线金具配套，对钢模应进行定期检查，如发现有裂纹或变形，应停止使用。

7　架设的导线与带电母线靠近或平行时，新架设的母线应接地，并保持安全距离，安全距离不够时应采取隔离措施，在安装与 330kV 及以上带电母线靠近或平行时的软导线时，高处作业人员应穿戴静电感应防护服或屏蔽服。

8　母线架设前构架应验收合格，应检查金具及连接是否符合要求。

9　母线架设应统一指挥，在挂线时导线下方不得有人站立或行走。

10　紧线应缓慢，避免导线出现挂阻情况，防止导线受力后突然弹起，不得跨越正在收紧的导线。

11　软母线引下线与设备连接前应进行临时固定，不得任意悬空摆动。

12　在软母线上作业前应检查金具连接是否良好。

5.2.2　硬母线安装。

1　硬母线焊接时应通风良好，施工作业人员应穿戴个人防护装备。

2　绝缘子及母线不得作为施工时吊装承重的支持点。施工作业人员不得攀登支持绝缘子。

3　大型支持型铝管母线宜采用吊车多点吊装并制定安全技术措施。

4　大型悬吊式铝管母线吊装应根据施工要求编写安全措施，吊装时应根据母线长度采用多点同时起吊就位悬挂。

5.3　电　缆　安　装

5.3.1　电缆敷设。

1　在开挖电缆沟时，应取得业主提供的有关地下管线等的资料，按设计要求制定开挖方案并报监理和业主确认。

2　运输电缆盘时，盘上的电缆头应固定牢固，应有防止电缆盘在车、船上滚动的措施。

3　卸电缆盘不能从车、船上直接推下。滚动电缆盘的地面应平整，滚动电缆盘应顺着电缆缠紧方向，破损电缆盘不应滚动。电缆盘应立放，不得平放。

4　敷设电缆前，电缆沟及电缆夹层内应清理干净，做到无杂物、无积水，并应有足够的照明。

5　敷设电缆时，电缆盘应架设牢固平稳，盘边缘距地面不得小于 100mm，电缆盘转动力量要均匀，速度要缓慢平稳，推盘人员不得站在电缆前方。

6　敷设电缆应由专人指挥、统一行动，并有明确的联系信号，不得在无指挥信号时随意拉引。

7　电缆敷设时，不得在电缆或桥、支架上攀吊或行走。

8　用机械敷设电缆时，在牵引端宜制作电缆拉线头，保持匀速牵引，应遵守有关操作规程，加强巡视，有可靠的联络信号。放电缆时应特别注意多台机械运行中的衔接配合与拐弯处的情况。

9　电缆通过孔洞、管子或楼板时，两侧应设专人监护。入口侧应防止电缆被卡或手被带入孔内，出口侧的人员不得在正面接引。

10　在高处敷设电缆时，应有高处作业措施。直接站在梯式电缆架上作业时，应核实其强度。强度不够时，应采取加固措施。不应攀登组合式电缆架、吊架和电缆。

11　敷设电缆时，拐弯处的施工作业人员应站在电缆外侧。

12　敷设电缆时，临时打开的隧道孔应设围栏或安全标志，完工后立即封闭。

13　进入带电区域内敷设电缆时，应取得运行单位同意，办理工作票，设专人监护，采取安全措施，保持安全距离，防止误碰运行设备，不得踩踏运行电缆。

14　电缆穿入带电的盘柜前，电缆端头应做绝缘包扎处理，电缆穿入时盘上应有专人接引，严防电缆触及带电部位及运行设备。

15　运行屏内进行电缆施工时，应做好带电部分遮挡，核对完电缆芯线后应及时包扎好芯线金属部分，防止误碰带电部分，并及时清理现场。拆除电缆，应在两终端进行核对、确认；接入前应检查和试验。

16　房间隔墙、楼板，以及屏、柜、箱下部电缆孔洞间均应按照规范要求进行封堵。

5.3.2　电缆头制作。

1　制作电缆头需动火时，应遵守下列规定：

1)　电缆施工需动火时应开具安全施工作业票，落实动火安全责任和措施。

2)　作业场所 5m 内应无易燃易爆物品，通风良好。

3)　检查火焰枪气管和接头应密封良好。

4)　使用火焰枪、喷枪加热时，适当远离热缩管，加热应缓慢均匀，避免损伤热缩管。

5)　做完电缆头后应及时灭火并清除杂物。

6)　应配备合适的消防器材。

2　电缆终端铝护套搪铅时，施工作业人员应戴防护眼镜、手套，防止灼伤；并应均匀烘烤铝护套，不得烘烤外护套，下方禁止人员站立或行走。

5.4　电气试验、调整及启动

5.4.1　一般规定。

1　试验人员应具有试验专业知识，充分了解被试设备和所用试验设备、仪器的性能。不得使用有缺陷及有可能危及人身或设备安全的设备。

2　进行系统调试工作前，应全面了解系统设备状态。对与运行设备有联系的系统进行调试应办理工作票，同时采取隔离措施，并设专人监护。

3　通电试验过程中，试验和监护人员不得中途离开。

4　试验电源应按电源类别、相别、电压等级合理布置，并在明显位置设立安全标志。试验场所应有良好的接地线，试验台上及台前应根据要求铺设橡胶绝缘垫。

5.4.2　高压试验。

1　进行高压试验时，应明确试验负责人，试验人员不得少于 2 人，试验负责人即是安全责任人，对试验工作的安全全面负责。

2 高压试验设备的接地端和试品接地端或外壳应可靠接地，接地线应采用多股编织裸铜线或外覆透明绝缘层的铜质软绞线或铜带，接地线的截面积应能满足试验要求，但不得小于 $4mm^2$。动力配电装置上所用的接地线，其截面积不得小于 $25mm^2$。

3 高压引线的接线应牢固并应尽量缩短，高压引线应绝缘，现场高压试验区域应设置遮栏，向外悬挂"止步，高压危险！"的安全标志牌，并设专人看护。合闸前应先检查接线，将调压器调至零位，并通知现场人员离开高压试验区域。试验中的高压引线及高压带电部件至遮栏的距离应大于表 5.4.2 的规定。

表 5.4.2 交流和直流试验安全距离

试验电压 kV	安全距离 m	试验电压 kV	安全距离 m
200	1.5	1000	7.2
500	3.0	1500	13.2
750	4.5		

注 1：试验电压 200kV 以下的安全距离要求不小于 1.5m。
注 2：试验电压交流为有效值，直流为最大值。
注 3：适用于海拔不高于 1000m 的地区，用于海拔高于 1000m 的地区时，按现行国家标准 GB 311.1《绝缘配合 第 1 部分：定义、原则和规则》中海拔校正规定进行修正。

4 高压试验应有监护人监视操作。加压过程中，工作人员应精神集中，监护人传达口令应清楚准确，操作人员应复述应答。操作人员应穿绝缘靴或站在绝缘台（垫）上，并戴绝缘手套。

5 试验用电源应有断路明显的开关和电源指示灯。更改接线或试验结束时，应首先断开试验电源，再进行充分放电，并将升压设备的高压部分短路接地。

6 电气设备在进行耐压试验前，应先测定绝缘电阻。用绝缘电阻表测定绝缘电阻时，被试设备应与电源断开。试验中应保持与人员、设备的安全距离（见表 5.4.2）。

7 对高压试验设备和试品放电应使用接地棒，接地棒绝缘长度按安全作业的要求选择，但最小长度不得小于 1000mm，其中绝缘部分 700mm。试验后被试设备应充分放电。从接地棒接触高压试验设备和试品高压端至试验人员能接触的时间不短于 3min，对大容量试品的放电时间应大于 5min。放电后应将接地棒挂在高压端，保持接地状态，再次试验前取下。

8 对大电容的直流试验设备和试品以及直流试验电压超过 100kV 的设备和试品接地放电时，应先用带电阻的接地棒或临时代用的放电电阻放电，然后再直接接地或短路放电。

9 遇有雷电、雨、雪、雹、雾和六级以上大风时应停止高压试验。

10 试验中如发生异常情况，应立即断开电源，并经充分放电、接地后方可检查。

11 试验结束后，应检查被试设备上有无遗忘的工具、导线及其他物品，拆除临时围栏或标志旗绳，并将被试验设备恢复原状。

12 换流站直流高压试验。

1）进行晶闸管（可控硅）高压试验前，应停止该阀塔上其他工作，撤离无关人员；试验时，试验人员应与试验带电体保持足够安全距离，不得接触阀塔屏蔽罩。

2）地面试验人员与阀体层人员应保持联系，防止误加压。阀体工作层应设专责监护人（在与阀体工作层平行的升降车上监护、指挥），加压过程中应有人监护并复述。

3）换流变压器高压试验前应通知阀厅内高压穿墙套管侧无关人员撤离，并派专人监护。

4）阀厅内高压穿墙套管试验加压前应通知阀厅外侧换流变压器等设备上无关人员撤离，确认其余设备均已可靠接地，并派专人监护。

5）高压直流系统带线路空载加压试验前，应确认对侧换流站相应的直流线路接地刀闸、极母线出线隔离开关、金属回线隔离开关在拉开状态；单极金属回线运行时，不应对停运极进行空载加压试验；背靠背高压直流系统一侧进行空载加压试验前，应检查另一侧换流变压器处于冷备用状态。

5.4.3 二次回路传动试验及其他。

1 对电压互感器二次回路做通电试验时，二次回路应与电压互感器断开，一次回路应与系统隔离，拉开隔离开关或取下高压侧熔断器。

2 对电流互感器一次侧进行通电试验时，二次回路严禁开路，短路接地必须使用短接片或短接线，严禁用导线缠绕。

3 进行与已运行系统有关的继电保护、自动装置及监控系统调试时，应将有关部分断开或隔离，申请退出运行，做一、二次传动或一次通电时应事先通知，必要时应有运行人员和有关人员配合工作，严防误操作。

4 运行屏上拆接线时应在端子排外侧进行，拆开的线必须包好，并注意防止误碰其他运行回路，严禁将运行中的电流互感器二次回路开路及电压互感器二次回路短路、接地。拆除与运行设备有关联回路时，必须先拆运行设备端后拆另一端。其余回路一般先拆电源端后拆另一端。二次回路接线时，必须先接扩建设备侧，后接运行设备侧。

5 做断路器、隔离开关、有载调压装置等主设备远方传动试验时，主设备处应设专人监视，并应有通信联络及相应应急措施。

6 测量二次回路的绝缘电阻时，被试系统内应切断电源，其他工作应暂停。

7 使用钳形电流表时，其电压等级应与被测电压相符。测量时应戴绝缘手套。

8 使用钳形电流表测量高压电缆线路的电流时，应设专人监护，钳形电流表与高压裸露部分的距离应不小于表5.4.3所列数值。

表 5.4.3　钳形电流表与高压裸露部分的最小距离

电压等级 kV	1～3	6	10	20	35	60	110
最小允许距离 mm	500	500	500	700	800	1000	1300

9 在光纤回路测试时应采取相应的防护措施，防止激光对人眼造成伤害。

5.4.4 启动。

1 电气设备及电气系统的安装调试工作全部完成后，在通电及启动前应检查是否已做好以下工作：

1）通道及出口畅通，隔离设施完善，孔洞堵严，沟道盖板完整，屋面无漏雨、渗水情况。

2）照明充足、完善，有适合于电气灭火的消防设施。

3）房门、网门、盘门该锁的已锁好，安全标志明显、齐全。

4）人员组织配套完善，操作保护用具齐备。

5）工作接地及保护接地符合设计要求。

6）通信联络设施足够、可靠。

7）所有开关设备均处于断开位置。

2 完成各项工作检查、办理交接，并离开将要带电的设备及系统，未经许可、登记，不得擅自再进行任何检查和检修、安装工作。

3 电气设备准备启动或带电时，其附近应设遮栏及安全标志牌或派专人看守。

4 带电或启动条件具备后，应由指挥人员按启动方案指挥实施，启动过程的操作应按照相关规定执行。

5 在配电设备及母线送电以前，应先将该段母线的所有回路断开，然后再逐一接通所需回路，防止窜电至其他设备。

6 用系统电压、负荷电流检查保护装置时应做到：

1）工作开始前操作票经运行人员许可，并检查相应的安全措施。

2）应有防止操作过程中电流互感器二次回路开路、电压互感器二次回路短路的措施。

3）带负荷切换二次电流回路时，操作人员应站在绝缘垫上或穿绝缘鞋。

4）操作过程应有专人监护。

6 改、扩建工程

6.1 一 般 规 定

6.1.1 改、扩建工程应严格执行现行国家标准 GB 26860《电力安全工作规程 发电厂和变电站电气部分》和 GB 26861《电力安全工作规程 高压试验室部分》的相关规定，在运行区内工作应办理工作票，在生产运行单位管理的电气设备或试运的已带电电气设备上工作时应严格按变电站运行安全管理的规定执行。

6.1.2 进入改、扩建工程运行区域的交通通道应设置安全标志。

6.1.3 改、扩建工程施工电源采用临时施工电源的按本规程 3.2.5 的规定执行，当使用站内检修电源时，应按照运行管理要求引出使用。

6.1.4 在运行的变电站及高压配电室搬动梯子、线材等长物时，应放倒两人搬运，并应与带电部分保持安全距离。在运行的变电站手持非绝缘物件不应超过本人的头顶，设备区内不得撑伞。

6.1.5 在带电设备周围不得使用钢卷尺、皮卷尺和线尺（夹有金属丝者）进行测量工作，应使用相关绝缘量具或仪器进行测量。

6.1.6 在带电设备区域内或临近带电母线处，不应使用金属梯子。施工现场应随时清除漂浮物。

6.1.7 在变电站（配电室）中进行扩建时，已就位的新设备及母线应接地。

6.1.8 拆除电气设备及电气设施时，应符合下列要求：

1 确认被拆的设备或设施不带电，并做好安全措施。

2 不得破坏原有安全设施的完整性。

3 防止因结构受力变化而发生破坏或倾倒。

4 拆除旧电缆时应从一端开始，不得在中间切断或任意拖拉。

5 拆除有张力的软导线时应缓慢施放。

6 弃置的动力电缆头、控制电缆头，除有短路接地外，应一律视为有电。

6.2 临 近 带 电 体 作 业

6.2.1 临近带电体作业时，应持有工作票。施工全过程应设专人监护。

6.2.2 对于因平行或临近带电设备导致施工（检修）的设备可能产生感应电压时，应加装个人保安接地线，加装的个人保安接地线应记录在工作票上，由施工作业人员自装自拆。进行下列作业时应采取防止静电感应、电击的措施：

1 攀登构架或临近带电设备上工作。

2 传递非绝缘工具、材料。

3 两人以上抬、搬物件。

4 传递临时试验线或其他导线以及拆装接头。

6.2.3 在 330kV、±400kV 及以上电压等级的运行区域高处的作业，应采取穿着静电感应防护服、屏蔽服、导电鞋等防静电感应措施。

6.2.4 在靠近带电部分工作时，施工作业人员的正常活动范围与带电设备的安全距离应满足表 6.2.4 的规定。

表 6.2.4　施工作业人员工作中正常活动范围与带电设备的安全距离

电压等级 kV	安全距离 m	电压等级 kV	安全距离 m
≤10	0.35	±50 及以下	1.50
20~40	0.60	±400	5.50
60~110	1.50	±500	6.80
220	3.00	±660	9.00
330	4.00	±800	10.10
500	5.00		
750	8.00		
1000	9.50		

注 1：750kV 电压等级的数据是按海拔 2000m 校正的，其他电压等级数据按海拔 1000m 校正。

注 2：表中未列电压等级按高一档电压等级的安全距离执行。

6.2.5 起重机、高空作业车和铲车等施工机械在靠近带电部分工作时正常活动范围与带电设备的安全距离应大于表 6.2.5 的规定。

表 6.2.5　施工机械操作正常活动范围与带电设备的安全距离

电压等级 kV	安全距离 m	电压等级 kV	安全距离 m
≤10	3.00	±50 及以下	4.50
20～40	4.00	±400	8.50
60～110	4.50	±500	10.00
220	6.00	±660	12.00
330	7.00	±800	13.10
500	8.00		
750	11.00		
1000	13.00		

注 1：750kV 电压等级的数据是按海拔 2000m 校正的，其他电压等级数据按海拔 1000m 校正。
注 2：表中未列电压等级按高一档电压等级的安全距离执行。

6.3　电气设备全部或部分停电作业

6.3.1　断开电源。

1　需停电进行工作的电气设备，应把各方面的电源完全断开，其中：

1）在断开电源的基础上，应拉开隔离开关，使各方面至少有一个明显的断开点。

2）与停电设备有电气联系的变压器和电压互感器，应将高、低压两侧断开，防止向停电设备倒送电。

2　断开电源后，应将电源回路的动力和操作熔断器取下，就地操作把手拆除或加锁，采取措施防止误操作，将有关的动力和操作电源回路可靠隔离，且应悬挂安全标志牌。

6.3.2　验电及接地。

1　在停电的设备或母线上工作前，应经检验确无电压后方可装设接地线。装好接地线后方可进行工作。

2　验电与接地应由两人或两人以上进行，其中一人应为监护人。进行高压验电应戴绝缘手套，穿绝缘鞋。验电器的伸缩式绝缘棒长度应拉足，验电时手应握在手柄处，不得超过护环。

3　验电时，应使用相应电压等级而且合格的接触式验电器，不得用低压验电器检验高压。验电前，应先在确知的同一电压等级带电体上试验，在确认验电器良好后方可使用。验电应在已停电设备的进出线两侧各相分别进行。

4　表示设备断开和允许进入间隔的信号及电压表的指示等，均不得作为设备有无电压的根据，应验电。如果指示有电，不得在该设备上工作。

5　对停电设备验明确无电压后，应立即进行短路接地。凡可能送电至停电设备的各部位均应装设接地线或合上专用接地开关。在停电母线上工作时，应将接地线尽量装在靠近电源进线处的母线上，必要时可装设两组接地线，并做好登记。接地线应明显，并与带电设备保持安全距离。

6 电缆及电容器接地前应逐相充分放电，星形接线电容器的中性点应接地，串联电容器及与整组电容器脱离的电容器应逐个多次放电，装在绝缘支架上的电容器外壳也应放电。

7 成套接地线应由有透明护套的多股软铜线和专用线夹组成，接地应用可携型接地线，截面积应符合短路电流的要求，但不得小于 $25mm^2$。

8 严禁使用不符合规定的导线做接地线或短路线，接地线必须使用专用的线夹固定在导体上，严禁用缠绕的方法进行接地或短路。装拆接地线必须使用绝缘棒，戴绝缘手套。挂接地线时必须先接接地端，再接设备端，拆接地线时顺序相反。

9 施工作业人员不应擅自移动或拆除接地线。不得碰触接地线或未接地的导线。带接地线拆设备接头时，应采取防止接地线脱落的措施。

10 对需要拆除全部或一部分接地线后始能进行工作的应征得运行人员的许可，工作完毕后立即恢复。未拆除期间不得进行相关的高压回路工作。

6.3.3 悬挂安全标志牌和装设围栏。

1 在一经合闸即可送电到工作地点的断路器和隔离开关的操作把手、二次设备上均应悬挂"禁止合闸，有人工作！"的安全标志牌。

2 在室内高压设备上或某一间隔内工作时，在工作地点两旁及对面的间隔上均应设围栏并挂"止步，高压危险！"的安全标志牌。

3 在室外高压设备上工作时，应在工作地点的四周设围栏，其出入口要围至临近道路旁边，并设有"从此进出！"的安全标志牌，工作地点四周围栏上悬挂适当数量的"止步，高压危险！"安全标志牌，标志牌应朝向围栏里面。若室外配电装置的大部分设备停电，只有个别地点保留有带电设备，其他设备无触及带电导体的可能时，可以在带电设备四周装设全封闭围栏，围栏上悬挂适当数量的"止步，高压危险！"安全标志牌，标志牌应朝向围栏外面。

4 在工作地点悬挂"在此工作！"的安全标志牌。

5 在室外构架上工作时，应设专人监护，在施工作业人员上下的梯子上，应悬挂"从此上下！"的安全标志牌。在邻近可能误登的构架上应悬挂"禁止攀登，高压危险！"的安全标志牌。

6 设置的围栏应醒目、牢固。不得任意移动或拆除围栏、接地线、安全标志牌及其他安全防护设施。因工作原因必须短时移动或拆除围栏或安全标志牌时，应征得工作许可人同意，并在工作负责人的监护下进行。完毕后应立即恢复。

7 安全标志牌、围栏等防护设施的设置应正确、及时，工作完毕后应及时拆除。

6.3.4 恢复送电。

1 停电设备恢复送电前，应将工器具、材料清理干净，工作负责人应先周密检查，拆除全部地线并核对，收回全部工作票，撤离全部施工作业人员，检查恢复相应二次设备，向运行值班人员交办工作票等手续。

2 接地线一经拆除，设备即应视为有电，严禁再去接触或进行工作。

3 严禁采用预约停送电时间的方式在设备或母线上进行任何工作。

6.4　改、扩建工程的特殊作业

6.4.1　220kV 及以上构架拆除应编制专项施工方案。

6.4.2　在带电设备垂直上方工作应编制专项施工方案，采取防护隔离措施。进行防护设施施工时，绝缘等级应符合相应电压等级要求，不得在雨、雪、大风等天气进行，必要时应申请底部设备停电状态进行。

6.4.3　户外设备安装作业应遵守下列规定：

　　1　阴雨、大雾及大风天气不得在带电区域作业。

　　2　吊装断路器、隔离开关、电流互感器、电压互感器等大型设备时，应在设备底部捆绑控制绳，防止设备摇摆。

　　3　拆装设备连接线时，宜用升降车或梯子进行，拆掉后的设备连接线用尼龙绳固定，防止设备连接线摆动造成母线损坏。

　　4　在母线和横梁上作业或新增设母线与带电母线靠近、平行时，母线应接地，并制订严格的防静电措施，作业人员应穿静电感应防护服或屏蔽服作业。

　　5　采用升降车作业时，应两人进行，一人作业，一人监护，升降车应可靠接地。

　　6　拆挂母线时，应有防止钢丝绳和母线弹到临近带电设备或母线上的措施。

6.4.4　户内设备安装作业应遵守下列规定：

　　1　拆装盘、柜等设备时，作业人员应动作轻慢，防止振动。

　　2　拆盘、柜内二次电缆时，作业人员应确定所拆电缆确实已退出运行，应用验电笔或万用表验电后进行作业。拆除的电缆端头应采取绝缘防护措施，在电缆层作业人员的接应下，顺放到电缆层，此电缆可不做抽出处理，应理顺整齐。

　　3　剪断废旧电缆前，应与电缆走向图纸核对相符，并确认电缆无电后方可作业。

　　4　在加装盘顶小母线时，作业人员应做好相邻盘、柜上小母线的防护工作，不得在小母线上放置物品。

　　5　在室内动用电焊、气焊等明火时，除按规定办理动火工作票外，还应制订完善的防火措施，设置专人监护，配备足够的消防器材，所用的隔板应是防火阻燃材料。

6.4.5　二次接线作业应遵守下列规定：

　　1　技术人员的安全技术交底内容应落实到每个接线端子上。

　　2　二次接线及调试时所用的交直流电源，应由变电站值班人员指定接线位置，施工作业人员不得随意接取。

　　3　电烙铁使用完毕后不得随意乱放，以免烫伤运行的电缆或设备。

　　4　核对线芯涉及运行盘和设备时，由运行维护人员监护作业，避免走错盘位和间隔。

　　5　二次接线时，应先接新安装盘、柜侧的电缆，后接运行盘、柜侧的电缆。

　　6　接线人员在盘、柜内工作时应避免触碰正在运行的电气元件。

附录 2 DL/T 670—2010《母线保护装置通用技术条件》节选

母线保护装置通用技术条件

1 范围

本标准规定母线保护装置的通用技术条件和要求、试验方法、检验规则以及对标志、包装、运输、贮存的要求。

本标准适用于 110kV 及以上电压等级的母线保护装置（以下简称为装置），是产品设计、制造、检验和应用的依据。

2 规范性引用文件

下列文件对于本标准的应用是必不可少的。凡是注日期的引用文件，仅注日期的版本适用于本文件。凡是不注日期的引用文件，其最新版本（包括所有的修改单）适用于本文件。

GB/T 191 包装储运图示标志（ISO 780：1997，MOD）

GB/T 2423.3 电工电子产品环境试验 第 2 部分：试验方法 试验 Cab：恒定湿热试验（IEC 60068-2-78：2001，IDT）

GB/T 2887—2000 电子计算机场地通用规范

GB/T 2900.1 电工术语 基本术语

GB/T 2900.17 电工术语 量度继电器〔eqv IEC 60050（446）：1997〕

GB/T 2900.49 电工术语 电力系统保护〔IEC 60050（448）：1995，IDT〕

GB 4208 外壳防护等级（IP 代码）（IEC 60529：2001，IDT）

GB 4798.2 电工电子产品应用环境条件 第 2 部分：运输（GB/T 4798.2—2008，IEC 60721-3-2：1997，MOD）

GB/T 7261—2008 继电保护和安全自动装置基本试验方法

GB/T 9361 计算站场地安全要求

GB/T 11287 电气继电器 第 21 部分：量度继电器和保护装置的振动、冲击、碰撞和地震试验 第 1 篇：振动试验（正弦）（IEC 60255-21-1：1988，IDT）

GB/T 13384 机电产品通用技术条件

GB/T 14537 量度继电器和保护装置的冲击和碰撞试验（IEC 60255-21-2：1988，IDT）

GB/T 14598.9 电气继电器 第 22-3 部分：量度继电器和保护装置的电气骚扰试验 辐射电磁场骚扰试验（IEC 60255-22-3：2000，IDT）

GB/T 14598.10 电气继电器 第22-4部分：量度继电器和保护装置的电气骚扰试验 电快速瞬变/脉冲群抗扰度试验（IEC 60255-22-4：2002，IDT）

GB/T 14598.13 电气继电器 第22-1部分：量度继电器和保护装置的电气骚扰试验 1MHz脉冲群抗扰度试验（IEC 60255-22-1：2007，MOD）

GB/T 14598.14 量度继电器和保护装置的电气干扰试验 第2部分：静电放电试验（IEC 60255-22-2：1996，IDT）

GB/T 14598.16 电气继电器 第25部分：量度继电器和保护装置的电磁发射试验（IEC 60255-25：2000，IDT）

GB/T 14598.17 电气继电器 第22-6部分：量度继电器和保护装置的电气骚扰试验 射频场感应的传导骚扰的抗扰度（IEC 60255-22-6：2001，IDT）

GB/T 14598.18 电气继电器 第22-5部分：量度继电器和保护装置的电气骚扰试验 浪涌抗扰度试验（IEC 60255-22-5：2002，IDT）

GB/T 14598.19 电气继电器 第22-7部分：量度继电器和保护装置的电气骚扰试验 工频抗扰度试验（IEC 60255-22-7：2003，IDT）

GB/T 14598.20 电气继电器 第26部分：量度继电器和保护装置的电磁兼容要求（IEC 60255-26：2004，IDT）

GB 14598.27—2008 量度继电器和保护装置 第27部分：产品安全要求（IEC 60255-27：2005，MOD）

GB/T 17626.8 电磁兼容 试验和测量技术 工频磁场抗扰度试验（IEC 61000-4-8：2001，IDT）

GB/T 17626.17 电磁兼容 试验和测量技术 直流电源输入端口纹波抗扰度试验（IEC 61000-4-17：2002，IDT）

GB/T 17626.29 电磁兼容 试验和测量技术 直流电源输入端口电压暂降、短时中断和电压变化的抗扰度试验（IEC 61000-4-29：2000，IDT）

GB/T 19520.12 电子设备机械结构 482.6mm（19in）系列机械结构尺寸 第3-101部分：插箱及其插件

GB/T 20840.8—2007 互感器 第8部分：电子式电流互感器

GB/T 21711.1 基础机电继电器 第1部分：总则与安全要求（IEC 61810-1：2003，IDT）

DL/T 478—2010 继电保护及安全自动装置通用技术条件

DL/T 667 远动设备及系统 第5部分：传输规约 第103篇：继电保护设备及信息接口配套标准（IEC 60870-5-103：1997，IDT）

DL 860 变电站通信网络和系统

DL/T 871 电力系统继电保护产品动模试验

DL/T995 继电保护和电网安全自动装置检验规程

3 术语和定义

GB/T 2900.1、GB/T 2900.17、GB/T 2900.49、DL/T 478标准确立的术语和定义

适用于本标准。

4　一般技术要求

4.1　环境条件

4.1.1　正常工作大气条件

　　a）环境温度：－10℃～＋55℃；

　　b）相对湿度：5％～95％（装置内部既无凝露，也不应结冰）；

　　c）大气压力：80kPa～106kPa。

4.1.2　正常试验大气条件

　　除另有规定外，对装置进行测量和试验的环境大气条件如下：

　　a）环境温度：＋15℃～＋35℃；

　　b）相对湿度：25％～75％；

　　c）大气压力：86kPa～106kPa。

4.1.3　基准试验大气条件

　　检验装置固有精确度的环境大气条件如下：

　　a）环境温度：＋20℃±5℃；

　　b）相对湿度：45％～75％；

　　c）大气压力：86kPa～106kPa。

4.1.4　贮存、运输环境条件

　　a）贮存环境温度为－20℃～＋55℃，相对湿度不大于85％；

　　b）运输环境温度为－40℃～＋70℃，相对湿度不大于85％。

4.1.5　周围环境

　　a）应遮阳，挡雨雪，防御雷击、沙尘，通风；

　　b）不允许有超过7.4规定的电磁干扰存在；

　　c）场地应符合GB/T 9361中B类安全要求的规定；

　　d）使用地点不出现超过GB/T 14537规定的严酷等级为Ⅰ级的振动；

　　e）无爆炸危险的介质，周围介质中不应含有能腐蚀金属、破坏绝缘和表面镀覆及涂覆层的介质及导电介质，不允许有明显的水汽，不允许有严重的霉菌存在；

　　f）安装地应铺设有首尾相连、横截面不小于100mm^{2}的专用接地铜排构成等电位地网，该等电位地网不能与安全接地网分离，必须用多根距离均匀的、同样截面的导线与室外直接接地网连接。

4.1.6　特殊使用条件

　　当超出4.1.1～4.1.5规定的正常工作条件时，由用户与制造商共同商定。

　　安装地点环境温度明显超过4.1.1正常工作环境条件时，优先选用的环境温度范围规定为：

　　a）特别寒冷地区：－25℃～＋55℃；

　　b）特别炎热地区：－10℃～＋70℃。

4.2 额定电气参数

4.2.1 直流工作电源输入

a）额定电压：220V、110V；

b）允许偏差：-20％～+10％；

c）纹波系数：不大于 5％。

4.2.2 激励量

a）交流电压额定值 U_N：100/$\sqrt{3}$V、100V；

b）交流电流额定值 I_N：1A、5A；

c）交流电源频率额定值 f_N：50Hz。

4.2.3 电子式互感器

对于来自电子式互感器的激励量，宜采用数字量输入，其额定值应符合 GB/T 20840.8 中表 5 的规定。

4.3 准确度和变差

4.3.1 准确度

本标准中，准确度用在基准条件下连续 5 次测量中最大相对误差或绝对误差表示，应满足本标准、产品标准或制造商产品文件规定。除特别声明指出外，本标准中准确度指固有准确度。

a）交流电流回路：交流电流在 $0.05I_N$～$20I_N$ 范围内，相对误差不大于 5％或绝对误差不大于 $0.01I_N$；或者在 $0.1I_N$～$40I_N$ 范围内，相对误差不大于 5％或绝对误差不大于 $0.02I_N$。

b）交流电压回路：当交流电压在 $0.01U_N$～$1.5U_N$ 范围内，相对误差不大于 2.5％或绝对误差不大于 $0.002U_N$。

c）零序电压、电流回路：零序电压、电流回路的准确测量范围和准确度要求由制造商产品文件规定。

d）延时时间：时间整定值的准确度应不大于 1％或 40ms。反时限时间元件延时准确度由制造商产品文件规定。

4.3.2 变差

a）变差以百分数表示；

b）环境温度在 4.1.1 规定的范围内变化引起的变差应不大于 2.5％；

c）其他影响量引起的变差要求由制造商产品文件规定。

4.4 功率消耗

4.4.1 交流电流回路

当额定电流为 5A 时，每相不大于 1VA；当额定电流为 1A 时，每相不大于 0.5VA。

4.4.2 交流电压回路

当额定电压时，每相不大于 1VA。

4.4.3 直流电源回路

由企业的产品标准规定。

4.5 过载能力

4.5.1 交流电流回路

2倍额定电流，长期连续工作；40倍额定电流，允许1s。

4.5.2 交流电压回路

a）对于中性点直接接地系统的装置：1.4倍额定电压，长期连续工作；2倍额定电压，允许10s。

b）对于中性点非直接接地系统的装置：140V，长期连续工作；200V，允许10s。

c）零序电压回路的过载能力由产品标准或制造商产品文件规定。

4.5.3 过载能力的评价准则

装置经受过电流或过电压后，应无绝缘损坏、液化、炭化或烧焦等现象，有关电气性能应符合4.3的要求。

4.6 装置内的时钟精度

装置时钟精度：24h不超过±2s，经过时钟同步后相对误差不大于±1ms。

4.7 开关量输入和输出

4.7.1 开关量输入。

装置中所有开入回路的工作电源应与装置内部工作电源隔离。强电开入回路的动作电压应控制在额定直流电源电压的55%～70%范围以内。

4.7.2 开关量输出。

开关量输出触点性能应满足GB/T 21711.1标准规定的输出继电器触点性能。制造商应陈述下列信息：

——机械耐受；

——极限接通容量；

——触点电流；

——极限断开容量；

——触点电压。

4.7.3 数字量形式的开关量输入与输出应符合有关通信协议标准。

4.8 配线端子要求

保护屏柜或装置直接与外回路连接时，参照GB 14598.27附录J的规定并考虑实际使用情况，其可接受连接导体尺寸范围见表1。

表1　端子可接受的导体尺寸范围

应 用 电 路	推荐导线的截面积 mm²
交流电流电路	2.5～6.0
告警和信号电路，例如SCADA	最小0.5
通信电路，例如RS-232、RS-485、以太网口	由制造商推荐
其他电路	1.0～4.0

4.9 电磁兼容要求

装置应满足国家或行业有关电磁兼容标准，能承受所在发电厂和变电站内不超过7.4

规定的电磁干扰，并应根据干扰的具体特点和强度大小适当确定装置的抗扰度和电磁发射限值要求，采取必要的电磁干扰减缓措施。

4.10 绝缘要求

装置电气间隙、固体绝缘应能承受 7.7 规定的冲击电压，同时应具备 7.7 规定的暂态过电压耐受能力和长期耐久性。新的装置绝缘电阻在施加直流 500V 时不应小于 100MΩ。

4.11 机械要求

4.11.1 结构、外观

a）机箱、插件的尺寸：机箱、插件的尺寸应符合 GB/T 19520.12 的规定。

b）表面涂覆：装置表面涂覆的颜色应均匀一致，无明显的色差和眩光，表面应无砂粒、趋皱和流痕等缺陷。

c）插件的插拔性能：插件结构的装置中插件应插拔灵活、互换性好。

4.11.2 外壳防护

a）一般要求：装置外壳应至少满足 GB 4208 中 IP20 防护等级要求，安全方面应符合 GB 14598.27 的要求，满足装置在变电站、发电厂内基本环境条件下使用、维护、修理要求。

b）外壳防护等级：装置外壳各部分防护应满足表 2 的要求，特殊要求由合同约定。

表 2　装置外壳各部分防护要求

部　位	面　板		背　板	侧　板	上下底板
性能等级	普通状态	≥IP40	≥IP20	≥IP30	≥IP30
	加门罩	≥IP51			

c）为满足更高的防护要求，允许在装置原有防护基础上，采取辅助措施，提高防护等级，如置于屏柜之中。

4.11.3 机械振动、冲击和碰撞要求

装置应能耐受实际运输和运行过程中经常出现的机械振动、冲击和碰撞，适于正常运输和运行。为此，应能承受 DL/T 478 标准中表 23 和表 24 规定的严酷等级机械振动、冲击和碰撞试验。

4.11.4 接地

a）装置应有安全地、信号地、等电位地等连接点。

b）装置的接地端子应能可靠连接截面不小于 4mm² 的多股铜线。

c）为防止电击伤害，装置的金属外壳、屏（柜、箱）应实现导电性互连，其金属框架及底座应可靠接地。装置的外露可导电部分与保护接地端子或柜屏的接地铜牌之间的电阻不应超过 0.1Ω。

4.12 连续通电

装置完成调试后，出厂前应进行连续通电试验。试验期间，装置工作应稳定可靠，动作行为、信号指示应正确，无元器件损坏、软件运行异常或其他异常情况出现。

5　功能及其技术要求

5.1　保护技术要求

保护功能的配置与被保护设备有关，但所选择的单个保护元件应能达到下面的技术性能指标。本标准未规定的指标由下级标准规定。

5.1.1　母线保护

5.1.1.1　装置应能在母线区内发生各种故障时正确动作，在各种类型区外故障时不误动。

a）发生区内金属性故障时，装置动作时间应小于 20ms；

b）在分布电容、并联电抗器、变压器励磁涌流、高压直流输电设备和串联补偿电容等所产生的稳态和暂态的谐波分量和直流分量的影响下，装置不应误动或拒动；

c）当故障引起电流互感器暂态饱和，波形维持正确传变时间不小于 3ms 时，区内故障应瞬时正确动作，区外故障不应误动；

d）装置应能正确切除母线相继故障或由区外转区内的故障；

e）当母线发生经高电阻单相接地故障、故障点电流大于 3000A 时，装置应能切除故障；

f）对构成环路的各种母线，装置不应因母线故障时电流流出的影响而拒动。

5.1.1.2　装置应能适应被保护母线的各种运行方式，并应保证选择性和快速性。对于需要在运行中倒闸的主接线的母线保护装置，应能通过隔离开关辅助接点自动识别母线运行方式。应对隔离开关辅助触点进行自检，自检出错时，发"隔离开关位置异常"告警信号，并能通过辅助手段校正隔离开关位置。当仅有一个支路隔离开关辅助触点异常，且该支路有电流时，保护装置仍应具有选择故障母线的功能。

5.1.1.3　对于双母线等单断路器主接线的母线保护装置，应设置电压闭锁元件，并具备电压闭锁元件长期开放后的告警功能。母线 TV 断线时，允许装置解除该段母线电压闭锁。电压闭锁回路可设置在装置的出口逻辑中，而不在跳闸出口接点回路上串联电压闭锁接点。

5.1.1.4　母差跳母联和分段可不经电压闭锁。

5.1.1.5　对双母线主接线的母联或单母分段主接线的分段开关和 TA 之间的保护死区宜设置专门的死区保护，母线分列运行时发生死区故障时装置应能有选择地切除故障母线。

5.1.1.6　对于双母双分段等主接线，需要有多套母线保护装置来完成全部母线的保护时，分段开关可不设专门的死区保护功能，由分段断路器的失灵保护代替。

5.1.1.7　装置应自动识别母联或分段开关的充电状态，合闸于母线故障时，应瞬时跳母联或分段开关，不应误切运行母线。

5.1.1.8　装置应具有 TA 断线判别功能，发生 TA 断线后应发告警信号，对于双母线等单断路器主接线应闭锁母差保护，对于 3/2 接线等双断路器主接线可以不闭锁母差保护。

5.1.1.9　各支路电流互感器变比不一致时，装置应能通过软件补偿。

5.1.2　分布式母线保护

各小室距离较远时可优先考虑分布式母差保护装置，分布式母线保护除应满足 5.1.1 的技术要求外，还应满足：

a）任何通信故障不应造成保护装置误动，并能发出报警信号；

b）各分布单元之间的通信应采用光纤通信；

c）各分布单元采样同步的电角度误差应小于 0.5°。

5.1.3　断路器失灵保护

5.1.3.1　失灵保护宜与母线保护共用出口。

5.1.3.2　对于双母线等单断路器主接线的断路器失灵保护宜采用装置内部的电流判别功能，电流元件返回时间应小于 30ms；对于 3/2 接线等双断路器主接线的断路器失灵保护，其电流判别宜设置在断路器保护装置中。

5.1.3.3　对于双母线等单断路器主接线的断路器失灵保护应装设电压闭锁元件，配置原则同 5.1.1.3。

5.1.3.4　线路支路应设置分相和三相跳闸启动失灵开入回路，变压器支路应设置三相跳闸启动失灵开入回路。

5.1.3.5　为解决某些故障情况下，失灵保护电压闭锁元件灵敏度不足的问题，应设置独立于失灵启动回路的解除电压闭锁开入回路。

5.1.3.6　"启动失灵"、"解除失灵保护电压闭锁"开入异常时装置应发告警信号。

5.1.3.7　母差保护和独立于母线保护的充电过流保护应启动母联（分段）开关失灵保护。

5.1.3.8　为缩短失灵保护切除故障时间，失灵保护宜同时跳母联（分段）开关和相邻断路器。

5.1.3.9　变压器支路的断路器失灵保护动作后，装置应能输出独立的联跳该变压器各侧断路器的跳闸接点。

5.2　其他功能要求

a）装置应具有在线自动检测功能，包括保护装置硬件损坏、功能失效、二次回路异常的自动检测。装置元件损坏后，应能发出告警或装置异常信号，并给出有关信息指明损坏元件的位置，至少能定位到插件。保护装置任一元件（出口继电器除外）损坏时装置不应误动。

b）应具有独立的启动元件，只有在电力系统发生扰动时，才允许开放出口跳闸回路。

c）装置应具有故障记录功能，以记录保护动作过程，为分析保护动作行为提供全面的数据信息。应能记录至少 32 次故障，所有故障记录按时序循环覆盖，宜保存最新的 2 次跳闸报告。装置在直流电源消失时不丢失已经记录的信息，记录的信息不可人为清除。

d）装置的故障报告应包含动作元件、动作时间、相别、开关变位、自检信息、定值、压板、故障录波数据等。

e）装置跳闸的中央信号的接点在直流电源消失后应能自保持，只有当运行人员复归后，信号才能返回，人工复归应在装置外部实现。

f）装置的定值应满足保护功能要求，尽可能做到简单、易理解、易整定，至少提供 4 套可切换的定值。

g）装置应按时间顺序记录正常操作信息，如开关变位、压板切换、定值修改、定值切换等。

h）装置应能提供一个打印接口以及足够的与监控系统和故障信息系统相联的通信接口（以太网或 RS - 485）。通信协议应符合 DL/T 667 标准协议。

i）装置宜具有调试用的通信接口。

j）装置应具有硬件时钟电路，装置失去直流电源时，硬件时钟应能正常工作。保护装置应具有与外部标准授时源的 IRIG - B 对时接口。

k）拉合装置直流电源或直流电压缓慢下降及上升时，装置不应误动。直流电源消失时，应有输出接点启动告警信号。直流电恢复时，装置应能自动恢复工作。

l）装置应有足够的跳闸接点，除满足跳开相应的断路器和启动失灵保护外，还应提供一定数量的备用跳闸接点，供安全自动装置使用。

5.3　主要技术要求

5.3.1　母线差动保护

整组动作时间：小于 20ms（电流大于 2 倍整定值下）；

整组返回时间：小于 30ms。

5.3.2　断路器失灵电流判据

返回时间：小于 30ms。

5.3.3　整定范围

电流定值范围：$0.05I_n \sim 15I_n$，级差不大于 0.01A；

时间整定范围：0.1s～10s，级差不大于 0.01s。

6　安全要求

可参照 DL/T 478 第 6 章的要求。

7　检验和试验

7.1　概述

7.1.1　除另有规定外，各项试验在 4.1.1 规定的正常工作大气条件下进行。

7.1.2　试验基准条件。装置固有精确度试验以及其他规定在基准条件下进行的试验应在表 3 规定的基准条件下进行。

表 3　试　验　基　准　条　件

环　境　参　数	要　　求
大气条件	见 4.1.3
辅助电源电压	额定电源电压±1%
残余电压[a]	≤1.0%
外部连续磁场	感应强度≤0.5mT
交流电压电流中直流分量	下级标准文件中规定
直流辅助激励量中交流分量	额定直流的 0～15% 的脉冲峰值因数
波形	正弦，畸变因数[b] 5%

环 境 参 数	要 求
频率	50Hz±0.1Hz

a　多相系统中,为全部相电压相量和;
b　畸变因数:从非正弦量中剔除基波得到的谐波量与非正弦量方均根值之比,通常用百分数表示。

7.1.3　被试装置和测试仪表必须良好接地。

7.1.4　试验用仪器、仪表应符合 GB/T 7261 中 4.4 的规定。

7.2　检验规则

7.2.1　装置的检验分为出厂检验、型式检验和现场检验。

7.2.2　出厂检验。

　　每台装置在出厂前应经制造商的质量检验部门进行出厂检验、确认合格后方能出厂。检验合格的产品应具有合格证书。出厂检验项目见表4。

7.2.3　型式检验。

7.2.3.1　型式检验应用于检验新装置的硬件或软件设计是否符合规范和标准。型式检验项目见表4。

7.2.3.2　凡遇下列情况之一时,应进行型式检验:

　　a)新产品研发或定型前;

　　b)产品正式投产后,如遇设计、工艺材料、元器件有较大改变,经评估影响装置性能或安全性时;

　　c)当装置软件有较大改动时,应进行相关的功能试验或模拟试验。

7.2.3.3　对系列产品中一个产品进行型式检验应进行风险评估,以确定对整个系列产品有效的型式试验项目,以及对系列产品中其余产品还需进行的型式检验项目。

7.2.3.4　如果装置已通过型式检验,且设计、元器件、工艺材料或软件无变更,不需重复型式试验。一旦前述内容出现改变,应进行风险评估,确定是否需进行相关的型式试验。

7.2.3.5　新产品研发和定型前,应进行表4规定的全部试验;其余目的的型式检验,可视情况和目的,经评估或协商确定试验项目。

表 4　检 验 项 目

序号	检 验 项 目		型式检验	出厂检验	标 准	本标准中章节
1	结构尺寸和外观检查	机箱、插件尺寸	√		GB/T 19520.3、GB/T 19520.4	4.11.1 a)
		表面电镀和涂覆	√	√		4.11.1 b)
		配线端子	√			4.8
		标志	√	√	GB/T 191、GB/T 14598.27	8.1
2	功能要求	功能试验	√	√a	相关功能标准	5、7.2.5
		模拟试验或数字仿真	√		DL/T 871	5.1、7.2.5

序号	检验项目			型式检验	出厂检验	标准	本标准中章节
3	气候环境要求	高温运行试验		√		GB/T 2423.2	7.3.1
		低温运行试验		√		GB/T 2423.1	7.3.2
		高温存储试验		√		GB/T 2423.2	7.3.3、8.4
		低温存储试验		√		GB/T 2423.1	7.3.4、8.4
		交变温度试验		√		GB/T 2423.22	7.3.5
		恒定湿热试验[b]		√		GB/T 2423.3	7.3.6
		交变湿热试验[b]		√		GB/T 2423.4	7.3.7
4	电磁兼容要求[c]	发射试验	辐射发射	√		GB/T 14598.16	7.4.2.1、7.4.3.1
			传导发射	√		GB/T 14598.16	7.4.2.1、7.4.3.1
		抗扰度试验	射频电磁场	√		GB/T 14598.9	7.4.2.2、7.4.3.2
			静电放电	√		GB/T 14598.14	7.4.2.2、7.4.3.2
			工频磁场	√		GB/T 17626.8	7.4.2.2、7.4.3.2
			射频电磁场感应的传导骚扰	√		GB/T 14598.17	7.4.2.2、7.4.3.2
			快速瞬变	√		GB/T 14598.10	7.4.2.2、7.4.3.2
			1MHz 振荡波	√		GB/T 14598.13	7.4.2.2、7.4.3.2
			100kHz 振荡波	√		GB/T 14598.13	7.4.2.2、7.4.3.2
			浪涌	√		GB/T 14598.18	7.4.2.2、7.4.3.2
			工频	√		GB/T 14598.19	7.4.2.2、7.4.3.2
5	电压跌落中断瞬变	直流工作电源电压跌落		√		GB/T 17626.29、GB/T 17626.11	7.5.1、7.5.2
		直流工作电源电压中断		√		GB/T 17626.29、GB/T 17626.11	7.5.1、7.5.2
		直流工作电源中纹波		√		GB/T 17626.17	7.5.1、7.5.2
		直流工作电源缓慢关断/启动		√		—	7.5
		直流工作电源极性反接		√		—	7.5
6	功率消耗			√		GB/T 7261	4.4、7.13
7	准确度和变差			√	√	GB/T 7261	4.3、7.10
8	过载能力			√		GB/T 7261	4.5、7.12
9	连续通电				√	—	7.8
10	出口继电器检查			√		—	4.7.2、7.11
11	绝缘试验	冲击电压		√		GB/T 14598.3	4.10、7.7
		介质强度		√	√	GB/T 14598.3	4.10、7.7
		绝缘电阻		√	√	GB/T 14598.3	4.10、7.7
12	机械要求	振动响应		√		GB/T 2423.10、GB/T 11287	4.11.3、7.6.1
		振动耐久		√		GB/T 2423.10、GB/T 11287	4.11.3、7.6.1

序号	检验项目		型式检验	出厂检验	标准	本标准中章节
12	机械要求	冲击响应	√		GB/T 2423.10、GB/T 14537	4.11.3、7.6.2
		冲击耐受	√		GB/T 2423.10、GB/T 14537	4.11.3、7.6.2
		碰撞	√		GB/T 2423.10、GB/T 14537	4.11.3、7.6.2
13	外壳防护		√		GB 4208、GB 14598.27	4.11.2、7.15
14	安全要求[d]		√	√[e]	GB 14598.27	6、7.16

a 仅检验部分特征量准确度、动作时间或设备动作有关的测量精度。

b 选做其中一项。

c 其中电源电压变化试验列入本表序号5中。

d 产品安全要求包括介质强度检验。

e 仅检验介质强度和保护接地连续性，参见7.16。

注：符号"√"意思为该检验必做。

7.2.3.6 合格判定：

a）试品应从出厂检验合格的产品中随机选取。

b）试品未发现有主要缺陷的则判定该试品为合格。

c）装置的主要缺陷是指需经更换重要元器件或软件进行重大修改后才能消除，或一般情况下不可修复的缺陷（易损件除外）。其余的缺陷作为一般缺陷。

d）对于安全型式检验，只要有一个缺陷即为不合格。

7.2.4 现场检验。装置的现场检验可按 DL/T 995 的规定执行。

7.2.5 技术性能试验。

7.2.5.1 基本性能试验：

a）各种保护的定值；

b）各种保护的动作特性；

c）各种保护的动作时间特性；

d）装置整组的动作正确性。

7.2.5.2 其他性能试验：

a）硬件系统自检；

b）硬件系统时钟功能；

c）通信及信息显示、输出功能；

d）开关量输入输出回路；

e）数据采集系统的精度和线性度；

f）定值切换功能。

7.2.5.3 静态、动态模拟试验：

a）装置通过 7.2.5.1、7.2.5.2 各项试验后，宜按照 DL/T 871 的规定，在电力系统静态或动态模拟系统上进行整组试验，或使用继电保护试验装置、仿真系统进行试验。试验结果应满足 5.1、5.3 的规定。

b）试验项目如下：

1）区内单相接地，两相短路接地，两相短路和三相短路时的动作行为；

2）区外单相接地，两相短路接地，两相短路和三相短路时的动作行为；

3）区外故障转换为区内故障时的动作行为；

4）区外故障伴随 TA 严重饱和（正确传变时间不大于 3ms）时的动作行为；

5）区内经组抗短路时的动作行为；

6）在发生系统振荡、振荡时发生区外故障、振荡时发生区内故障时的行为；

7）模拟区内故障有电流流出母线时的动作行为；

8）电流回路断线时的动作行为；

9）母联或分段断路器与电流互感器之间故障时的行为；

10）母线相继故障；

11）失灵保护。

7.3　气候环境试验

7.3.1　高温运行试验

应进行高温运行试验，确定装置耐高温能力，同时通过高温下运行，确定由于环境温度造成装置性能上的变化。试验条件和试验项目见 DL/T 478 表 7。

7.3.2　低温运行试验

应进行低温运行试验，确定装置耐寒能力，同时通过低温下运行，确定由于环境温度造成装置性能上的变化。试验条件和试验项目见 DL/T 478 表 8。

7.3.3　最高贮存温度下的高温试验

应进行最高贮存温度下的高温试验，确定装置耐高温贮存性能。试验条件和试验项目见 DL/T 478 表 9。

7.3.4　最低贮存温度下的低温试验

应进行最低贮存温度下的低温试验，确定装置耐低温贮存性能。试验条件和试验项目见 DL/T 478 表 10。

7.3.5　温度变化试验

应进行温度变化试验，确定装置抗温度快速变化性能。试验条件和试验项目见 DL/T 478 表 11。

7.3.6　恒定湿热试验

应进行恒定湿热试验，确定设备耐高湿环境性能。试验条件和试验项目见 DL/T 478 表 12。

7.3.7　交变湿热试验

应进行交变湿热试验，确定装置耐高湿冷凝环境性能。试验条件和试验方法见 DL/T 478 表 13。

7.4　电磁兼容试验

7.4.1　装置的端口

装置与外部电磁环境的特定接口称为端口，含电源端口、输入端口、输出端口、通信端口、外壳端口和功能地端口，见图 1。

图 1　保护装置的端口示意图

所有装置应按端口（由制造厂规定的装置端口）分别进行各项目电磁兼容试验。

7.4.2　抗扰度试验项目及要求

7.4.2.1　传导和辐射试验要求和过程规定见 DL/T 478 表 14 和表 15。

7.4.2.2　抗扰度试验要求和过程规定见 DL/T 478 表 16～表 20。

7.4.3　合格准则

7.4.3.1　发射试验

检测值应低于 DL/T 478 表 14 和表 15 规定的水平。

试验后，被试设备仍应符合本标准规定的相关性能规范。

7.4.3.2　抗扰度试验

试验合格原则应符合 DL/T 478 表 16～表 20 规定的水平。

试验后，被试设备仍应符合本标准规定的相关性能规范。

7.5　直流电源端口电压跌落、短时中断、瞬变和纹波、缓慢关断/启动、极性反接

7.5.1　试验型式、等级和持续时间

宜在装置技术文件规定的电压最大值、最小值之间评估试验效果。

使用被试装置（UT）的额定电压作为试验严酷等级的基础。在被试设备的额定电压范围内，应在被试设备申明的电压范围中最低电压和最高电压处进行试验。

7.5.2　试验方法

试验应在 GB/T 17626.17、GB/T 17626.29 和表 3 规定的基准条件下进行。

7.5.3　试验合格条件

试验合格条件见 DL/T 478 表 22。

7.6　振动、冲击和碰撞试验

7.6.1　振动响应和耐久（正弦）

为检验装置能否满足 4.11.3 要求，应按标准 DL/T 478 表 23 的要求对装置进行振动响应和振动耐久试验。

7.6.2　冲击响应，冲击耐受和碰撞

为检验装置能否满足 4.11.3 要求，应按标准 DL/T 478 表 24 的要求对装置进行冲击响应、冲击耐久和碰撞试验。

7.7　绝缘试验

7.7.1　为检验装置能否满足 4.10 要求，应按标准 DL/T 478 表 25 和表 26 的要求对装置进行冲击电压试验、介质强度试验和绝缘电阻测量。

7.7.2　试验适用于新的装置。

7.7.3　所有试验应在完整的装置上进行。

7.8　连续通电

装置在完成调试后应进行连续通电试验，通电要求可选取下列方式之一：

a）常温条件下：装置整机连续通电 100h 或组成装置的功能组件在进行 100h 连续通电后整机再连续通电 24h；

b）+40℃条件下：装置整机连续通电 72h 或组成装置的功能组件在进行 72h 连续通电后整机再连续通电 24h；

c）+50℃条件下：装置整机连续通电 48h 或组成装置的功能组件在进行 48h 连续通电后整机再连续通电 12h。

7.9　装置功能试验

用继电保护试验设备对装置进行功能试验，试验方法和试验项目由产品标准或制造商产品文件规定，装置的功能应符合本标准第 5 章所规定的要求。

对用于 220kV 及以上电压的母线保护，宜进行电力系统模拟试验或数字仿真试验，试验项目和试验要求由产品标准或制造商的产品文件规定，其试验模拟接线、模拟参数按 DL/T 871 标准的规定。

7.10　准确度和变差试验

用继电保护试验设备检查装置测量元件的准确度、保护元件整定值的准确度和变差，应符合 4.3 的规定，具体方法按 GB/T 7261 中 6.5 的规定或产品标准、制造商产品文件规定。

准确度测量在表 3 规定的基准条件下进行，并按 DL/T 478 中 3.1、3.2 和 3.3 的定义计算，确定测量结果。

测量时，保护元件的整定值应分别为最大、最小和任意中间值，或由产品文件规定。

7.11　出口继电器检验

用继电保护试验设备检查装置出口继电器是否能可靠接通、断开由 4.7.2 规定的负载。

7.12　过载能力试验

按 GB/T 7261 中 14.1 的方法对装置进行过载能力试验。装置经受过载试验后应无绝缘损坏，其功能和性能应符合 4.5 和第 5 章的规定。

7.13　功率消耗试验

按 GB/T 7261 第 7 章的规定和方法，对装置进行功率消耗试验，应符合 4.4 的要求。

7.14　结构和外观检查

按 GB/T 7261 中第 5 章的要求逐项进行检查，应符合 4.11.1 的要求。

7.15　外壳防护

按照 4.11.2 要求，参照 DL/T 478 表 27 进行外壳防护试验及检查。

7.16　安全要求试验

按 DL/T 478 7.16 规定的试验项目和方法进行。

7.17　检验报告

型式检验之后应给出包括有检验过程和检验结果的报告。

型式检验报告应包括下列基本信息：

a）标题。

b）检验人员签字或检验报告负责人的等同标识。

c）检验机构的名称、地址和检验地点。

d）检验内容表格。

e）检验报告的唯一标识（如系列号）。在检验报告的每一页上应有标识，确认本页是本测试报告中的一页。检验报告的最后一页也应有清晰的标识。

f）送检人的名称和地址。

g）被检装置必要的相关信息，如名称、型号、序列号、软件版本信息等。

h）检验日期。

i）实际检验项目以及采用的标准编号和版本代号。

j）检验合格条件。

k）检测仪器。

l）检验条件。

m）检验结果及检测量量纲。

n）检验结论。

除上述基本信息外，检验报告还应包括下列信息：

a）检验方法和过程。

b）合适和需要之处，给出检验意见和解释。

8 标志、包装、运输和贮存

8.1 标志

8.1.1 每台装置应在显著部位设置持久明晰的标志和铭牌，其内容包括：

a）制造商全称及商标；

b）产品型号、名称；

c）制造年、月和出厂编号；

d）装置的额定值及主要参数；

e）安全标志根据实际情况挑选使用。

8.1.2 包装箱上应用不易洗刷或脱落的涂料作如下标志：

a）发货厂名、产品型号、名称；

b）收货单位名称、地址、到站；

c）包装箱外形尺寸及毛重；

d）"防潮"、"向上"、"小心轻放"等标志；

e）规定叠放层数的标志。

8.1.3 产品执行的标准应明示。

8.1.4 标志和标识应符合 GB/T 191 的规定。

8.2 包装

8.2.1 装置包装时应用塑料制品作为内包装，周围用防震材料垫实放于外包装箱内。

8.2.2　包装箱应符合 GB/T 13384 的规定，按照装箱文件及资料清单、装箱清单（如数装箱），随同装置出厂的附件及文件、资料应装入防潮文件袋中，再放入包装箱内。

8.2.3　装置的包装应能满足按 GB/T 4798.2 规定的运输要求。

8.3　运输

装置的运输应符合 GB/T 4798.2 的规定。

8.4　贮存

8.4.1　贮存装置的场所应干燥、清洁、空气流通，并能防止各种有害气体的侵入，严禁与有腐蚀作用的物品存放在同一场所。

8.4.2　包装好的装置应保存在相对湿度不大于 85%，周围空气温度为 −20℃～+55℃ 的场所。

9　其他

9.1　随同装置一起供应的文件和物件

a）装箱清单；

b）装箱文件、资料清单及文件资料；

c）装置的电气原理图或接线图；

d）产品出厂合格证书；

e）按备品清单或合同规定提供的备品、备件（如元器件、易损件、测试插件、接线座、预制导线等）、安装附件、专用工具等。

9.2　质量保证期限

在用户遵守本标准及产品说明书所规定的运输、贮存规则的条件下，装置自出厂之日起至安装不超过两年或安装运行后一年（按先到期），如装置和配套件发生非人为损坏，制造商负责免费维修或更换。

附录3 DL/T 1476—2015《电力安全工器具预防性试验规程》节选

电力安全工器具预防性试验规程

1 范围

本标准规定了电力安全工器具定期预防性试验的项目、周期、要求及试验方法。

本标准适用于电力安全工器具的预防性试验。

2 规范性引用文件

下列文件对于本标准的应用是必不可少的。凡是注日期的引用文件，仅注日期的版本适用于本文件。凡是不注日期的引用文件，其最新版本（包括所有的修改单）适用于本文件。

GB/T 2812 安全帽测试方法

GB 12011 足部防护 电绝缘鞋

GB/T 16927.1 高电压试验技术 第1部分：一般定义及试验要求

GB/T 17889.2 梯子 第2部分：要求、试验和标志

GB21146 个体防护装备职业鞋

GB 26861 电力安全工作规程 高压试验室部分

DL/T 740 电容型验电器

DL/T 976 带电作业工具、装置和设备预防性试验规程

DL/T 1209 变电站登高作业及防护器材技术要求

3 术语和定义

下列术语和定义适用于本标准。

3.1

电力安全工器具 electric safety tools and devices

防止电力作业人员发生触电、机械伤害、高处坠落等伤害及职业危害的材料、器械或装置。

3.2

预防性试验 preventive test

为了发现电力安全工器具的隐患，预防发生设备或人身事故，对其进行的检查、试验

或检测。

4　分类

电力安全工器具可分为个体防护装备、绝缘安全工器具、登高工器具、警示标识四类，分别如下：

a）个体防护装备：指保护人体避免受到急性伤害而使用的安全用具。

b）绝缘安全工器具：可分为基本绝缘安全工器具（含带电作业绝缘安全工器具）和辅助绝缘安全工器具，分别如下：

1）基本绝缘安全工器具：指能直接操作带电装置、接触或可能接触带电体的工器具，其中部分为带电作业专用绝缘安全工器具，带电作业绝缘安全工器具的预防性试验按DL/T 976进行。

2）辅助绝缘安全工器具：指绝缘强度不能承受设备或线路的工作电压，仅用于加强基本绝缘安全工器具的保安作用，以防止接触电压、跨步电压、泄漏电流及电弧对作业人员造成伤害的安全工器具。

c）登高工器具：指用于登高作业、临时性高处作业的工具。

d）警示标识：包括安全围栏（网）和标识牌。安全围栏（网）包括用各种材料做成的安全围栏、安全围网和红布幔；标识牌包括各种安全标示牌、设备标识牌、锥形交通标、警示带等。

5　总则

5.1　试验场所的设施及环境条件

试验场所的设施应使试验正确地实施并能将不相容活动的相邻区域有效隔离。机械试验应配备防止飞物的防护装置，承力支架应能承受试验所需最大应力（或力矩）的1.1倍；电气试验应符合GB 26861规定的试验场所设施的相关要求。

试验场所的环境条件应检测、控制和记录，确保其不会导致试验结果无效或对所要求的测试质量产生不良影响，其中电气试验应符合GB 26861规定的试验环境的相关要求。

5.2　试验设备

检测、测量所用的试验设备应符合所进行的预防性试验的相关技术要求。

所有测量、试验设备，包括对试验结果的准确性或有效性有显著影响的环境测量设备，在使用前应由有资质的机构进行检定或校准。

5.3　试验流程

试验流程含外观检查、检测试验、数据记录、出具报告等。

试验前应对试品进行外观检查，必要时对试品进行清洁、干燥。外观检查合格，方可进行试验，试验应按先机械试验后电气试验的顺序进行。

5.4　试验对象

电力安全工器具预防性试验的对象为按规定周期、新购置投入使用前、检修或关键零部件更换后、使用过程中对性能有疑问或发现缺陷、出现质量问题的同批电力安全工器具。

6　试验项目、周期、要求及试验方法

6.1　个体防护装备

6.1.1　安全帽

6.1.1.1　外观检查

永久标识和产品说明等标识应清晰完整；安全帽的帽壳、帽衬（帽箍、吸汗带、缓冲垫及衬带）、帽箍扣、下颏带等组件应完好无缺失。

帽壳内外表面应平整光滑，无划痕、裂缝和孔洞，无灼伤、冲击痕迹。

6.1.1.2　试验项目、周期和要求

试验项目、周期和要求见表 1。

表 1　安全帽的试验项目、周期和要求

序号	项　目	周　期	要　求
1	冲击性能试验	植物枝条编织帽：1 年后 塑料和纸胶帽：2.5 年后	传递到头模上的冲击力小于 4900N，帽壳不得有碎片脱落
2	耐穿刺性能试验	玻璃钢（维纶钢）橡胶帽：3.5 年后	钢锥不接触头模表面，帽壳不得有碎片脱落

注：使用期从产品制造完成之日起计算，以后每年抽检一次。每批从最严酷使用场合中抽取，每项试验试样不少于 2 顶，有一项不合格，则该批安全帽报废。

6.1.1.3　试验方法

冲击性能试验方法按 GB/T 2812 进行。

耐穿刺性能试验方法按 GB/T 2812 进行。

6.1.2　安全带

6.1.2.1　外观检查

商标、合格证和检验证等标识应清晰完整；各部件应完整无缺失、无伤残破损。

6.1.2.2　试验项目、周期和要求

试验项目、周期和要求见表 2，试验后应无变形或破断。

表 2　安全带的试验项目、周期和要求

项目	周期	要　求		
		种类	试验静拉力（N）	载荷时间（min）
静负荷试验	1 年	整带 坠落悬挂安全带	3300	5
		围杆作业安全带	2205	5
		区域限制安全带	1200	5

注：牛皮带的试验周期为半年。

6.1.2.3　试验方法

静负荷试验连接形式见附录 A 图 A.1，按表 2 所列种类、对应的静拉力和时间，拉伸速度为 100mm/min。

6.1.3　安全绳

6.1.3.1　外观检查

绳体应光滑、干燥，无霉变、断股、磨损、灼伤、缺口等缺陷；各部件应顺滑，无材料或制造缺陷，无尖角或锋利边缘；护套（如有）应完整、无破损。

6.1.3.2　试验项目、周期和要求

试验项目、周期和要求见表3。

表3　安全绳的试验项目、周期和要求

项　目	周期	要　求
静负荷试验	1年	施加2205N静拉力，持续时间5min，卸载后无变形或破断

6.1.3.3　试验方法

静负荷试验方法按6.1.2.3进行。

6.1.4　速差自控器

6.1.4.1　外观检查

外观应平滑，无材料和制造缺陷，无毛刺和锋利边缘；各部件应完整无缺失、无伤残破损。

安全识别保险装置（如有）应未动作。

用手将速差自控器的安全绳（带）进行快速拉出，应能有效制动并完全回收。

6.1.4.2　试验项目、周期和要求

试验项目、周期和要求见表4。

表4　速差自控器的试验项目、周期和要求

项　目	周期	要　求
空载动作试验	1年	拉出的钢丝绳（或合成纤维带）卸载或锁止卸载后，即能自动回缩，无卡绳（或卡带）现象

6.1.4.3　试验方法

将速差器钢丝绳（或合成纤维带）在其全行程中任选5处，进行拉出、制动。

6.1.5　自锁器（含导轨式、绳索式）

6.1.5.1　外观检查

各部件应完整无缺失；本体及配件应无目测可见的凹凸痕迹；本体为金属材料时，无裂纹、变形及锈蚀等缺陷；所有铆接面应平整、无毛刺，金属表面镀层应均匀、光亮，不允许有起皮、变色等缺陷；本体为工程塑料时，表面应无气泡、开裂等缺陷。

自锁器上的导向轮应转动灵活，无卡阻、破损等缺陷。

6.1.5.2　试验项目、周期和要求

试验项目、周期和要求见表3。

6.1.5.3　试验方法

静负荷试验方法按6.1.2.3进行。

6.1.6　缓冲器

6.1.6.1　外观检查

各部件应平滑，无材料和制造缺陷，无尖角或锋利边缘。

织带型缓冲器的保护套应完整，无破损、开裂等现象。

6.1.6.2　试验项目、周期和要求

试验项目、周期和要求见表 3，其中施加静拉力为 1200N。

6.1.6.3　试验方法

静负荷试验方法按 6.1.2.3 进行。

6.1.7　导电鞋

6.1.7.1　外观检查

鞋体内外表面应无破损。

6.1.7.2　试验项目、周期和要求

试验项目、周期和要求见表 5。

表 5　导电鞋的试验项目、周期和要求

项　目	周　期	要　求
直流电阻试验	穿用累计≤200h	100V 直流，电阻值小于 100kΩ

6.1.7.3　试验方法

直流电阻试验按 GB 21146 进行。

6.1.8　个人保安线

6.1.8.1　外观检查

线夹完整、无损坏，线夹与电力设备及接地体的接触面无毛刺。

导线无裸露部分，导线外覆透明护层应均匀、无龟裂。

6.1.8.2　试验项目、周期和要求

试验项目、周期和要求见表 6。

表 6　个人保安线的试验项目、周期和要求

项　目	周期	要　求
成组直流电阻试验	5 年	在各接线夹之间测量电阻，对应 10mm²、16mm²、25mm² 的截面，平均每米的电阻值应小于 1.98mΩ、1.24mΩ、0.79mΩ

6.1.8.3　试验方法

采用电流—电压表法的直流电压降法方式来测量，试验电流应不小于 30A。

按测量的各接线鼻间长度与直流电阻值，计算每米的电阻值。组合式测量接线示意见附录 B 图 B.1。

6.2　基本绝缘安全工器具

6.2.1　绝缘杆

6.2.1.1　外观检查

杆的接头连接应紧密牢固，无松动、锈蚀和断裂等现象。

杆体应光滑，绝缘部分应无气泡、皱纹、裂纹、绝缘层脱落、严重的机械或电灼伤

痕，玻璃纤维布与树脂间黏接应完好不得开胶。

握手的手持部分护套与操作杆连接应紧密、无破损，不产生相对滑动或转动。

6.2.1.2　试验项目、周期和要求

试验项目、周期和要求见表7，耐压试验中各绝缘杆不应发生闪络或击穿，试验后绝缘杆应无放电、灼伤痕迹，无明显发热现象。

表7　绝缘杆的试验项目、周期和要求

序号	项　目	周期	要　　求			
			额定电压（kV）	试验长度（m）	耐压（kV）	
					1min	3min
1	工频耐压试验	1年	10	0.7	45	—
			35（20）	0.9	95	—
			66	1.0	175	—
			110	1.3	220	—
			220	2.1	440	—
			330	3.2	—	380
			500	4.1	—	580
			750	4.7	—	780
			1000	6.3	—	1150
2	直流耐压试验	1年	±400	4.2		740
			±500	3.2		680
			±660	4.3		745
			±800	6.6		895

注：表中数据为 $h<500m$ 的试验长度和电压；仅±400kV 为 $2800m<h\leqslant4500m$ 的数据，h 为海拔。

6.2.1.3　试验方法

按以下步骤进行试验：

a）高压试验电极置于绝缘杆工作部分；

b）试验长度为高压试验电极与接地电极间的距离（不含绝缘操作杆间金属连接头元件的长度），并按表7中的数值确定；

c）电极宜用50mm左右宽的金属箔或其他合适方法包绕，并使相邻绝缘杆间保持一定距离；

d）工频耐压试验按 GB/T 16927.1 的要求进行。

6.2.2　携带型短路接地线

6.2.2.1　外观检查

接地绝缘棒的外观检查要求按6.2.1.1进行。

线夹及导线的外观检查要求按6.1.8.1进行。

6.2.2.2　试验项目、周期和要求

试验项目、周期和要求见表8，耐压试验中各接地绝缘棒不应发生闪络或击穿，试验后接地绝缘杆应无放电、灼伤痕迹，无明显发热现象。

表8　携带型短路接地线的试验项目、周期和要求

序号	项　目	周期	要　求		
1	接地线的成组直流电阻试验	5年	先在各接线鼻之间测量直流电阻，然后在各线夹之间测量直流电阻，对应 25mm²、35mm²、50mm²、70mm²、95mm²、120mm² 的各种截面，平均每米的电阻值应分别小于0.79mΩ、0.56mΩ、0.40mΩ、0.28mΩ、0.21mΩ、0.16mΩ		

接地绝缘棒的工频耐压试验（整杆）、接地绝缘棒的直流耐压试验（整杆）：

序号	项目	周期	额定电压（kV）	工频耐压（kV）	
				1min	3min
2	接地绝缘棒的工频耐压试验（整杆）	5年	10	45	—
			35（20）	95	—
			66	175	—
			110	220	—
			220	440	—
			330	—	380
			500	—	580
			750	—	780
			1000	—	1150
3	接地绝缘棒的直流耐压试验（整杆）	5年	±400	—	740
			±500	—	680
			±660	—	745
			±800	—	895

注：表中数据为 $h<500$m 的试验长度和电压；仅 ±400kV 为 2800m$<h\leqslant$4500m 的数据，h 为海拔。

6.2.2.3　试验方法

成组直流电阻试验方法按6.1.8.3进行。

工频耐压试验电压加在接地绝缘棒的护环与紧固头之间，并按表8确定试验数值，其他按6.2.1.3进行。

6.2.3　电容型验电器

6.2.3.1　外观检查

绝缘杆应无气泡、皱纹、裂纹、划痕、硬伤、绝缘层脱落、严重的机械或电灼伤痕。伸缩型绝缘杆各节配合应合理，拉伸后不应自动回缩。

指示器应密封完好，表面应光滑、平整。

手柄与绝缘杆、绝缘杆与指示器的连接应紧密牢固。

自检三次，指示器均应有视觉和听觉信号出现。

6.2.3.2　试验项目、周期和要求

试验项目、周期和要求见表9。

表 9　电容型验电器的试验项目、周期和要求

序号	项　目	周期	要　求
1	起动电压试验	1 年	起动电压值在额定电压的 10%～45%
2	工频耐压试验	1 年	同表 7

6.2.3.3　试验方法

起动电压试验方法如下：

a）将指示器接触电极与试验电极相接触；

b）升压按 GB/T 16927.1 要求进行，"电压存在"指示信号出现，停止升压，若信号继续存在，记录此刻启动电压值；

c）试验变压器迅速返零、断电并放电；

d）不带与带接触电极延长段验电器的试验布置按 DL/T 740 要求布置。

工频耐压试验方法：

操作杆工频耐压试验方法按 6.2.1.3 进行。

6.2.4　核相器

6.2.4.1　外观检查

各部件应无明显损伤，连接可靠。

指示器表面应光滑、平整，密封完好。

绝缘杆内外表面应清洁、光滑，无划痕及硬伤。

连接线绝缘层应无破损、老化现象，导线无扭结现象。

6.2.4.2　试验项目、周期和要求

试验项目、周期和要求见表 10，绝缘部分工频耐压试验、连接导线绝缘强度试验后应无击穿现象。

表 10　核相器的试验项目、周期和要求

序号	项目	周期	要　求			
1	动作电压试验	1 年	最低起动电压应达 0.25 倍额定电压			
2	绝缘部分工频耐压试验	1 年	额定电压（kV）	试验长度（m）	工频耐压（kV）	持续时间（min）
			10	0.7	45	1
			35	0.9	95	1
3	连接导线绝缘强度试验	必要时	额定电压（kV）	工频耐压（kV）	持续时间（min）	
			10	8	5	
			35	28	5	
4	电阻管泄漏电流试验	半年	额定电压（kV）	工频耐压（kV）	持续时间（min）	泄漏电流（mA）
			10	10	1	≤2
			35	35	1	≤2

注：对于无线式的核相器仅做动作电压和绝缘部分工频耐压试验。

6.2.4.3　试验方法

a）动作电压试验。

将两极接触电极连接到试验电压，按 GB/T 16927.1 进行升压，测量其起动电压。

b）绝缘部分工频耐压试验。

试验电压加在核相棒的有效绝缘部分，试验方法按 6.2.1.3 进行。

c）连接导线绝缘强度试验。

导线应平直，浸泡于电阻率小于 $100\Omega \cdot m$ 的水中，两端 350mm 露出水面，试验电路图见附录 B 图 B.2；

金属器皿与连接导线间按 GB/T 16927.1 进行升压至表 10 规定值。

d）电阻管泄漏电流试验。

试验电极与交流电压一极相接，连接导线端口与交流电压接地极相接；按 GB/T 16927.1 进行升压至表 10 规定值，测量泄漏电流值。

6.2.5　绝缘罩

6.2.5.1　外观检查

罩内外表面不应存在破坏其均匀性、损坏表面光滑轮廓的缺陷，如小孔、裂缝、局部隆起、切口、夹杂导电异物、折缝、空隙及凹凸波纹等。

提环、孔眼、挂钩等用于安装的配件应无破损，闭锁部件应开闭灵活，闭锁可靠。

6.2.5.2　试验项目、周期和要求

试验项目、周期和要求见表 11，试验中不应出现闪络或击穿现象，试验后各部位应无灼伤、发热现象。

表 11　绝缘罩的试验项目、周期和要求

项　目	周期	要　求		
		额定电压（kV）	工频耐压（kV）	持续时间（min）
工频耐压试验	1 年	10	30	1
		20	50	1
		35	80	1

6.2.5.3　试验方法

试验步骤如下：

a）工频耐压试验内部电极为置于其内部中心处金属芯棒；

b）外部电极为接地电极，由导电材料制成（如金属箔或导电漆等），试验电极布置如附录 B 图 B.3 所示；按 GB/T 16927.1 进行升压至表 11 规定值。

6.2.6　绝缘隔板

6.2.6.1　外观检查

标识应清晰完整，表面均匀，无小孔、裂缝、局部隆起、切口、异物、折缝、空隙等。

6.2.6.2　试验项目、周期和要求

试验项目、周期和要求见表 12，试验中不应出现闪络或击穿，试验后各部分应无灼伤、无明显发热。

表 12　绝缘隔板的试验项目、周期和要求

序号	项　目	周期	要　求		
1	表面工频耐压试验	1 年	额定电压（kV）	工频耐压（kV）	持续时间（min）
			6～35	60	1
2	工频耐压试验	1 年	额定电压（kV）	工频耐压（kV）	持续时间（min）
			10	30	1
			20	50	1
			35	80	1

6.2.6.3　试验方法

表面工频耐压试验步骤如下：

a）绝缘隔板上下安装长 70mm、宽 30mm 的金属极板，两电极之间的距离为 300mm；

b）两电极间按 GB/T 16927.1 进行升压至表 12 规定值。

工频耐压试验步骤如下：

a）隔板上下铺设去除与遮蔽罩之间空隙的湿布、金属箔或其他材料；

b）铺设物覆盖试品，除上下四周边缘各留出 200mm 左右的距离外，其余区域安装金属极板；

c）在试验电极间按 GB/T 16927.1 进行升压至表 12 规定值。

6.2.7　绝缘绳

6.2.7.1　外观检查

绳应光滑、干燥，无霉变、断股、磨损、灼伤、缺口。

6.2.7.2　试验项目、周期和要求

试验项目、周期和要求见表 13，试验中不应发生闪络或击穿，试验后无放电、灼伤痕迹及明显发热。

表 13　绝缘绳的试验项目、周期和要求

项　目	周期	要　求		
工频耐压试验	半年	工频耐压（kV）	试验长度（mm）	持续时间（min）
		100	500	5

6.2.7.3　试验方法

试验步骤如下：

a）工频耐压高压试验电极置于绳的工作部位，接地与试验电极用 50mm 左右宽的金属箔或导线包绕，该两极间的距离为试验长度，并按表 13 中试验长度确定两电极间距离；

b）按 GB/T 16927.1 进行升压至表 13 规定值。

6.2.8　绝缘夹钳

6.2.8.1　外观检查

绝缘部分应无气泡、皱纹、裂纹、绝缘层脱落、严重的机械或电灼伤痕，玻璃纤维布与树脂间应黏接完好，不应开胶。握手部分护套与绝缘部分应连接紧密、无破损，不产生相对滑动或转动。

钳口动作应灵活，无卡阻现象。

6.2.8.2　试验项目、周期和要求

试验项目、周期和要求见表 14，试验中不应发生闪络或击穿，试验后无放电、灼伤痕迹及明显发热。

表 14　绝缘夹钳的试验项目、周期和要求

项　　目	周期	要　　求			
工频耐压试验	1 年	额定电压（kV）	试验长度（mm）	工频耐压（kV）	持续时间（min）
		10	700	45	1
		35	900	95	1

6.2.8.3　试验方法

试验步骤如下：

a）高压试验电极置于绝缘夹钳工作部位，接地与试验电极用 50mm 左右宽的金属箔或导线包绕，该两极间的距离为试验长度，并按表 14 中试验长度确定两电极间距离；

b）按 GB／T 16927.1 进行升压至表 14 规定值。

6.3　辅助绝缘安全工器具

6.3.1　辅助型绝缘手套

6.3.1.1　外观检查

手套应质地柔软良好，内外表面均应平滑、完好无损，无划痕、裂缝、折缝和孔洞。

6.3.1.2　试验项目、周期和要求

试验项目、周期和要求见表 15。

表 15　辅助型绝缘手套的试验项目、周期和要求

项　　目	周期	要　　求			
工频耐压试验	半年	电压等级	工频耐压（kV）	持续时间（min）	泄漏电流（mA）
		低压	2.5	1	≤2.5
		高压	8	1	≤9

6.3.1.3　试验方法

试验步骤如下：

a）将辅助型绝缘手套置入并浸在盛有相同自来水、内外水平面高度相同的金属器皿中，露出水面 90mm 并擦干，试验电路见附录 B 图 B.4；

b）按 GB／T 16927.1 进行升压至表 15 规定值，不应发生电气击穿，测量泄漏电流。

6.3.2　辅助型绝缘靴（鞋）

6.3.2.1　外观检查

鞋底不应出现防滑齿磨平、外底磨露出绝缘层等现象。

6.3.2.2　试验项目、周期和要求

试验项目、周期和要求见表16。

表16　辅助型绝缘靴（鞋）的试验项目、周期和要求

项　目	周期	要　求		
工频耐压试验	半年	工频耐压（kV）	持续时间（min）	泄漏电流（mA）
		15	1	≤6

6.3.2.3　试验方法

工频耐压试验按GB 12011进行，试验电路见附录B图B.5。

6.3.3　辅助型绝缘胶垫

6.3.3.1　外观检查

上下表面应不存在破坏均匀性、损坏表面光滑轮廓的缺陷，如小孔、裂缝、局部隆起、切口、夹杂导电异物、折缝、空隙、凹凸波纹及铸造标志等。

6.3.3.2　试验项目、周期和要求

试验项目、周期和要求见表17，试验中不应出现闪络或击穿现象，试验后各部位应无灼伤、明显发热现象。

表17　辅助型绝缘胶垫的试验项目、周期和要求

项　目	周期	要　求		
工频耐压试验	1年	电压等级	工频耐压（kV）	持续时间（min）
		低压	3.5	1
		高压	15	1

注：使用于带电设备区域。

6.3.3.3　试验方法

试验步骤如下：

a）上下铺设较被测绝缘胶垫四周小200mm的湿布、金属箔或其他材料，试验电路见附录B图B.6；

b）按GB/T 16927.1进行升压至表17规定电压值；

c）试样分段试验时两段试验边缘应重合。

6.4　登高工器具

6.4.1　登杆脚扣

6.4.1.1　外观检查

围杆钩在扣体内应滑动灵活、可靠、无卡阻现象；保险装置应能可靠防止围杆钩在扣体内脱落。

小爪应连接牢固，活动灵活。

橡胶防滑块与小爪钢板、围杆钩连接应牢固，覆盖完整，无破损。

脚带应完好，止脱扣应良好，无霉变、裂缝或严重变形。

6.4.1.2　试验项目、周期和要求

试验项目、周期和要求见表 18。

表 18   登杆脚扣的试验项目、周期和要求

序号	项目	周期	要求
1	整体静负荷试验	1 年	施加 1176N 静压力，持续时间 5min，卸载后活动钩应符合外观检查要求，其他受力部位无影响正常工作的变形和其他可见的缺陷
2	扣带强力试验	1 年	施加 90N 静拉力，持续时间 5min，卸载后不应出现织带撕裂、金属件明显变形、扣合处明显松脱等现象

6.4.1.3   试验方法

整体静负荷试验：

a）脚扣安放在模拟的等径杆上，如附录 A 图 A.2 所示；

b）踏盘采用拉力试验机加静压力，按表 18 的要求进行。

扣带强力试验：

a）按正常使用时的长度和方式扣合后，装夹在拉力试验机上，装夹方法见附录 A 图 A.3；

b）加载速度为 100mm/min±5mm/min，保载过程观察试样状态。

6.4.2   登高板

6.4.2.1   外观检查

钩子不得有裂纹、变形和严重锈蚀，心型环应完整、下部有插花，绳索无断股、霉变或严重磨损。

绳扣接头每绳股连续插花应不少于 4 道，绳扣与踏板间应套接紧密。

6.4.2.2   试验项目、周期和要求

试验项目、周期和要求见表 19。

表 19   登高板的试验项目、周期和要求

项目	周期	要求
静负荷试验	半年	施加 2205N 静压力，持续时间 5min，卸载后围杆绳无破断、撕裂，钩子无变形，踏板无损伤

6.4.2.3   试验方法

静负荷试验时将登高板安放在拉力机上，加载速度应缓慢均匀，如附录 A 图 A.4 所示。

6.4.3   硬梯（含竹梯、木梯、铝合金梯、复合材料梯及梯凳）

6.4.3.1   外观检查

踏棍（板）与梯梁连接应牢固，整梯无松散，各部件无变形，梯脚防滑良好，梯子竖立后应平稳，无目测可见的侧向倾斜。

升降梯应升降灵活，锁紧装置可靠；铝合金折梯铰链应牢固，开闭灵活，无松动。

折梯限制开度装置应完整牢固；延伸式梯子操作用绳应无断股、打结等现象，升降灵活，锁位准确可靠。

竹、木梯应无虫蛀、腐蚀等现象。

6.4.3.2　试验项目、周期和要求

试验项目、周期和要求见表20。

表 20　硬梯的试验项目、周期和要求

项目	周　　期		要　　求
静负荷试验	竹梯、木梯	半年	施加 1765N 静压力，持续时间 5min，卸载后各部件不应发生永久变形和损伤
	其他梯	1 年	

6.4.3.3　试验方法

静负荷试验按 GB/T 17889.2 进行。

6.4.4　软梯

6.4.4.1　外观检查

标志应清晰，每股绳索及每股线均应紧密绞合，不得有松散、分股的现象。

6.4.4.2　试验项目、周期和要求

试验项目、周期和要求见表21。

表 21　软梯的试验项目、周期和要求

项　目	周期	要　　求
静负荷试验	半年	施加 4900N 静压力，持续时间 5min，卸载后各部件不应发生永久变形和损伤

6.4.4.3　试验方法

静负荷试验按 GB/T 17889.2 进行。

6.4.5　快装脚手架

6.4.5.1　外观检查

复合材料构件表面应光滑，绝缘部分应无气泡、皱纹、裂纹、绝缘层脱落、明显的机械或电灼伤痕，纤维布（毡、丝）与树脂间黏接应完好，不得开胶。

6.4.5.2　试验项目、周期和要求

试验项目、周期和要求见表22。

表 22　快装脚手架的试验项目、周期和要求

序号	项　目	周期	要　　求
1	平台强度试验	1 年	施加 1960N 静压力，持续时间 5min，卸载后各部件不应发生永久变形和
2	踏档强度试验	1 年	损伤

6.4.5.3　试验方法

平台强度试验、踏档强度试验按 DL/T 1209.4 进行。

6.4.6　检修平台（含高空组合平台）

6.4.6.1　外观检查

复合材料构件表面应光滑，绝缘部分应无气泡、皱纹、裂纹、绝缘层脱落、明显的机械或电灼伤痕，玻璃纤维布（毡、丝）与树脂间黏接应完好，不得开胶。

金属材料零部件表面应光滑、平整，棱边应倒圆弧、不应有尖锐棱角，应进行防腐处理（铝合金宜采用表面阳极氧化处理；黑色金属宜采用镀锌处理；可旋转部位的材料宜采

用不锈钢）。

升降型检修平台起升降作用的牵引绳索宜采用非导电材料，且应无灼伤、脆裂、断股、霉变和扭结。

6.4.6.2　试验项目、周期和要求

试验项目、周期和要求见表 23，卸载后各部件不应发生永久变形和损伤。

表 23　检修平台的试验项目、周期和要求

序号	项目	周期	要　　求	
			试验静压力（N）	持续时间（min）
1	平台/悬挂装置强度	1 年	1960	5
2	踏档强度	1 年	980	5

6.4.6.3　试验方法

平台/悬挂装置强度试验、踏档强度试验按 DL/T 1209.4 进行。

附　录　A

（资料性附录）

机械试验示意图

安全带整体静负荷试验示意图见图 A.1。

登杆脚扣整体静负荷试验示意图见图 A.2。

登杆脚扣扣带强力试验试样装夹方法示意图见图 A.3。

登高板静负荷试验示意图见图 A.4。

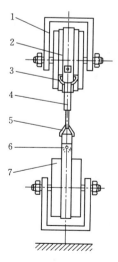

1—夹具；2—安全带；3—半圆环；4—钩；

5—三角环；6—带、绳；7—木轮

图 A.1　安全带整体静负荷试验示意图

1—限位装置；2—登杆脚扣；

3—模拟电杆；4—鞋模

图 A.2　登杆脚扣整体静负荷试验示意图

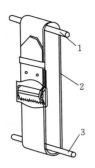

1—上夹具销轴；2—扣带；3—下夹具销轴

图 A.3　登杆脚扣扣带强力试验试样装夹方法示意图

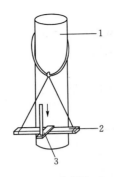

1—模拟电杆；2—登高板；3—压力板

图 A.4　登高板静负荷试验示意图

附　录　B
（资料性附录）
电气试验接线图

个人保安线、携带型短路接地线线鼻子间成组直流电阻试验接线图见图 B.1。

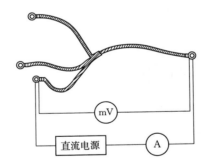

图 B.1　个人保安线、携带型短路接地线线鼻子间成组直流电阻试验接线图

核相器连接导线绝缘强度试验接线图见图 B.2。

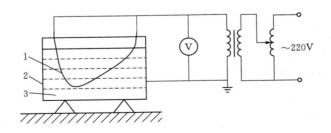

1—连接导线；2—金属盆；3—水

图 B.2　核相器连接导线绝缘强度试验接线图

绝缘罩试验电极布置示意见图 B.3。

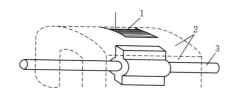

1—接地电极；2—金属箔或导电漆；3—高压电极

图 B.3　绝缘罩试验电极布置示意图

辅助型绝缘手套试验接线图见图 B.4。

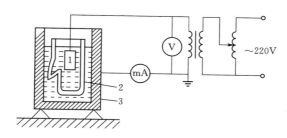

1—电极；2—试样；3—盛水金属器皿

图 B.4　辅助型绝缘手套试验接线图

辅助型绝缘靴试验接线图见图 B.5。

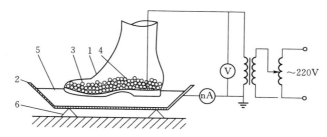

1—被试靴；2—金属盘；3—金属球；4—金属片；5—海绵和水；6—绝缘支架

图 B.5　辅助型绝缘靴试验接线图

辅助型绝缘胶垫试验接线图见图 B.6。

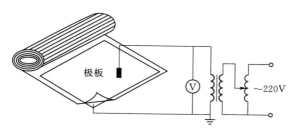

图 B.6　辅助型绝缘胶垫试验接线图